Die entfaltete Organisation

Mit Inner Work die Zukunft gestalten

Joana Breidenbach
Bettina Rollow

Die entfaltete Organisation

Mit Inner Work die Zukunft gestalten

Verlag Franz Vahlen
München

Autorinnen:
Joana Breidenbach, Bettina Rollow

Gestaltung:
Heimann + Schwantes

Lektorat:
Cosima Jastrow

Druck und Bindung:
Beltz Grafische Betriebe GmbH
Am Fliegerhorst 8, 99947 Bad Langensalza

Verlag und Vertrieb:
Verlag Franz Vahlen GmbH
Wilhelmstr. 9, 80801 München

ISBN Print: 978 3 8006 7022 2
ISBN ePDF: 978 3 8006 7023 9
ISBN ePub: 978 3 8006 7024 6

Portrait Bettina Rollow: Marc Beckmann
Portrait Joana Breidenbach: Marlena Waldhausen

CO_2 neutral
vahlen.de/nachhaltig

Gedruckt auf säurefreiem, alterungs-
beständigem Papier (hergestellt
aus chlorfrei gebleichtem Zellstoff)

11 Warum schreiben wir dieses Buch?

Teil 1

Die entfaltete Organisation

Kapitel 1

18 Woher wir kommen und was wir seitdem gelernt haben

19 Woher wir kommen
24 Was wir seitdem gelernt haben

Kapitel 2

32 Beliebte Missverständnisse und neue Prinzipien

Kapitel 3

42 Wer führt? Von Fremdführung zu Selbstführung

47 Die fünf Unterfunktionen von Führung
54 Führen: von hierarchisch bis selbstorganisiert
57 Führung und Komplexität
60 Leitfragen

Kapitel 4

61 Das Spektrum von Organisationsformen im Innen und Außen

65 Organisationsmodelle, Wertesysteme und Wirkungshypothesen
66 Autoritäre Strukturen und Prozesse
68 Bürokratische Strukturen und Prozesse
69 Funktionale Hierarchien

71 Partizipative Zusammenarbeitsmodelle
73 Agile Zusammenarbeit
75 Kompetenzbasierte Hierarchien
78 Horizontale versus vertikale Entwicklung
81 Eine lineare Entwicklung?
83 Leitfragen

Kapitel 5

84 Individuelle Kompetenzen: Ein Deep Dive

85 Der Übergang von Fremd- zu Selbstführung
89 Welche individuellen Kompetenzen sind für New Work wichtig?
92 Freie Sicht auf mich und die Welt
93 Brauchen, können, wollen – die Kompetenz mich selbst zu kennen
94 Was ich inkludieren kann und was ich exkludieren muss
95 Diversität anerkennen und für Sicherheit sorgen
97 Wie können wir Selbstkontakt und Selbstreflexion trainieren?
101 Die Macht unserer Bedürfnisse
103 Die Grenze zur Therapie
104 Leitfragen

Kapitel 6

105 Beziehungskompetenzen: Ein Deep Dive

106 Wieso brauchen wir neue Beziehungskompetenzen?
107 Menschen und ihre inneren Welten treffen sich
110 Prägung beeinflusst unser Handeln
111 Den inneren Kritiker liebevoll in die Schranken weisen
111 Empathie – die Fähigkeit mitzuschwingen
113 Verbundenes Sprechen und tiefes Zuhören
115 Sich beziehen und Feedback geben
117 Spannungen halten, Konflikte navigieren und in Beziehung bleiben
118 Denken-Fühlen: Ein neuer professioneller Standard
119 Reflektierte Beziehungsräume gestalten
122 Beziehungskompetenzen im Alltag aufbauen
123 Die Kompetenzlandkarte als Basis für Feedback

125 Kompetenzbasiert bedeutet kompetenzreflektiert
126 Gemeinsam lernen mit Spannung umzugehen
127 Werte pflegen
127 Innen und Außen bewusster navigieren
128 Beziehungskompetenzen ermöglichen bessere Lösungen
130 Leitfragen

Kapitel 7
132 Feldkompetenzen: Ein Deep Dive
133 Wieso braucht es Feldkompetenzen?
135 Multiperspektivität – Verschiedene Erfahrungen gleichzeitig wahrnehmen
137 Multiperspektivität und Exklusion
138 Metareflexion – Die Tanzfläche vom Balkon aus wahrnehmen
141 Bewegung wahrnehmen und begleiten
143 Potenzialität – Die Zukunft subtil wahrnehmen
146 Wie können wir Feldkompetenzen stärken?
146 Gemeinsam multiperspektivisch metareflektieren
148 Metareflexion
149 Den Perspektivwechsel immer im Gepäck haben
150 Subtile Wahrnehmung als neue Kernkompetenz
152 Aus der Zukunft heraus gestalten
154 Leitfragen

Kapitel 8
155 Bausteine einer Transformation zu einer entfalteten Organisation
157 Innen und Außen besser verstehen
162 Wenn Innen und Außen sich reiben
163 Die ganzheitliche Transformation zur entfalteten Organisation
164 Störungen haben Vorrang
164 Der Ablauf einer ganzheitlichen Transformation
166 Die ganzheitliche Transformation – eine Prozessbeschreibung
166 Standortbestimmung des aktuellen Status quo
171 Die entfaltete Organisation – Eine Einführung

177 Arbeitshypothesen für eine ganzheitliche Transformation
185 Maßnahmen festlegen und Zukunft gestalten
187 Die Rolle von Fremd- und Selbstführung im Modell der entfalteten Organisation
189 Push- versus Pull-Faktoren
190 Horizontale oder vertikale Entwicklung?

Teil 2
Die entfaltete Gesellschaft

Kapitel 9
194 Inner Work als Antwort auf strukturelle Diskriminierung

196 Was verstehen wir unter struktureller Diskriminierung und Intersektionalität?
201 Inner Work, Exklusion und Inklusion – Was wir bisher gelernt haben
205 Strukturelle Diskriminierung anerkennen
208 Der Verteidigungsmechanismus von White Fragility
212 Der Umgang mit Diskriminierung in entfalteten Organisationen

Kapitel 10
214 Purpose und Emergenz

216 Purpose oder Sinn?
221 Wie fühlt sich Purpose an?
222 Wie verbinde ich mich mit Purpose?
223 Purpose und Trauma
226 Sind Purpose-geleitete Menschen und Unternehmen erfolgreicher?
228 Wie können wir uns Purpose erschließen?
229 Purpose- oder Sinn-orientierte Führung
230 Shareholder Value oder Sinnorientierung?
232 Purpose in Unternehmen
234 Der Schatten von Purpose

Kapitel 11
236 Paradigmenwechsel

241 Das Two-Loops-Modell
244 Signale des Paradigmenwechsels
246 Mehr Welt einbeziehen
247 Alles anders
253 Neuronale Ganzheitlichkeit
254 Die Welt fühlen

259 Danksagung
260 Literatur
262 Stichwortverzeichnis

Anhang
265 Format: Retrospektive
265 Übung: Dialog mit der Zukunft
267 Kompetenzen und Formate
273 Die entfaltete Organisation – Leitfragen
276 Organisationsformen und Führungsfunktionen

Warum schreiben wir dieses Buch?

Only big changes will lead to positive futures.

Lucy Bernholz

Liebe Leser:in, wir heißen Dich herzlich willkommen. Auf eine Reise in die Zukunft Deiner Arbeit, die auch eine Reise in die Überlebensfähigkeit der Menschheit und unseres Planeten ist. Das klingt erst einmal grandios, gar größenwahnsinnig und vielleicht fragst Du Dich, was Deine Arbeit mit der Menschheit zu tun hat und welche Rolle Dein Unternehmen, Deine Anstellung in diesem planetarischen Spiel einnehmen könnte? Es ist gut, wenn die Frage auftaucht, denn die Antwort darauf möchten wir in diesem Buch gemeinsam mit Dir herausfinden.

Die Weltgemeinschaft ist an einer Kreuzung angekommen und die Handlungen oder Unterlassungen der nächsten Jahrzehnte im wirtschaftlichen, politischen, aber auch zivilgesellschaftlichen und privaten Leben werden maßgeblich darüber bestimmen, in was für einer Welt wir und unsere Nachkommen leben werden. Mit unserem Verhalten und unserer Haltung werden wir entweder die gegenwärtigen Stapelkrisen verstärken und damit Gefahr laufen, die Menschheit an sich zu vernichten, oder wir entziehen lebensfeindlichen Strukturen unsere Energie, unser „Chi", und suchen bewusst nach Prinzipien, Haltungen und Verhaltensformen, auf deren Basis wir regenerative Wirtschaftsformen gestalten, inklusive Politik betreiben und tiefe menschliche Beziehungen aufbauen können.

Was meinen wir mit Stapelkrisen? Nun, da ist vor allem der Klima-Notfall. Um zu verhindern, dass noch mehr lebenswichtige Ökosysteme kippen und sich die humanitäre Katastrophe, innerhalb derer wir jetzt schon leben, weiter ausbreitet, muss die Weltgemeinschaft schnell und radikal handeln und ihr höchst komplexes System während voller Fahrt umbauen. Neben dem Klima-Notfall und systemisch mit ihm eng verbunden sind wir mit einer Reihe von Metakrisen konfrontiert: strukturelle Diskriminierungen unterschiedlicher Formen, die immer noch die globale Mehrheit zugunsten privilegierter Minderheiten benachteiligen, die zunehmende Fragmentierung, Polarisierung und Radikalisierung der Gesellschaft, die Vereinsamung des Einzelnen, die Wiederkehr autoritärer Regime weltweit oder die Krise demokratischer Institutionen mit ihren Symptomen, wie verkrustete Verwaltungen und opportunistische Politiker. Da ist die ungehinderte Macht großer Technologiekonzerne, zusätzlich zu vielen älteren existenziellen Risiken wie der atomaren Aufrüstung. Toby Ord, der sich als Philosoph mit existenziellen Risiken befasst, schätzt das Risiko, „dass die jetzigen Systeme nach und nach zusammenbrechen und wir dann auf niedrigem Niveau leben“ auf eins zu sechs (2020).

Inmitten dieser komplexen Krisenlandschaft tauchte Anfang 2020 COVID-19 auf und wirkte wie eine Abrechnung. Mit einem Mal lagen all die bislang verdeckten, tief in unsere Systeme integrierten Schieflagen und Ungerechtigkeiten der letzten Jahrzehnte und Jahrhunderte offen zutage. Dinge, die viele von uns als „bedauerlich, aber normal“ angesehen hatten, konnten nicht mehr verdrängt werden. Die schlechte Bezahlung von Pflege, die Kluft zwischen arm und reich, dem Globalen Norden und dem Globalen Süden. Die Abhängigkeiten von globalen Lieferketten, die prekäre Basis von Künstlern, die Isolation von alten und sozial entkoppelten Menschen, die schwindende gemeinsame Wahrnehmungsbasis unserer Gemeinwesen (alias Verbreitung von Desinformation) – dies alles stand plötzlich im Scheinwerferlicht unseres Bewusstseins.

Ein existenzieller Notfall, viele Metakrisen, die Bilanzierung durch Corona. Und dann auch noch ein Krieg mitten in Europa. Um diese neue Welt adäquat zu beschreiben, reicht das in den 1980er Jahren geprägte Akronym VUCA nicht mehr aus – Volatile, Uncertain, Complex, Ambiguous (volatil, unsicher, komplex, mehrdeutig). Seit Kurzem kursiert eine Steigerung, die BANI-Welt, geprägt vom Zukunftsforscher Jamais Cascio (2020). BANI steht für Brittle, Anxious, Nonlinear, Incomprehensible (brüchig, ängstlich, nonlinear, unverständlich). Kein Wunder, dass die meisten von uns völlig überwältigt sind. Vom Ausmaß der Verwerfungen, der Diskrepanz zwischen unseren eigenen Kapazitäten und Handlungsspielräumen und der Komplexität des notwendigen Systemumbaus.

Für unsere Leser:innen, die einer privilegierten Bevölkerungsgruppe angehören und Rechte und Vorteile haben, die nur bestimmten Gruppen zur Verfügung stehen, ist dies wahrscheinlich eine neue Erfahrung. Für Menschen, die infolge von Alter, Behinderung, ethnischer Zuordnung, Geschlecht, Geschlechtsidentität, sexueller Orientierung, Religion und/oder sozialer Klasse strukturell benachteiligt sind, handelt es sich dabei um ihre alltägliche Realität, die jedoch immer weiter eskaliert. Beide fühlen sich auf ihre Art verunsichert und überfordert. Woran sollen wir uns orientieren? Was ist unser nächster Schritt? Viele der unzähligen, meist unhinterfragten Routinen und Logiken, die den Alltag ausmachen, erscheinen leer. Die Ziele, die uns bis vor Kurzem noch geleitet und inspiriert haben, sind verschwunden. Etwas hat sich verändert, aber was genau anders ist, können wir oft nicht präzise beschreiben.

Diese Orientierungslosigkeit zeigt sich in der Arbeitswelt besonders stark. In den USA spricht man von der „Great Resignation“, denn noch nie verließen so viele Festangestellte freiwillig ihre Jobs. Auch hierzulande empfinden immer mehr Menschen ihre Arbeit als sinnlos und frustrierend. Jede vierte Angestellte kündigt, ohne eine neue Stelle zu haben. 37 % der Beschäftigten denken über einen Wechsel nach.

Auch persönlich sind uns noch nie so viele Menschen begegnet, die ihren Job aufgegeben haben oder kurz davorstehen. Die sich zurückziehen, krankschreiben lassen, deren Motivation im Keller ist. In unseren Workshops berichten Hunderte von Menschen, viele davon Frauen, dass sie sich mit ihrem Unternehmen nicht mehr identifizieren können. Sie selbst haben sich in den Pandemiejahren verändert, ihre Unternehmen aber sind die gleichen geblieben. Sie erzählen von intransparenter, unpersönlicher Kommunikation, ungelösten, latenten Konflikten und unantastbaren strukturellen Benachteiligungen. Von langsamen Prozessen und aufgeschobenen Entscheidungen. Hierzu gesellt sich dann noch die große Sinnfrage: Die Welt ist in Flammen und ich stelle Grußkarten her, bewerbe Kosmetik oder verticke Immobilien. Trägt meine Arbeit zu der Welt bei, die ich mir wünsche? Diskussionen rund um „Purpose“ boomen.

Aber auch diejenigen, die ihre Tätigkeit grundsätzlich als sinnvoll empfinden, gestehen sich jetzt ein, was sie schon lange gespürt, aber geduldet haben: dass die Unternehmensstrukturen nicht zu ihnen passen, sie zu starr und verkrustet sind; dass noch immer ein bestimmter Typ von Führungspersönlichkeit dominiert: junge oder ältere weiße Männer (oder Frauen mit dem gleichen Mindset), die ihre eigene Herangehensweise und Weltsicht als einzig gültige ansehen; die auf Shareholder Value und Bottom Line fixiert sind, auch wenn die Unternehmenswebsite mit „menschenzentrierter Führung“, „Potenzialentfaltung“ und „Nachhaltigkeit“ wirbt. Plötzlich gestehen Mitarbeiter:innen sich ein, wie unproduktiv und wenig wirksam sie sich in diesen Settings erfahren. In unseren Webinaren sagen sie: „Ich renne mit dem Kopf gegen die Wand“, „Überall stoße ich auf Widerstand und Stagnation“, „Ich fühle mich leer und hohl“, „Ich will raus aus dem Hamsterrad“. Die einen lehnen sich aus ihren Teams heraus und sind demotiviert. Die anderen lehnen sich zu sehr hinein und enden im Burnout.

Selbstzweifel machen auch vor Sozialunternehmer:innen, Aktivist:innen und anderen sozial aktiven Menschen nicht halt. Sie, die seit jeher schon mit knappen Ressourcen und hohen psychischen Lasten umzugehen gewohnt sind, fragen sich jetzt vermehrt, ob ihre Strategien zielführend sind oder ob diese vielleicht sogar noch weiter zur gesellschaftlichen Fragmentierung beitragen. Denn indem sie gegen Eliten und bestehende Institutionen kämpfen, verhärten sie die Feindbilder und ihr Druck erzeugt Gegendruck.

Diese Symptomatik ist typisch für unsere Zwischenzeit. Das alte Industriezeitalter ist vorbei, und die neue digital-globale Ära ist noch nicht da. Niemanden wird es überraschen, dass große Transformationsschritte von Veränderungs- und Wachstumsschmerzen begleitet sind. Unfreiwillige Veränderung erzeugt bei den meisten Menschen Unsicherheit, Spannung und Angst. Aber es kommt noch etwas hinzu: In dieser Zwischenzeit wird deutlich spürbar, worum wir uns bislang nicht gekümmert haben. Was wir in uns und der Welt exkludiert haben und sich jetzt in existenziellen Bedrohungen oder tektonischen Konflikten Raum verschafft. Unser Wirtschaftssystem hat die planetarischen Grenzen ignoriert. Steigende Temperaturen, übersäuerte Meere und verseuchtes Grundwasser sind die Folgen. Der Wohlstand in unseren westlichen Industrienationen wurde auf dem Rücken kolonialisierter Länder und marginalisierter Bevölkerungsgruppen im eigenen Land errichtet. Diese fordern jetzt ihren Platz und eine Korrektur der strukturellen Ungerechtigkeiten ein. Unsere zarten und verletzbaren Persönlichkeitsanteile wurden in der Leistungsgesellschaft des 20. und frühen 21. Jahrhunderts ignoriert und entwertet. Jetzt zeigen sie sich in Form von psychischen Erkrankungen und sozialer Entkoppelung.

Aber das Leben ist ganzheitlich und ausgeschlossene Teile müssen über kurz oder lang von uns anerkannt und integriert werden, zeigen sie sich doch andernfalls als destruktive Pathologien, die unsere ökologischen, sozialen und psychischen Lebensgrundlagen zerstören. Zwischenzeiten sind labil. Das wusste schon der italienische Philosoph Antonio Gramsci, als er nach dem Ersten Weltkrieg schrieb: „Die alte Welt liegt im Sterben, die neue kämpft darum geboren zu werden: Es ist die Zeit der Ungeheuer."

Konfrontiert mit diesen exkludierten und zurückgewiesenen Aspekten des Lebens steigt der Druck in uns und mit ihm die Hilflosigkeit: Was können, was müssen wir tun?

In dieser Situation helfen keine inkrementellen Lösungen, keine zaghaften Veränderungen. Wir sind mit exponentiellen Bedrohungen konfrontiert. Exponentiell, weil die verschiedenen Krisen systemisch ineinandergreifen und sich gegenseitig beschleunigen. Die nächsten Dekaden werden noch wesentlich härter. Deshalb müssen wir die Gegenwart viel radikaler verändern und die Zukunft bewusster einladen. Dazu gehört, dass wir viele Aspekte, die wir bislang in uns ausgeschlossen haben, wieder integrieren und so gesündere, ganzheitliche Strukturen und Lebensformen entwickeln.

Es braucht also viel mehr Menschen, die mutig neue Geschäftsmodelle, Wertschöpfungsketten und Unternehmenskulturen gestalten; die politische Institutionen, Verfahren und Haltungen komplett neu denken, unser Bildungssystem revolutionieren und Zigtausende Antworten auf die anderen brennenden Herausforderungen unserer Zeit entwickeln. Noch sind Geld und Macht ans alte System gekoppelt. Der Dinosaurier ist zwar alt und müde, aber er kämpft mit allen Bandagen ums Überleben. Und an ihm hängen jede Menge Jobs, staatliche Strukturen, individuelle Identitäten und Sicherheiten. Doch wir müssen und können die alte Wirtschaft und die ermüdeten Unternehmenskulturen verabschieden. Am besten, indem wir sie in Ehrlichkeit entlassen. Würdigen, dass sie zu Wohlstand und Lebensqualität des 20. Jahrhunderts beigetragen haben. Und gleichzeitig anerkennen, dass sie auf Exklusion und Diskriminierung aufbauen und Leid und bleibende Schäden erzeugen und deshalb heute der dringend notwendigen Zukunft, ja sogar dem Überleben des Planeten und dem Wohlergehen der Menschheit im Wege stehen. Vor einiger Zeit berichtete uns ein Teilnehmer einer unserer Veranstaltungen von der Idee eines Hospizes für Institutionen, Organisationen und Unternehmen, deren Zweck sich bereits erfüllt hat und die jetzt Platz für Neues machen müssen. Die Idee gefällt uns: Lasst uns den Abschied ehrlich, würdevoll, aber auch deutlich begehen!

Ebenso wie Loslassen und Verabschieden natürliche Lebensbewegungen sind, so folgt auch der Innovationsprozess einer organischen Logik. Bei dem Prozess, Neues zu gestalten, geht es im Kern nicht darum, am Reißbrett Lösungen zu entwickeln. Vielmehr birgt die Welt ein natürliches Potenzial, das sich entfalten möchte (eine Dynamik, über die wir in den folgenden Kapiteln, insbesondere in Kapitel 10, mehr schreiben werden). Entwicklung bedeutet für uns vor allem, der Selbstentfaltung der Welt möglichst wenig im Wege zu stehen und das eh schon vorhandene Potenzial durch unsere Handlungen in konkrete Strukturen umzusetzen. Um dieses Potenzial zu erkennen und ihm zu lauschen, brauchen wir jedoch neue innere Kompetenzen, das heißt Inner Work.

In diesem Buch wollen wir darlegen, was der Paradigmenwechsel für die Welt der Arbeit, aber auch für uns als Gesellschaft bedeutet. Wie wir in unseren Organisationen und Unternehmen die Selbstentfaltung der Welt begleiten und fördern können und welche Rolle Inner Work dabei spielt. Im Folgenden unterscheiden wir zwischen New-Work-Organisationen und entfalteten Organisationen. Erstere sind Unternehmungen, die Führung breiter verteilen (siehe dazu auch unsere Definition → S. 25). Letztere sind Unternehmungen, die explizit die innere Dimension des Lebens in ihr Selbstverständnis einbeziehen. Deshalb auch der Titel: *Die entfaltete Organisation. Mit Inner Work die Zukunft gestalten.*

Wir möchten mit Dir unsere Erkenntnisse und Forschungen der letzten Jahre seit dem Erscheinen von *New Work needs Inner Work* 2019 teilen und eine Reihe neuer Fragen beantworten. Wie können Unternehmen zum menschlichen und planetarischen Wellbeing beitragen und helfen, die vielen Krisen zu bewältigen? Welche Navigationsinstrumente unterstützen uns in der unsicheren Zwischenzeit, um von den alten Strukturen und Werten des Industriezeitalters in die neue digital-globale Ära zu gelangen? Wie können wir etwas Neues ins Leben rufen, ohne die alten Werkzeuge, Indikatoren und Geisteshaltungen zu benutzen, und dadurch unweigerlich eine transformative Zukunft verhindern und alte Pathologien verstärken?

Was bedeutet es, aus der Backsteinfabrik des 19. und 20. Jahrhunderts auszuziehen, einem Gebäude, in dem die Mehrheit der Menschheit sowieso nie einen Platz hatte und sich stattdessen in einem neuen Raum zu beheimaten? Einem Raum, der analog und virtuell ist, größer und komplexer, nicht-linear und ständig in Bewegung? Der aber auch viel mehr Lösungen, Wahlfreiheit, Bezogenheit und Purpose eröffnet?

Auf unserer Forschungsreise explorieren wir diese Fragen primär vor unserem eigenen privilegierten Hintergrund und beschreiben den dazu passenden Erkenntnis- und Entwicklungsprozess. Wir sind uns bewusst, dass äquivalente Prozesse für Menschen mit Marginalisierungserfahrungen anders gestaltet werden und ihren Schwerpunkt auf Selbst-Ermächtigung anstatt auf Selbst-Erkenntnis setzen. Um Verwechslungen und Verallgemeinerungen vorzubeugen, machen wir diese Unterscheidung an den neuralgischen Punkten dieses Buches immer wieder deutlich.

Schnall Dich an. Es geht los.

Teil 1

Die entfaltete Organisation

Kapitel 1

Woher wir kommen und was wir seitdem gelernt haben

The present was an egg laid by the past that had the future inside its shell.

Zora Neale Hurston

Woher wir kommen

2019 veröffentlichten wir *New Work needs Inner Work. Ein Handbuch für Unternehmen auf dem Weg zur Selbstorganisation.* Im Buch beschreiben wir unsere Erfahrungen als Sozialunternehmerin (Joana) und Organisationsentwicklerin (Bettina) mit neuen Formen der Führung und Zusammenarbeit.

2014 hatte sich Joana, inspiriert von Frederic Laloux' im gleichen Jahr erschienenen Buch *Reinventing Organizations*, entschlossen, die Leitung des von ihr gegründeten Think and Do Tanks *betterplace lab* abzugeben und gemeinsam mit den Mitarbeiter:innen eine Organisation ohne Chef:in und feste Führung aufzubauen. In der ersten, höchst kreativen Phase entwickelte das ganze Team neue Strukturen und Prozesse, die den Mitgliedern maximale Freiheit und Selbstverantwortung ermöglichten. Jede Mitarbeiter:in konnte prinzipiell selbst entscheiden, an welchen Projekten sie arbeitete. Arbeitszeit und -ort waren frei wählbar. Mitarbeiter:innen stellten neue Kolleg:innen ein. Einmal jährlich im Herbst entwickelten sie gemeinsam die Strategie und Planung fürs nächste Jahr. Gehälter waren für alle transparent und wurden untereinander verhandelt. Für die großen Querschnittsaufgaben wie Akquise, Kommunikation, Finanzen und Team-Wellbeing wurden „Kreise" gegründet, die aus jeweils einem Lead und mehreren Mitarbeiter:innen bestanden. Diese sollten jährlich gewechselt werden. Auf diese Weise übernahm jede Mitarbeiter:in zusätzlich zur eigenen fachlichen Projektarbeit auch noch Managementaufgaben. Diese neue Organisationsform ohne feste Chef:innen und rigides Management würde, davon waren alle überzeugt, neue Kräfte und Potenziale freisetzen. In ihrer Flexibilität war sie optimal geeignet, schnell Trends zu erfassen, neue Projekte zu entwickeln und dynamisch auf die Anfragen ihrer Kund:innen und Partner:innen zu reagieren.

Für das *betterplace lab* war Selbstorganisation kein Selbstzweck – die Mitarbeiter:innen sahen in dieser Unternehmensform vielmehr die natürliche Antwort auf digitale Dynamiken. In Feldforschungen in über 26 Ländern hatten sie beobachten können, wie grundlegend sich die entstehende digitale Welt von der Industriegesellschaft unterschied. Digital, das bedeutet vor allem auch dezentral, kollaborativ und flüssig. Im Zuge der digitalen Transformation und der weltweiten Vernetzung lösen sich feste Strukturen auf. Die Welt wird komplexer, da viel mehr Menschen, Institutionen und Objekte miteinander verbunden sind. Aus Monolithen werden Netzwerke, so wie die *Hilton Gruppe*, die 2019 von *Airbnb*, einer Plattform mit mittlerweile fünf Millionen Partnern in über 220 Staaten, als größter Anbieter von Übernachtungen abgelöst wurde.

Auch jenseits der zunehmenden Plattformisierung der Wirtschaft ermöglichen digitale Technologien ganz neue Formen der Zusammenarbeit. Im Zuge von Open Innovation öffnen Unternehmen ihre Innovationsprozesse für Laien und Experten weltweit. Manche Unternehmen, darunter Software Vorreiter wie *WordPress* oder *Basecamp*, lösten lange vor der Coronapandemie ihre Büros auf und arbeiteten remote-first. Der vermehrte Einsatz von Automatisierung, Robotern und Algorithmen lässt eine völlig neue Arbeitswelt erahnen, in der die Rolle des Menschen grundsätzlich neu gedacht werden muss. Alle diese Entwicklungen fordern die traditionelle Wirtschaft und ihre hierarchische Arbeitsweise heraus. Für die Mitglieder des *betterplace lab* war klar, dass die neuen Formen der Führung und Zusammenarbeit mit der Verflüssigung und Beschleunigung der digitalen Welt Schritt halten mussten. Die radikale Selbstorganisation, die sie in ihrer frisch veröffentlichten *betterplace-lab*-Verfassung beschrieben, schien das notwendige Update zu sein.

Umso verwunderter waren dann alle, als sie feststellten, dass die neue Organisationsform nicht die gewünschten Energien und Innovationen freisetzte. Stattdessen waren die Teammitglieder von ihrer neuen Verantwortung und Freiheit eher überfordert. Der unternehmerische Druck, den Joana bis dahin abgefedert hatte, lastete plötzlich auf ihnen und führte zu Verunsicherung und Lähmung.

In dieser Situation holte Joana ihre Freundin und Organisationsentwicklerin Bettina ins Team. Schon im ersten gemeinsamen Workshop wurde deutlich, dass das *betterplace lab* mit einer sehr naiven Vorstellung von Transformation ins New Work gestartet war. Anhand des Vier-Quadranten-Modells von Ken Wilber (2001) erarbeitete das Team sich ein ganzheitliches Verständnis von Führung und Kollaboration.

Dem Vier-Quadranten-Modell zufolge besteht ein Unternehmen nicht nur aus einer äußeren, sichtbaren Dimension, die wir in Form von Strukturen, Prozessen, Regeln, Rollen und Absprachen beschreiben können. Sondern jedes „Außen" hat auch ein „Innen": eine subjektiv erfahrbare

Vier-Quadranten-Modell

Nach Ken Wilber, Keks Ackerman CC BY-NC 2.0

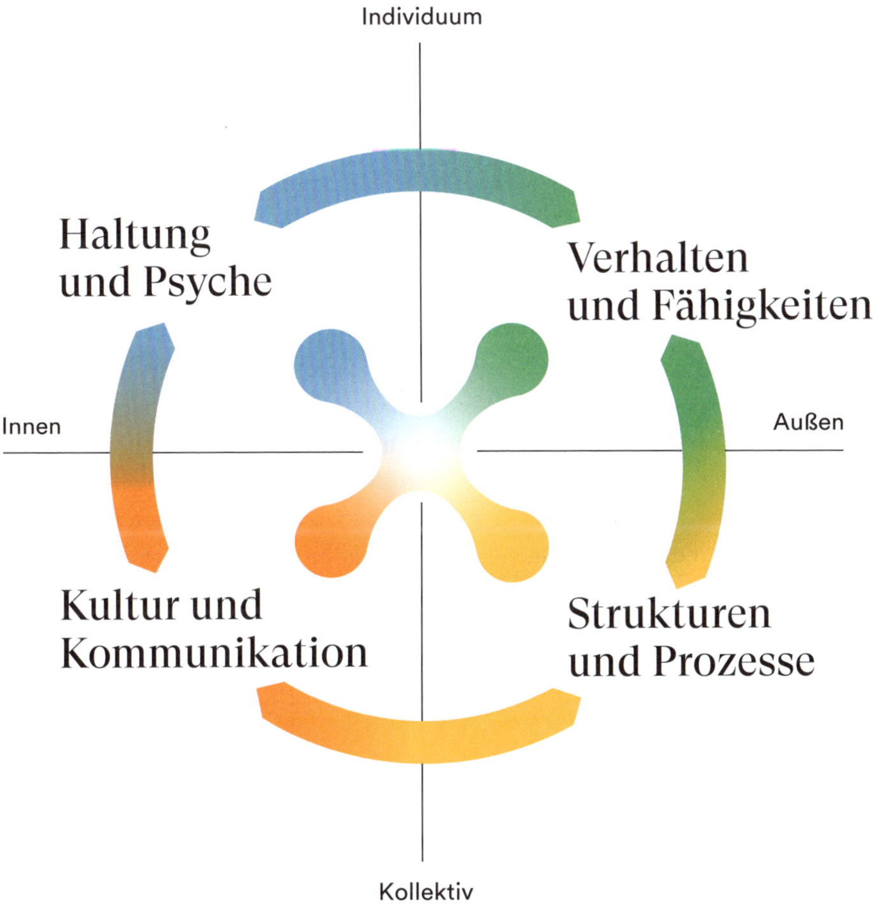

Dimension, bestehend aus den Haltungen* der einzelnen Mitarbeiter:innen ebenso wie der kollektiv gelebten Kultur und Kommunikation der Gruppe. Diese ganzheitliche Sicht, zuerst angewandt auf die eigene Organisation, später auch auf die eigenen Forschungsprojekte, wurde mit der Zeit zu einem wesentlichen Merkmal der Teamkultur. Die Balance zwischen Innen und Außen, ein Thema, auf das wir in *New Work needs Inner Work* besonderen Wert legten, wird auch in diesem Buch eine wichtige Rolle spielen.

Ein weiteres Prinzip, welches sich durch unsere frühe Arbeit zieht, ist die Erkenntnis, dass wir den Menschen viel Sicherheit und Orientierung wegnehmen, wenn wir im Zuge von New Work Hierarchien verflachen und äußere Strukturen und Prozesse reduzieren. Jeder Mensch braucht jedoch eine gute Balance zwischen den beiden Grundbedürfnissen Zugehörigkeit und Sicherheit auf der einen und Autonomie und Veränderung auf der anderen Seite. Diese Balance wird heute nicht nur durch Change-Prozesse in Unternehmen erschüttert. Eine ganze Reihe weiterer Faktoren führt dazu, dass viele Menschen verunsichert und entfremdet sind. Dazu zählen Disruptionen wie COVID-19, die eingangs erwähnten Stapelkrisen im Bereich Ökologie, Politik und Gesellschaft, aber auch der exponentielle technologische Wandel, mit dem die wenigsten von uns Schritt halten können. Während sich manche dieser Krisen seit Jahrzehnten angebahnt haben, kamen andere scheinbar völlig überraschend. So fand sich in den Prognosen für das darauffolgende Jahr, die das angesehene Wirtschaftsmagazin *The Economist* jeweils zum Jahresende 2019 und 2021 herausgab, weder ein Hinweis auf COVID-19 noch auf den Ukraine-Krieg und damit auf Ereignisse, die nur wenige Wochen später die ganze Welt durcheinanderbrachten. Und so sehr wir es uns anders wünschen, wir sind davon überzeugt, dass die Welt in den nächsten Dekaden noch viel unvorhersehbarer, volatiler und gefährlicher werden wird.

Wenn uns das Außen nicht mehr Halt bieten kann, müssen wir ihn anderswo aufbauen: im Inneren. Ausgehend von diesem Prinzip – weniger Orientierung und Sicherheit im Außen verlangt größere Klarheit und Stabilität im Inneren – stellten wir in *New Work needs Inner Work* die These auf, dass wir psychologisch reifen müssen. Nur neue innere Kompetenzen

* Wir verwenden in diesem Buch den Begriff „Haltungen" als Überbegriff für eine ganze Reihe von inneren Merkmalen, darunter Denkweisen, Prägungen, Bedürfnisse und Interessen. Damit versuchen wir den geläufigen englischen Begriff „Mindset" und damit unnötige Anglizismen zu vermeiden.

können uns helfen, die verlorene Stabilität im Außen auszugleichen, Komplexität erfolgreich zu navigieren und adäquate systemische Antworten auf die großen Herausforderungen zu finden. Neue Kompetenzen wie Selbstreflexion, Empathie und transparente Kommunikation sind kein Selbstzweck, sondern übernehmen sehr konkrete Funktionen in agilen Unternehmen. Sie sind Klebstoff und Trägerwelle, mit Hilfe derer Mitarbeiter:innen und Führung sich jenseits von fixen Strukturen und Prozessen organisieren und koordinieren können.

Unser erstes gemeinsames Buch folgte dem Aufbau einer Organisationsentwicklung: Wir beschrieben, wie unsere Leser:innen in ihren Unternehmen eine Standortbestimmung machen können. Auf diese Analyse des Status quo folgten die nächsten Veränderungsschritte hin zu einer fluiden und dynamischen Organisation. Darüber hinaus lieferten wir eine erste Übersicht der inneren Kompetenzen, die für den nachhaltigen Erfolg der neuen Organisation maßgeblich waren.

New Work needs Inner Work, zuerst mit einem Crowdfunding finanziert und danach vom Franz Vahlen Verlag veröffentlicht, wurde zu einem Erfolg. Bis heute erscheint es auf den Amazon-Bestsellerlisten, die englische Übersetzung erreicht eine internationale Leserschaft. Zugleich entwickeln wir uns weiter. In den Jahren seit der Veröffentlichung haben wir uns mit unzähligen Unternehmer:innen, Führungskräften, Mitarbeiter:innen, Coaches und Wissenschaftler:innen ausgetauscht. Bettina hat Dutzende höchst unterschiedliche Unternehmen bei ihren Transformationsprozessen begleitet. Joana hat die Entwicklung des *betterplace labs* weiterhin intensiv verfolgt. In langen Gesprächen, unter anderem auf einer Dolomiten-Überquerung, reflektierten wir unsere Erfahrungen miteinander und diskutierten sie mit den Teilnehmer:innen unserer vielen Vorträge, Workshops und Online-Kurse. Im Coronajahr 2020 schrieb Joana dann das Buch *Innenansicht – Eine Dekade Inner Work und New Work*, in dem sie ihren persönlichen Transformationsprozess beschreibt, der dazu führte, dass sich ihr Verständnis von Führung und Erfolg maßgeblich veränderte.

Und irgendwann war es dann wieder so weit. Wir wussten, jetzt hatten wir so viel Neues gelernt, dass es an der Zeit war, zusammen ein neues Buch zu schreiben.

Was wir seitdem gelernt haben

In diesem Buch teilen wir unsere Erfahrungen auf zwei verschiedenen Ebenen und haben das Buch dementsprechend in zwei Teile geteilt. Der erste Teil (Kapitel 3–8) widmet sich Transformationsprozessen in Unternehmen und Organisationen. Hier beschreiben wir einen neuen Typus von Organisation, den wir die entfaltete Organisation nennen. Im zweiten Teil (Kapitel 9–11) wenden wir die gewonnenen Erkenntnisse auf die gesellschaftliche Ebene an und beschreiben die Prinzipien einer entfalteten Gesellschaft.

Teil 1 – Die entfaltete Organisation

New Work ist verteilte Führung [Kapitel 3, → S. 42]

In vielen Unternehmen, mit denen wir in den letzten Jahren Kontakt hatten, fanden wir eine unserer zentralen Ausgangsthesen bestätigt: New Work ist kein Selbstzweck, sondern eine Antwort auf unsere sich schnell verändernde, immer komplexere Welt. Rigide festgelegte Strukturen sind nicht nur ungeeignet, mit der Geschwindigkeit der Veränderung umzugehen, da Prozesse, die einer Wasserfall-Logik folgen, meist zu langsam sind. Sie versagen auch vor der Konkurrenz junger und agiler Start-ups, die rechts und links in allen Sektoren auftauchen und davon leben, dass sie Regeln bewusst brechen, höchst motivierte Mitarbeiter:innen anziehen und konventionelle Organisationsformen ignorieren. Vor allem aber sind hierarchische Unternehmen in komplexen Situationen schlichtweg zu grob und zu dumm. Zu grob, da sie davon ausgehen, dass die Welt aus Standardsituationen besteht, die nach einem bestimmten Schema bearbeitet werden können. In Wirklichkeit sind viele Ereignisse und Fragen einzigartig und können nur gut erfasst werden, wenn wir den jeweiligen Kontext einbeziehen. Zu dumm, denn indem sie Macht an der Führungsspitze konzentrieren, ignorieren sie das volle Potenzial ihrer Mitarbeiter:innen, die oft besser informiert und kompetenter sind.

Je mehr Einblicke wir in Unternehmenskulturen bekamen, desto mehr kamen wir zu dem Schluss: Hierarchie kann keine Komplexität.

Zwar wussten wir schon, dass es bei New Work nicht um Bürohunde und frohe Freitage geht, sondern um eine tiefgreifende Transformation. Zunehmend jedoch kristallisierte sich die Frage „Wie gestalte und verteile ich Führung?“ als DER neuralgische Punkt einer jeden Organisationsentwicklung heraus. Deshalb definieren wir heute New Work so:

„In einer New-Work-Organisation werden Entscheidungen dort getroffen, wo die relevanten Kompetenzen und Informationen liegen. Wobei wir mit Kompetenzen nicht nur Fachkompetenzen, sondern Fähigkeiten in allen vier Quadranten meinen.“

Wir sprechen also dann von New Work, wenn Unternehmungen sich dahingehend verändern, dass sie (Entscheidungs-)Macht und Verantwortung stärker im Team und in der Mitarbeiterschaft verteilen – immer von dem Punkt ausgehend, an dem sie gerade stehen. Entlang des New-Work-Kontinuums befinden sich somit sowohl Bürokratien, die neue, größere Entscheidungsspielräume für Mitarbeiter:innen eröffnen, als auch radikal selbstorganisierte Unternehmen, die ohne Chef:innen und mit einer kompetenzbasierten Hierarchie arbeiten.

Statt Führung in der Unternehmensspitze zu konzentrieren und von dort tröpfchenweise und partiell herunter zu delegieren, werden im Zuge von New Work immer mehr Teile des Unternehmens und dort arbeitende Menschen systematisch in Führungsaufgaben einbezogen, koordinieren sich selbst und einander. Folglich braucht es auch mehr Menschen, die sich selbst, andere oder einander führen können.

Deshalb beschäftigt sich Kapitel 3 mit Führung. Führung ist für uns nicht mehr an Rollen gebunden, sondern eine grundlegende Funktion in Organisationen, die von verschiedenen Mitarbeiter:innen übernommen werden kann. Führung findet immer statt. Nach welchem Prinzip wir sie zwischen uns verteilen, bestimmt unser Zusammenarbeitsmodell. Je nach Organisationsform verändert sich dabei der Grad an Fremdführung (ich werde von jemand anderem geführt) und Selbstführung (ich führe mich selbst bzw. die Gruppe führt sich selbst) und Mitarbeiter:innenführung (ich führe andere). In Kapitel 3 gehen wir Schritt für Schritt die Unterschiede zwischen Fremd-, Selbst- und Mitarbeiter:innenführung in den verschiedenen Unterfunktionen durch.

Organisationen – von autoritär bis selbstorganisiert [Kapitel 4, → S. 61]

Unabhängig von dem Etikett New Work geht es bei der Gestaltung guter Unternehmen weniger um eine bestimmte Organisationsform, sondern um die Passgenauigkeit zwischen äußeren Strukturmerkmalen und inneren Kultur- und Haltungsformen. Denn genau zwischen diesen äußeren und inneren Dynamiken entstehen Spannungen und Reibungen, die die

Zielerreichung gefährden und Mitarbeiter:innen verschleißen oder demotivieren.

Wenn wir in unseren Unternehmen Probleme wahrnehmen, versuchen wir sie meist zu lösen, indem wir neue Organigramme zeichnen, neue Methoden und Formate einführen, bestehende Prozesse adaptieren. Dabei beschäftigen wir uns aber nur mit der Hälfte der relevanten Information und ignorieren die anderen fünfzig Prozent: die inneren Realitäten unserer Gründer:innen, Mitarbeiter:innen und Führungspersönlichkeiten.

In Kapitel 4 geht es genau um dieses Zusammenspiel von Außen und Innen in unterschiedlichen Organisationsformen. Eine Bürokratie verlangt von ihren Mitarbeiter:innen ein anderes Selbstverständnis, andere Kompetenzen und Haltungen als eine funktionale Hierarchie, ein partizipatives Zusammenarbeitsmodell oder agile Methoden. Wir legen die innere Logik der bekanntesten Organisationsformen offen – von autoritärer Führung bis zu den kompetenzbasierten Hierarchien der Selbstorganisation – und beschreiben, welche Haltungen, Werte und Bedürfnisse gut zu diesen äußeren Formen passen und welche dazu im Widerspruch stehen. Dabei geht es uns nicht darum, eine Organisationsform der anderen vorzuziehen. Unsere Welt und wir Menschen sind viel zu komplex und unterschiedlich, als dass wir alle in ein Raster passen würden. Vielmehr möchten wir uns bewusst machen, wie unterschiedlich Menschen sich die Welt erklären, welche diversen Werte, Prioritäten und Bedürfnisse sie haben – und wie Arbeitswelten darauf abgestimmt werden können.

Diese Erkenntnisse helfen Dir viel bewusster zu verstehen, welche Unternehmung zu Dir passt und für Dich Sinn ergibt. Eine solche Perspektive hilft ebenfalls dabei, passende neue Mitarbeiter:innen zu finden und die ganze Organisation kohärent zu gestalten. Vor allem jedoch erweitert ein differenziertes Verständnis der ganzen Bandbreite von Organisationstypen die Klaviatur unserer Gestaltungsmöglichkeiten. Denn Teams, die verstehen, wie äußere Strukturen und innere Haltungen zusammenhängen, wissen zugleich, wann sie einen äußeren Prozess anpassen müssen bzw. wann es notwendig ist, viel mehr an der Kultur und Haltung aller Beteiligten zu arbeiten.

Deep Dive Inner Work [Kapitel 5–7, → S. 84]

Neue, agilere Organisationsformen und insbesondere kompetenzbasierte Hierarchien zeichnen sich dadurch aus, dass sie äußere Strukturen reduzieren und die Unternehmung vermehrt über innere Kompetenzen, Kultur und Kommunikation steuern. Diese Kernaussage von *New Work needs Inner Work* stieß auf große Resonanz. Zugleich können wir den Druck beobachten, der in Organisationen dadurch entsteht, dass sie jetzt einen Entwicklungsschritt gehen müssen (und oft auch wollen), für den sie nicht genügend vorbereitet sind. Denn kaum eine Unternehmer:in oder Führungsperson ist dafür ausgebildet, innere Kompetenzen und gruppendynamische Prozesse im eigenen Team anzuleiten. Auch wir können in diesem Buch nicht die Versäumnisse unseres Bildungssystems kompensieren, denn natürlich sollten Skills wie Selbstreflexion, transparente Kommunikation und Prozessbewusstsein bereits im Kindergarten und in der Schule vermittelt werden. Auch wenn wir an dieser Stelle keinen begleitenden Coach ersetzen können, so teilen wir mit Euch in den Kapiteln 5–7 unser mittlerweile viel differenzierteres Verständnis von den notwendigen inneren Kompetenzen und dem Zusammenspiel zwischen äußeren und inneren Komponenten in einem Deep Dive.

Jede Organisation ist eine Mischung aus äußeren Strukturelementen und messbaren Fähigkeiten sowie (subjektiv beschreibbaren) inneren Haltungen, Kompetenzen und Kommunikationsmustern. Je nach Organisationsform führen Unternehmen mehr über die äußeren oder die inneren Quadranten. Alle in Kapitel 3 beschriebenen Funktionen von Führung können entweder durch feste Strukturen und Prozesse erfüllt werden oder durch flexiblere, situative Absprachen. Letztere erfordern jedoch viel stärker ausgeprägte Reflexions- und Kommunikationsfähigkeiten. Doch was genau sind diese inneren Kompetenzen? Welche brauchen wir? Wie erwerben wir sie? Wie üben wir sie im Berufsalltag? In diesen Kapiteln schlüsseln wir diese Fragen präzise auf.

Zugleich versuchen wir, Dir als Leser:in eine gefühlte Erfahrung von der inneren Landschaft eines Menschen und folglich den inneren Dimensionen des Führens und Zusammenarbeitens zu vermitteln. In den letzten Jahren ist uns immer bewusster geworden, wie zentral das innere Sinnerleben und die Wahrnehmungs- und Beziehungsfähigkeit eines Menschen Führung und Zusammenarbeit beeinflussen. Doch wir können noch so viele Bücher lesen, Vorträge hören oder Gespräche führen – die meisten von uns erleben die Welt auf ihre eigene subjektive Weise und sehen diese als „normal" an. Uns fällt es schwer, die Muster und Dynamiken unserer Erlebniswelt und unserer darauf aufbauenden Handlungen mit Abstand zu reflektieren. Um diese innere Dimension greifbarer zu machen, beziehen wir in diesen Kapiteln unsere eigenen Lebenserfahrungen punktuell mit ein und lassen Dich an unserer Innenansicht der Welt teilhaben.

Bausteine einer ganzheitlichen Transformation [Kapitel 8, → S. 155]
Kapitel 8 verbindet alle bislang aufgebauten Elemente und präsentiert das multidimensionale Modell einer entfalteten Organisation, mit dem Teams arbeiten können, sowohl um ihre aktuelle Arbeitsweise besser zu verstehen, als auch darauf aufbauend eine neue Organisationsform zu entwickeln. Wir folgen dabei Schritt für Schritt Bettinas Vorgehen in Unternehmen. Um eine gute Standortanalyse vorzunehmen und präzise zu verstehen, an welchen Stellen in Unternehmen typischerweise Spannungen und Reibungen entstehen, hat sich dieses Modell in den letzten Jahren bewährt.

Am Anfang des Prozesses analysieren Teams, wie weit ihre verschiedenen Haltungen zusammenpassen. Danach beschäftigen sie sich damit, dass Mitarbeiter:innen die einzelnen Elemente einer Unternehmung wie Führung, Zusammenarbeit, Strukturen und Rollen oft unterschiedlich interpretieren. Sie lernen, diese Interpretationen aufzudecken und miteinander zu besprechen. In einem weiteren Schritt geht es darum, die inneren und äußeren Dimensionen der aktuellen Organisation abzugleichen und Gründe für Störungen aufzudecken. Im weiteren Verlauf führen wir Dich und Dein Team durch eine ganzheitliche Organisationsentwicklung und zeigen anhand von verschiedenen Beispielen, wie Teams mit dem Modell einer entfalteten Organisation arbeiten können.

Teil 2 – Die entfaltete Gesellschaft

Ausgrenzen und Einbeziehen [Kapitel 9, → S. 194]
Unsere Welt ist ständig in Bewegung. Wie wir uns in ihr bewegen, ist sowohl eine Konsequenz aus dem, was wir wahrnehmen, als auch aus dem, was außerhalb unseres Sichtfeldes liegt. Da auch wir Aspekte des Lebens ausblenden und diese unweigerlich in unsere Navigationselemente und Methoden einfließen, sind Letztere nicht ewig gültig. Wir müssen sie kontinuierlich reflektieren, gegebenenfalls anpassen oder wegwerfen.

Seit der Veröffentlichung von *New Work needs Inner Work* wurde immer deutlicher und auch im Mainstream mehr thematisiert, wie und wo unsere Gesellschaft ganze Bevölkerungsgruppen marginalisiert. Wir fragen uns in diesem Kapitel also ganz konkret: Welche Teile des Lebens blenden wir aus? Aber auch: Wo tauchen Aspekte, die uns bislang weitgehend oder völlig unbewusst waren, mehr in unserem Gewahrsein auf? Wir beleuchten, welche Prinzipien Exklusion und Inklusion zugrundeliegen und wieso Inner Work für eine entfaltete Organisation vor allem in Bezug auf die Korrektur struktureller Diskriminierung notwendig ist. Welche unhinterfragten Annahmen führen zu welchen Entscheidungen, Zusammenarbeitsmodellen oder Führungsformen? Zudem erforschen wir, welche Kompetenzen und Diskussionen in Unternehmen notwendig und möglich sind, um Ausgrenzungen entgegenzuwirken und mehr Menschen einzubeziehen. Welche Voraussetzungen müssen gegeben sein, damit eine entfaltete Organisation zum notwendigen Systemwandel beitragen kann und strukturelle Ungerechtigkeiten korrigiert werden?

Purpose und Emergenz [Kapitel 10, → S. 214]

Wenn die Zukunft nicht nur eine Verlängerung der Vergangenheit sein soll und es nicht darum geht, ein paar kleine Kursveränderungen vorzunehmen, sondern wirklich etwas Neues zu entwickeln, stellt sich die Frage: Woran orientieren wir uns? Welche Leitbilder haben wir, um aktiv eine neue Zukunft (der Arbeit) zu gestalten?

In den letzten Jahren verwenden immer mehr Menschen den Begriff „Purpose", um ihrer Sinnsuche eine Richtung zu geben. Hinter Purpose verbergen sich dabei die unterschiedlichsten Vorstellungen, die wir in Kapitel 10 aufdecken. Dabei schlagen wir vor, zwischen Purpose und Sinn zu unterscheiden. In den meisten Fällen, in denen Menschen und Unternehmen heute über Purpose sprechen, geht es eher um „Sinn" oder „Sinnhaftigkeit". Menschen stellen größere Ansprüche an ihre Arbeit als je zuvor. Eine sichere Anstellung ist ihnen nicht genug, sondern sie wünschen sich eine Aufgabe, die ihren Fähigkeiten entspricht und eine Umgebung, die sie in ihrem Potenzial fördert. Auch Unternehmen versuchen neue Sinnangebote zu machen, die über die reine Profitmaximierung hinausgehen. Sie suchen neue Wege der Unternehmensführung, die werteorientierter und gleichzeitig besser auf eine sich schnell verändernde BANI-Welt abgestimmt sind als klassische Fünfjahresplanungen und versuchen sich in „Purpose". Doch in all diesen Fällen sollten wir besser von „Sinn" sprechen.

Denn Purpose, so unser Vorschlag, steht für ein grundsätzliches, evolutionäres Konzept. Und genau dieses wollen wir hier näher beleuchten. Wie fühlt sich Purpose an? Welche Funktion hat Purpose für die Entwicklung unserer Gesellschaft und der Arbeitswelt? Welche Rolle spielt die Aufarbeitung der Vergangenheit für Purpose? Und wir fragen uns, wie wir – als Individuum und als Unternehmung – Purpose erforschen und umsetzen können.

Paradigmenwechsel [Kapitel 11, → S. 236]

In Kapitel 11 treten wir selbst auf den Balkon und versuchen, mögliche Zukunftsszenarien zu entwerfen.

Die Konzepte und Prinzipien, die wir in diesem Buch beschreiben, von kompetenzbasierter Führung bis Emergenz, reiben sich an vielen Stellen mit dem herrschenden Realitätsverständnis. Verschiedene Perspektiven auf die Welt konkurrieren miteinander, wobei die meisten handfesten Strukturen in unserer Welt auf dem industriellen Paradigma basieren und auch Gültigkeit für zukünftige Entwicklungen beanspruchen. Diese Reibung zeigt sich unter anderem darin, dass wir für die hier beschriebenen Formen der Führung und Zusammenarbeit meist keine passenden Rechtsformen haben.

Wenn wir uns auf die neuen Organisationsprinzipien einlassen, sehen wir, dass Unternehmen beginnen, zentrale Werte des alten Paradigmas zu de-priorisieren. Effizienz, Funktionalität und Profitorientierung verlieren, Potenzialentfaltung und Purpose gewinnen an Glanz. Dadurch finden sie sich oft in einem spannungsreichen Verhältnis zu ihrer Umwelt wieder. Wir fragen uns, wie Übergänge gestaltet werden können, sowohl innerhalb von Unternehmen als auch in der Gesellschaft als Ganzes. Wie könnte die Zukunft des Unternehmertums und der Arbeit aussehen? Welchen Stellenwert geben wir unternehmerischem Handeln? Wie gestalten wir Besitz und messen Erfolg?

Die entfaltete Organisation ist weit mehr als ein weiteres Zusammenarbeitsmodell. Richtig verstanden handelt es sich bei den neuen Formen der Führung und Zusammenarbeit um eine Entwicklung, während derer wir uns selbst als Menschen und Organisationen immer mehr unserer selbst bewusst werden. Dazu gehört, dass wir wahrnehmen, wie viel wir von der Realität ausschließen: in uns selbst, in der lokalen, nationalen und globalen Gesellschaft, in Bezug zur Natur und Umwelt und dem Kosmos. Je mehr wir unseren Blick für die ausgeschlossene Realität schärfen und es uns gelingt, diese Aspekte in unseren Arbeitsalltag und ins Leben einzubeziehen, desto ganzheitlicher gestalten wir Führung und Zusammenarbeit und desto mehr werden wir Teil des gegenwärtigen Paradigmenwechsels.

So weit die Übersicht über unsere eigenen Lernschritte und den Aufbau des vorliegenden Buches. Zusätzlich zu diesen Themenschwerpunkten haben wir viel darüber gelernt, wie man New Work und Inner Work in der Praxis umsetzen kann. Denn der Beweis für Erfolg liegt in der Umsetzung. Deshalb findest Du an vielen Stellen dieses Buches nicht nur konkrete Beispiele für die entfaltete Organisationspraxis, sondern im Anhang auch sehr konkrete Übungen und Anleitungen.

Kapitel 2

Beliebte Missverständnisse und neue Prinzipien

If you realize that all things change, there is nothing you will try to hold on to.

Lao Tzu

Wir werden oft nach Regeln, Blaupausen und Standardabläufen gefragt, die Menschen dabei helfen können, ihr eigenes Unternehmen oder das einer Kund:in zu transformieren. Als könnten wir den Weg ins Neue und Unbekannte dadurch sicherer und planbarer machen. Nun haben wir natürlich im Laufe der Jahre einige Erfahrungswerte gesammelt. Wir wissen beispielsweise, dass Menschen erst dann Konflikte mit Kolleg:innen gut bearbeiten können, wenn sie sich ausreichend sicher fühlen, selbst reflektiert sind und Projektionen von Wahrnehmungen unterscheiden können. Daraus folgt, dass wir im Themenfeld „innere Kompetenzen" (Kapitel 5) zuerst an unseren individuellen Fähigkeiten arbeiten müssen, bevor wir uns den Beziehungskompetenzen zuwenden. Ebenso ergibt es Sinn, wenn Unternehmen vor einem aufwändigen Transformationsprozess zuerst eine präzise Standortanalyse machen, um zu verstehen, wo genau sie stehen und woher ihre aktuellen Schwierigkeiten kommen. Wer die Vergangenheit nicht kennt, kann die Gegenwart nicht verstehen und die Zukunft nicht gestalten.

Darüber hinaus stehen uns Blaupausen und Standardabläufe auch oft im Weg. Denn das Neue zeichnet sich gerade dadurch aus, dass es nicht nur die unkritische Verlängerung der eigenen Vergangenheit ist oder den Prozess eines anderen Unternehmens kopiert. Neue Entwicklungen sind eigentlich erst dann interessant und nachhaltig, wenn Menschen sich trauen, das Geländer des Bekannten ein Stück weit loszulassen. Wenn sie sich darauf einlassen, dass sich etwas Neues in ihnen und vor ihnen entfaltet.

Statt Blaupausen beschreiben wir lieber Prinzipien, die uns Orientierung geben und helfen, die eigenen Entwicklungsschritte zu überprüfen. In *New Work needs Inner Work* beschrieben wir Prinzipien als „übergeordnete Grundsätze, (...), die uns helfen zu verstehen, wie sich die Welt bewegt und welche menschlichen Dynamiken unser Arbeitsumfeld prägen. (...) Prinzipien erlauben es uns, die Entwicklungen auf einer übergeordneten Metaebene zu verstehen, ohne im Detail stecken zu bleiben" (Breidenbach & Rollow, 2019, S. 10).

In diesem kurzen Kapitel listen wir einige Prinzipien auf, die uns bei der Arbeit mit neuen Formen der Führung und Zusammenarbeit immer wieder begegnen. Wir kontrastieren sie mit beliebten Missverständnissen rund um New Work. Alle diese Themen werden in den folgenden Kapiteln nochmals ausführlicher aufgegriffen. Da sie jedoch so grundlegend sind, schadet es nichts, wenn wir ihnen mehrmals begegnen.

① **Missverständnis**

New Work und Selbstorganisation sind das Gleiche.

Prinzip

New Work ist der jeweils nächste Schritt als Organisation, mehr die Mitarbeiter:innen entscheiden zu lassen, die die relevanten Kompetenzen und Informationen haben.

Dadurch, dass wir mit *New Work needs Inner Work* ein „Handbuch für Unternehmen auf dem Weg zur Selbstorganisation" (so der Untertitel) geschrieben haben, denken viele, New Work sei mit Selbstorganisation gleichzusetzen. Manche lassen sich davon entmutigen. Denn selbstorganisiert zu arbeiten, erscheint ihnen zu voraussetzungsvoll bzw. sie sind davon überzeugt, dass sie ihre Chef:innen niemals abschaffen können oder wollen.

Dabei verstehen wir unter New Work keine spezifische Organisationsform, sondern sind der Überzeugung, dass jede Unternehmung Schritte gehen kann, infolge derer Führung und Entscheidungsmacht stärker kompetenzbasiert in der Unternehmung verteilt sind. In einer Bürokratie kann dieser nächste Schritt so aussehen, dass Mitarbeiter:innen selbstständig zwischen verschiedenen rechtskonformen Varianten entscheiden können. In einer funktionalen Hierarchie wiederum können Arbeitsprozesse so organisiert werden, dass nur das Ziel festgelegt wird und es Mitarbeiter:innen völlig selbst überlassen wird, wie sie dahin gelangen. Es kann aber auch so sein, dass agile Teams mit ihren Kund:innen frei sind, die Ziele an sich, unabhängig von anderen Führungsinstanzen, zu setzen. Selbstorganisierte Teams sind darüber hinaus in der Lage, den gesamten Rahmen ihrer Unternehmung allein zu bestimmen (welche Strategie wollen wir verfolgen?, welche Ziele wollen wir uns insgesamt setzen? etc.). Dies reicht so weit, dass sie sich sogar selbst auflösen könnten, wenn sie zu dem Schluss kämen, dass ihr eigener Zweck erfüllt sei.

Das Prinzip dahinter ist einfach zu verstehen: Entwicklung, unabhängig davon, ob sie organisch oder disruptiv ist, entfaltet sich Schritt für Schritt. Wir können immer nur den nächsten Schritt zu einem neuen Trittstein machen. Von diesem aus schauen wir umher und identifizieren den darauf folgenden Schritt. Dabei behalten wir durchaus ein größeres Zielbild im Blick. Aber dieses ist nicht fix, sondern kann sich unterwegs auch verändern, beispielsweise indem sich die Teamzusammensetzung oder das größere gesellschaftliche und wirtschaftliche Umfeld der Unternehmung ändert. Während eine Blaupause suggeriert, dass Entwicklung ein mechanischer Prozess mit einem vorbestimmten festen Ziel ist, sehen wir Unternehmen als Organismen. Und da keine Pflanze und kein Tier dem anderen gleicht, so sind auch jede Gruppe und jede Unternehmung zwar einer Gattung zugehörig, in ihrer Ausprägung aber einzigartig.

Diese Sicht auf Veränderung ist nicht nur viel realistischer, sie entlastet uns auch, indem sie große Ziele in handhabbare Schritte zerlegt. Damit können wir unseren Blick fokussieren und uns der Frage zuwenden: Wo stehen wir gerade und wie sieht der nächste sinnvolle Schritt aus?

② **Missverständnis**

Es reicht, Hierarchien und Strukturen, Entscheidungsprozesse, Homeoffice-Regeln, Büroarchitektur usw. im Unternehmen zu verändern. Alles andere folgt von selbst.

Prinzip

Transformation muss ganzheitlich sein. Innen und Außen bedingen einander und Veränderungsbewegungen müssen beide Dimensionen adressieren.

Über dieses Missverständnis haben wir schon viel geschrieben, dennoch erwähnen wir es hier nochmals. Denn immer noch gehen viele Führungskräfte davon aus, dass eine strukturelle oder prozessuale Veränderung allein für ein ganzheitliches Ergebnis sorgt. So ziehen viele Unternehmen gerade in neue, bunte und multifunktionale Büroräume mit dem Ziel, Silos aufzubrechen und Kreativität anzukurbeln. Doch darauf, dass Menschen statt fester Arbeitsplätze nun offene Lounges haben, folgt nicht automatisch, dass sie sich informeller und offener austauschen oder dass diese lateralen Gespräche zu mehr Innovationen führen. Ebenso kurz gegriffen ist die weit verbreitete Meinung, dass jetzt, wo so viele Menschen durch die Coronapandemie im Homeoffice arbeiten, alle zu New Workern geworden wären.

Menschen, denen ein fester Arbeitsplatz Sicherheit und Zugehörigkeit gibt, werden ihre Haltungen und Denkweisen nicht automatisch durch eine Clean Desk Policy ändern. Stattdessen stresst es viele Mitarbeiter:innen, sich jeden Tag einen neuen Arbeitsplatz suchen zu müssen. Um sich zu entlasten, entwickeln sie informelle Strategien, beispielsweise indem sie einfach früher ins Büro gehen, um an „ihrem Platz" sitzen zu können. Das eigentliche Ziel, stärkere Durchmischung und mehr informeller Austausch, wird dadurch konterkariert. Viel sinnvoller wäre es, in Gesprächen herauszufinden, welche Bedürfnisse Teammitglieder am Arbeitsplatz haben und welche Bedeutungen Räume für sie haben. Nach so einer expliziten Klärung können wir sinnvolle Ideen entwickeln, wie wir das Ziel – beispielsweise mehr Fluidität und Kreativität – erreichen können.

③ **Missverständnis**

Wenn Menschen mehr Freiraum bekommen, gestalten sie diesen eigenständig selbst.

Prinzip

Wenn wir Struktur im Außen abbauen, müssen wir Struktur im Innen aufbauen.

Unser Beispiel von der Clean Desk Policy zeigt schon, dass mehr Gestaltungsfreiheit nicht automatisch dazu führt, dass Menschen sie so nutzen, wie sie ursprünglich intendiert war. Vielmehr sehen wir oft das Gegenteil: Wenn Orientierung und Stabilität im Außen wegbrechen, bauen Menschen vielfach unter dem Radar neue äußere Strukturen auf, um sich zu stabilisieren.

Wenn Unternehmen äußere Strukturen und damit Sicherheit reduzieren, müssen sie sich darum kümmern, dass Mitarbeiter:innen die Chance haben, Strukturen und Sicherheit an einer anderen Stelle aufzubauen – in ihrem Inneren. Denn nur Teammitglieder, die sich sicher und orientiert fühlen – beispielsweise indem sie ihre eigenen Kompetenzen kennen und den Beziehungsraum zu Kolleg:innen gestalten können –, sind fähig, Freiräume zu nutzen, Neues zu gestalten und verantwortungsvolle Entscheidungen zu treffen.

④ **Missverständnis**

New Work bedeutet: Jeder darf endlich selbst entscheiden und machen, was er oder sie will. New Work ist das ultimative Autonomieticket.

Prinzip

New Work ist ein organischer Reifungsprozess, in dem Einzelne aus dem Team schrittweise immer mehr Führung, also Gesamtüberblick und Verantwortung, übernehmen. Entscheidungen werden dabei von den Mitgliedern getroffen, die für die jeweiligen Aufgaben am kompetentesten sind und über die relevanten Informationen verfügen.

In New-Work-Unternehmen sind immer mehr Menschen an Entscheidungsprozessen beteiligt. Das bedeutet aber nicht, dass jede Mitarbeiter:in ihre eigenen Entscheidungen fällen kann. Vielmehr einigen wir uns darauf, dass jeweils diejenige Mitarbeiter:in bestimmte Fragen entscheiden kann, die über die besten Kompetenzen und Informationen verfügt. Dabei zählt nicht nur die Fachexpertise, sondern auch, ob diejenige einen guten Gesamtüberblick hat, die Tragweite der zu fällenden Beschlüsse realistisch einschätzen kann und ausreichende Kommunikations- und Führungskompetenz mitbringt. Sobald Entscheidungen breiter im Team verteilt werden, muss jede Mitarbeiter:in im Umkehrschluss auch dafür sorgen, dass sie einen ausreichend guten Überblick hat und mit der höheren Verantwortung umgehen kann. Denn auch, wenn nicht alle Teammitglieder Entscheidungen fällen, ist jede gefragt, ihre Kenntnisse und Informationen in den Gesamtprozess einzubringen.

Entgegen vieler Erwartungen bietet New Work also nicht den (vielleicht lang ersehnten) individuellen Freiraum, sondern erfordert eine hochgradig untereinander abgestimmte situative Verantwortungsübernahme und Kommunikationsfähigkeit. Dafür ist es besonders wichtig, sich selbst, die Kolleg:innen, aber auch das große Ganze der Unternehmung auf dem Schirm zu haben.

⑤ **Missverständnis**

New Work macht Unternehmen erfolgreicher, wettbewerbsfähiger, produktiver, profitabler.

Prinzip

Wir können das Neue nicht an den Maßstäben des Alten messen, sondern müssen mit der Zeit neue Bewertungskriterien entwickeln.

Immer wieder fragen uns Menschen, ob ihre Unternehmen durch New Work effizienter und erfolgreicher würden. Wozu sollten diese mühseligen

Change-Prozesse ansonsten gut sein? Diese Frage geht davon aus, dass wir durch flache Hierarchien oder neue Rollen mehr von dem Gleichen bekommen: mehr Produktivität, mehr Innovation, mehr Profit.

Wenn wir jedoch davon ausgehen, dass neue Führungs- und Arbeitsformen Facetten eines sich gerade entfaltenden Lebensparadigmas sind, dann bedeutet dies auch, dass wir neue Ziele haben und Dinge anders bewerten als zuvor. Damit sind unsere herkömmlichen Erfolgsmaßstäbe und Messinstrumente nicht mehr relevant. Na klar, auch in Zukunft werden wahrscheinlich Unternehmen ihren Erfolg daran messen, dass sie sich finanziell tragen. Aber vieles deutet darauf hin, dass Profitabilität nur ein Maßstab unter anderen sein wird. Vielleicht werden wir die Idee des Shareholder Values komplett in Frage stellen und vielmehr danach trachten, eine ausgeglichene oder positive ökologische Bilanz zu erzielen. Schon jetzt messen Unternehmen, die sich als Vorreiter des neuen, regenerativen Paradigmas verstehen, ihre Leistung auf multidimensionale Weise. Dazu können Kriterien wie diese gehören: Inwieweit ermöglicht es ein Unternehmen seinen Mitarbeiter:innen, ihr Potenzial zu entfalten? Wie wirksam tragen die Aktivitäten zur Lösung sozialer Probleme bei? Wie gerecht werden Gewinne im Unternehmen an alle Stakeholder verteilt? Wie gering ist der Verbrauch von nicht regenerativen Ressourcen?

All dies kann dazu beitragen, dass Unternehmen auch wirtschaftlich sehr profitabel sind. Denn wer sich frühzeitig auf neue Märkte und neue Wirtschaftslogiken einstellt, wird vielfach von Konsument:innen belohnt, die Alternativen zu den etablierten Anbietern suchen. Wir sehen das im Bereich der erneuerbaren Energien, wo „grüne Alternativen" plötzlich sehr attraktiv und nachgefragt sind. In vielen Bereichen werden wir in den nächsten Jahren neue Maßstäbe und Indizes erstellen, die mit den heutigen wenig zu tun haben. Überhaupt überrascht es uns, wie lange offensichtlich obsolete und sogar kontraproduktive Kennzahlen wie das BIP, das Bruttoinlandsprodukt, sich halten konnten. So lassen Autounfälle, überdüngte Felder oder Wiederaufbauarbeiten nach Naturkatastrophen das BIP nach oben schnellen, obwohl sie sich negativ auf das Wohlbefinden der Bürger auswirken. Höchste Zeit also, dass wir neue Kriterien entwickeln, die unser eigentliches Ziel, das Wohlergehen der Menschen und des Planeten, im Zentrum haben.

Übertragen auf New Work bedeutet das: Bis wir als Unternehmen oder Gesellschaft neue Maßstäbe haben, mit denen wir unternehmerische Tätigkeiten so messen können, dass sie zu unseren neuen Zielvorstellungen passen, müssen wir die alten Erfolgsindikatoren mit Skepsis betrachten und mit neuen experimentieren. Andernfalls werden wir uns in Paradoxien verstricken. Wie das aussieht, können wir schon jetzt vielfach beobachten. Dann veranstaltet eine Stiftung einen Wettbewerb (altes Paradigma) zwischen NGOs, wer von ihnen am besten kollaboriert (neues Paradigma). Oder ein Unternehmen schreibt sich Potenzialentfaltung auf die Fahnen, misst offiziell aber nur Produktivität und Wachstum.

⑥ **Missverständnis**

Um zu verstehen, wie New Work funktioniert, müssen wir nur neues Wissen zu unserem bestehenden hinzufügen.

Prinzip

Wenn wir etwas wirklich Neues im Leben erleben und gestalten wollen, müssen wir etwas Altes gehen lassen. Das bedeutet: Wir müssen Welt- und Menschenbilder, Glaubenssätze und Verhaltensmuster, aber auch subjektive Erfahrungswelten, mit denen wir uns bislang identifizieren, verlernen und loslassen.

Ein so tiefgreifender Strukturwandel wie der, den wir gerade durchlaufen, kann nicht gelingen, wenn wir nur horizontal etwas dazulernen. Stattdessen müssen wir eine vertikale Entwicklung durchlaufen. Horizontales Lernen bedeutet, dass wir unsere Fähigkeiten innerhalb eines gesetzten Rahmens verbessern. Wir werden in uns bekannten Disziplinen exzellenter, können mehr erfassen und verarbeiten. Im Zuge einer vertikalen Entwicklung verändern wir dagegen unseren Rahmen bzw. unser Spielfeld: Wir erfassen mehr Komplexität und Nuancen als zuvor und können diese auch praktisch umsetzen.

Vertikale Entwicklungsschritte zeichnen sich durch die sogenannte Subjekt-Objekt-Transzendenz aus. Was bedeutet das? Nun, es ist der Schritt, infolge dessen ich etwas, mit dem ich mich gestern noch unmittelbar identifiziert habe (welches ich als einen Teil von mir, als Subjekt, angesehen habe), als Objekt erkenne: als etwas, das ich von außen betrachten, reflektieren und damit auch verändern kann.

New-Work-Unternehmen – insbesondere in ihrer entfalteten (die inneren Dimensionen des Lebens aktiv mit einbeziehenden) Variante – zeichnen sich nicht nur durch anderes Wissen, sondern vor allem durch ein anderes Erleben, Wahrnehmen und Fühlen aus. Eine andere Erfahrung der Welt.

Die Filter, durch die ich die Welt kognitiv verstehe, haben sich verändert. Und ebenso neu ist meine subjektiv gefühlte Erfahrung der Realität. Ich sehe die Welt von einem neuen, entfalteten Plateau – und damit werden mir neue Zusammenhänge und Bedeutungen klar, die ich vorher nicht sehen und fühlen konnte.

Doch der Schritt von einem Rahmen zum anderen, von einem Plateau aufs nächste, ist oft ein schmerzhafter Prozess. Wer lieb gewonnene Strukturen und Glaubenssätze loslässt, wird unweigerlich mit Verlustängsten und Unsicherheit konfrontiert. In den letzten Jahren haben wir viele Menschen in diesem Prozess begleitet und gesehen, wie tiefgreifend das Modell der entfalteten Organisation die Beteiligten beeinflussen und verändern kann. Viele lernen sich selbst neu kennen. Sie gewinnen ein tieferes Verständnis für ihr Innenleben. Alte Gewissheiten lockern sich oder verschwinden ganz. Neue Perspektiven entstehen.

Teams berichten, dass sie zwar immer noch sehr viel Stress haben, diesen aber anders erleben und mit ihm konstruktiv umgehen können. Individuen sehen, wie sie selbst in destruktiven gesellschaftlichen Mustern gefangen sind und brechen aus diesen aus. Viele berichten, dass sich nicht nur ihre Arbeit tiefgreifend verändert hat, sondern auch ihre Partnerschaften und andere Beziehungen. Zugleich haben sie im Rahmen des Transformationsprozesses neue Prinzipien und Instrumente kennengelernt, die sie jetzt in allen Lebensbereichen einsetzen können. So wie der Mitarbeiter eines von Bettina begleiteten Unternehmens, der im Rahmen des Change-Prozesses feststellte, dass er hypersensibel war. Er holte sich therapeutische Unterstützung und fing an, seinen Arbeits- und Lebensalltag entsprechend umzugestalten.

⑦ **Missverständnis**

New Work, einmal eingeführt, läuft.

Prinzip

Leben bedeutet kontinuierliche Bewegung und Veränderung.
New Work wird diesem Umstand gerecht, indem die Organisation sich bewusst, ganzheitlich und kontinuierlich weiterentwickelt.

Wir kennen eine ganze Reihe von Unternehmen, die eine bestimmte Form von New Work eingeführt haben und überrascht sind, dass sich kein fester Status quo einstellt. Stattdessen müssen sie ständig am Ball bleiben, den aktuellen Status reflektieren und öfters modifizieren. Für uns macht genau diese Fluidität die Qualität von New Work aus. Wenn wir feste äußere Strukturen und Prozesse durch eine kompetenz- und kommunikationsbasierte Zusammenarbeit ersetzen, dienen uns Reflexion und Adaption zur Qualitätssicherung. Gerade weil New Work auf flexibel sich anpassenden Elementen basiert, ist es geeignet, Komplexität zu navigieren und schnelle, passgenaue Antworten auf aktuelle Herausforderungen zu finden. New Work, einmal eingeführt, ist ein kontinuierlicher Lern- und Entwicklungsprozess.

Alle hier beschriebenen Prinzipien wirken in einer entfalteten Organisation und über sie hinaus im aktuellen Paradigmenwechsel. Wie wir uns ihnen nähern können, sie erlernen und vertiefen, anwenden und adaptieren, werden wir in den folgenden Kapiteln tiefer erforschen.

Kapitel 3

Wer führt? Von Fremdführung zu Selbstführung

Between stimulus and response there is a space. In that space is our power to choose our response. In our response lies our growth and our freedom.

Viktor E. Frankl

Wieso beschäftigst Du Dich mit New Work und Inner Work? Geht es Dir darum, die Potenziale der einzelnen Mitarbeiter:innen zu stärken und Räume zu schaffen, in denen sie sich mehr einbringen können? Möchte Dein Unternehmen innovationsfreudiger und unternehmerischer werden, um dem Wettbewerb standzuhalten? Versucht Ihr agile Arbeitsformen einzuführen, um flexibler und schneller zu sein? Habt Ihr Homeoffice oder Flex-Büros eingeführt und müsst sie zum Laufen bringen? Möchtet Ihr selbstorganisiert ohne feste Chef:innen und Manager:innen arbeiten?

Diese und ähnliche Themen motivieren viele Menschen, sich mit neuen Formen der Führung und Zusammenarbeit zu beschäftigen. Doch aus unserer Sicht läuft dieser ganze Strauß an Beweggründen auf eins hinaus. Auf die Frage: Wer führt und wie wird geführt? Oder anders formuliert: Wie treffen wir Entscheidungen und sorgen für deren Umsetzung?

Unser Fokus auf Führung und Entscheidung ist für viele, die sich mit neuen Organisationsformen beschäftigen, erst einmal überraschend. Hatten wir nicht gehofft, das Wort „Führung“ im New-Work-Kontext hinter uns zu lassen? Geht es nicht darum, Hierarchien abzuschaffen, viel partizipativer zusammenzuarbeiten oder endlich eigene autonome Entscheidungen zu treffen?

In diesem Kapitel möchten wir beschreiben, wieso es bei New Work und der entfalteten Organisation entgegen allen Erwartungen im Kern um Führung geht. Und wieso Bettina Teams vor allem dabei hilft, ihr Führungs- und Zusammenarbeitsmodell zu klären und daran zu arbeiten, dass Menschen in der Lage sind, gut zu führen und zu entscheiden.

Ganz viele Fragen, die Unternehmen im Rahmen einer Transformation beschäftigen, lassen sich auf einen Dreiklang herunterbrechen:

Wo führe ich mich selbst? (Selbstführung)
Wo werde ich geführt? (Fremdführung)
Wo führe ich andere? (Mitarbeiter:innenführung)

Selbst in kleinen Teams kommen diese verschiedenen Führungsformen zusammen und greifen ineinander. Ein paar Beispiele im Folgenden zeigen dies anschaulich.

Führung in der Balance Selbst- und Fremdführung

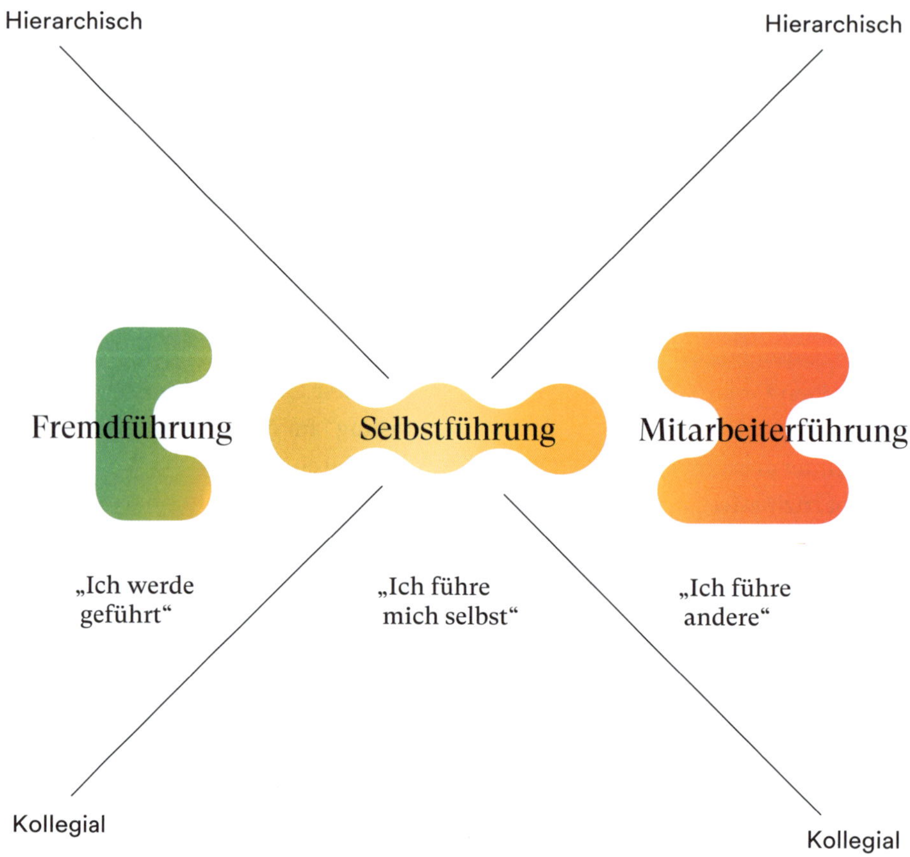

Jede Führungskraft hat das Mandat, eine bestimmte Gruppe an Mitarbeiter:innen zu führen. Einen Teil dieser Führung wird sie direkt übernehmen, einen anderen den Mitarbeiter:innen überlassen, die sich dann selbst oder gegenseitig (z. B. kollegial) führen. Die Führungskraft hat zudem selbst auch noch eine Instanz über sich, von der sie geführt wird. Diese Unterscheidungen sagen aber noch nichts über die genaue Art der Führung aus. Sie kann funktional-hierarchisch gestaltet sein, aber auch partizipativ-kollegial oder kompetenzbasiert. (Diese Formen werden wir im weiteren Verlauf noch genauer beschreiben). Wenn wir aber die sich ständig etwas verschiebende Balance zwischen diesen verschiedenen Formen der Führung – Fremdführung, Selbstführung und Mitarbeiter:innenführung – nicht klar miteinander abgleichen, entstehen leicht Missverständnisse, enttäuschte Erwartungen und Fehler in der Umsetzung.

Wie eng Fremd- und Selbstführung miteinander verbunden sind, sehen wir anhand eines einfachen Beispiels: Eine Führungskraft, die Wert auf Potenzialentfaltung legt, wird ihre Mitarbeiter:innen unterstützen, die eigenen Kompetenzen bewusster wahrzunehmen und weiterzuentwickeln. Dafür gibt sie ihnen einen Rahmen, innerhalb dessen sie sich ausprobieren und mehr zeigen können. Mit der Zeit werden sie sicherer und trauen sich, mehr Verantwortung zu übernehmen und selbstständige Entscheidungen zu fällen. Ein Fokus auf Potenzialentfaltung innerhalb einer (hierarchischen) Führung befähigt Mitarbeiter:innen also, sich zunehmend besser selbst zu führen. Wenn eine Führungskraft in derselben Teamkonstellation funktionale Effizienz und Effektivität priorisiert, wird sie ihre Mitarbeiter:innen mehr über standardisierte Prozesse und klare Vorgaben führen. Der Anspruch an die Einzelne, sich selbst zu führen, ist geringer bzw. bezieht sich auf den eng umschriebenen Radius der vorgegebenen Prozesse. In selbstgeführten Teams wiederum wandert Führung kompetenzbasiert zwischen den Kolleg:innen. Selbstführung und kollegiale Führung wechseln sich dabei ab: Eine Mitarbeiter:in stellt eine Frage, ihre Kolleg:in bietet ihre Perspektive an, eine andere hat einen starken Impuls und bringt diesen ein, wiederum eine andere Kolleg:in möchte etwas sagen, sieht aber, dass der Zeitpunkt unpassend ist und wartet, bis die aktuelle Diskussion an einen vorläufigen Endpunkt gekommen ist. In all diesen Fällen übernehmen einzelne Teilnehmer:innen Führung: für sich selbst und für die Gruppe. Meetings, in denen Menschen sowohl sich selbst als auch die Gruppe auf dem Schirm haben und sich bewusst mit ihren Stimmen einbringen oder diese punktuell auch zurückhalten, sind klar und konstruktiv und enden oft mit unvorhergesehenen, qualitativ wertvollen Ergebnissen.

Führung so verstanden hat also erst einmal nichts mit Status, funktionalen Hierarchien oder klassischen Rollen zu tun. Führung ist vielmehr eine Bewegung, ein ganz natürlicher Bestandteil des Lebens. Führung ist eine Funktion, der wir überall begegnen. In jedem Gespräch wandert sie zwischen den Beteiligten hin und her. Wie beim Paartanz führt mal die eine, mal die andere Person. Und ebenso wird auch jeder partizipative Prozess geführt – indem Führung in der Gruppe gleichberechtigt zwischen den Beteiligten hin und her wandert.

Im Rahmen einer Organisationsentwicklung müssen sich Unternehmen darüber klar werden, was Führung für sie bedeutet und wie sie unter den Beteiligten aufgeteilt werden soll. Hier gilt wieder der oben beschriebene Dreiklang: Wo führt sich jede Mitarbeiter:in selbst? Wo wird sie von anderen geführt? Wo führt sie andere? Zusätzlich zu diesen Strukturfragen müssen Teams erforschen, welche inneren Kompetenzen sie für die unterschiedlichen Führungsverständnisse brauchen und welche äußeren Instrumente, Prozesse und Strukturen für die Umsetzung sinnvoll sind.

Organisationsmodelle sind wie Mobiles, diese seit Marcel Duchamp aus der Kunst bekannten, frei hängenden, beweglichen und ausbalancierten Gebilde. Die Einzelelemente sind im Prinzip immer die gleichen: Alle verwendeten Strukturen und Prozesse gehen von bestimmten Kompetenzen und Haltungen aus und prägen eine spezifische Kultur und Kommunikation. Aber die Balance zwischen diesen Elementen ist je nach Organisationsform – z. B. Bürokratie, funktionale Hierarchie oder Selbstorganisation – höchst verschieden. Vor allem aber unterscheiden sie sich darin, wie viele Menschen von anderen geführt werden beziehungsweise wie viele sich selbst führen.

Dabei gilt folgendes Prinzip: Je agiler, flexibler und selbstorganisierter das Zusammenarbeitsmodell, desto größer der Anteil an Selbstführung und kollegialer Mitarbeiter:innenführung und desto geringer der Anteil an hierarchischer Fremdführung.

Anders ausgedrückt: In einer Bürokratie dominieren feste Regeln und Strukturen, sodass ein reibungsloser Arbeitsablauf auch dann gesichert ist, wenn einzelne Mitarbeiter:innen sich wenig selbst führen. Da Führung sich an einer festen Hierarchie orientiert, werden Mitarbeiter:innen weiter unten im Organigramm von Menschen weiter oben im Organigramm angeleitet. Mit größeren Freiräumen gilt dasselbe auch für funktionale Hierarchien. Am anderen Ende der Skala, in selbstorganisierten Teams mit kompetenzbasierten Hierarchien, gibt es dagegen wenig feste Strukturen und Prozesse. Folglich müssen Mitarbeiter:innen sich selbst viel mehr führen. Zudem wandert Führung zwischen Kolleg:innen hin und her: Mal führt die eine, mal wird sie selbst geführt. Dabei geht jeweils die Mitarbeiter:in in Führung, die in dem relevanten Bereich am kompetentesten ist. Diese Dynamik gilt in abgeschwächter Form auch für agile Teams. Auch bei ihnen müssen Mitarbeiter:innen sich zu einem großen Grad selbst führen, sich punktuell von anderen führen lassen oder wiederum selbst andere führen.

Selbstführung, Fremdführung, Mitarbeiter:innenführung, egal ob klassisch-hierarchisch, kollegial oder kompetenzbasiert – im Laufe ihrer Arbeit mit vielen sehr unterschiedlichen Unternehmen hat Bettina gelernt, die Frage nach Führung direkt zu Beginn einer Organisationsentwicklung zu stellen. Und zwar NICHT, um festzulegen, wer welche Führungsposition übernimmt, sondern um das Prinzip von Führung als Funktion zu erforschen und zu verstehen. Diese beiden Aspekte werden streng getrennt und die Frage nach der personellen Verteilung von Führungsaufgaben spielt erst im späteren Verlauf eine Rolle.

Die fünf Unterfunktionen von Führung

Nun ist Führung ein großes Wort, das vieles umfasst und auch sehr unterschiedlich definiert wird. So unterscheidet beispielsweise die Business-Literatur zwischen Führung und Management. Im Management, so die gängige Annahme, reagieren wir auf bereits bekannte und wiederkehrende Herausforderungen mit erprobten Ansätzen und Methoden. Führung umfasst dagegen die Bereiche, wo wir uns neuen Herausforderungen stellen und dafür auch neue Bewältigungsstrategien entwickeln.

Wir trennen diese beiden Ebenen nicht voneinander. Für uns ist Führung der grundsätzliche Mechanismus, mit dem wir anstehende Aufgaben, Ziele und Herausforderungen beantworten und umsetzen. Wir verstehen Führung also als eine Funktion, innerhalb derer Ideen entwickelt und umgesetzt beziehungsweise Herausforderungen oder Aufgaben beantwortet und bewältigt werden. Führung hat die Funktion, alle an diesem Prozess beteiligten Menschen mit ihren Kompetenzen so zu orchestrieren, dass die anvisierten Ziele bestmöglich realisiert werden.

Führung ist immer mit Verantwortung verbunden. Verantwortung wiederum ist die Fähigkeit und sogar Verpflichtung, auf Situationen und Herausforderungen zu antworten. Im Englischen wird das noch klarer: Responsibility ist die „ability to respond". Ver-antworten bedeutet hier handeln, beispielsweise indem wir anderen helfen, sich zu orientieren oder indem wir entscheiden, umsetzen, reflektieren oder Feedback geben, Konflikte lösen oder auch für Sicherheit sorgen. Ver-antworten heißt ebenfalls, festzustellen, dass wir gerade nicht die richtige Antwort finden und entweder andere hinzuziehen oder uns gemeinsam auf die Suche begeben müssen. Ver-antwortung und Führung gehen immer Hand in Hand und beschreiben die Fähigkeit, in einer Unternehmung passende Schritte und Maßnahmen zu konzipieren und umzusetzen. Um Führung als Funktion und die damit verbundene Ver-antwortung greifbarer zu machen, unterteilen wir sie in fünf Unterfunktionen.

1. **Führung gibt Orientierung.**
2. **Führung entscheidet und sorgt für Umsetzung.**
3. **Führung sorgt für Reflexion, Austausch und Erkenntnis.**
4. **Führung bearbeitet Spannungen, Konflikte und zieht Konsequenzen.**
5. **Führung bietet Schutz und Sicherheit.**

Alle fünf Unterfunktionen sind zu unterschiedlichen Zeitpunkten im Arbeitsprozess relevant. Mal tritt die eine in den Vordergrund, mal die andere.

Diese Unterscheidung hilft uns nicht nur dabei, Führung als Funktion präziser zu verstehen, sondern Führungsfunktionen innerhalb einer Unternehmung neu und breiter zu verteilen. Denn obwohl die meisten Unternehmen davon ausgehen, dass ein paar wenige Führungspersonen alle Unterfunktionen meisterhaft beherrschen und sie deshalb an der Unternehmensspitze stehen, so ist das in der Praxis die absolute Ausnahme. Da alle Menschen bestimmte Stärken und Schwächen haben, ist es viel sinnvoller, Führung zu verteilen, statt eine Einzelperson für alle Unterfunktionen verantwortlich zu machen. Dies entlastet nicht nur die oftmals überforderte Führungsperson, es kommt auch dem Bedürfnis vieler Mitarbeiter:innen entgegen, den eigenen Spielraum für Verantwortung und Gestaltung zu vergrößern.

In vielen Unternehmen gibt es de facto bereits eine ähnliche Aufgabenteilung. So geben beispielsweise in Bürokratien Chef:innen ihren Mitarbeiter:innen Ziele und Aufgaben meist vor. In funktionalen Hierarchien sind Führungskräfte für die strategische Orientierung zuständig, überlassen es aber ihren Mitarbeiter:innen die für die Umsetzung geeigneten Ziele und Aufgaben selbst abzuleiten. Selbstorganisierte Unternehmen dagegen gehen einen bedeutenden Schritt weiter: Hier gestalten die Beteiligten eigenständig einen Prozess, an dem sich möglichst viele Kolleg:innen gemäß ihrer Kompetenzen und Vorlieben frei einbringen können.

Das bedeutet: Je selbstorganisierter eine Gruppe ist, desto mehr Führungsaufgaben werden in die Gruppe verlagert. In den meisten Fällen werden Aufgaben dabei nicht dauerhaft an bestimmte Personen und Rollen vergeben, sondern wandern zwischen diesen hin und her. So können viele Mitarbeiter:innen verschiedene Unterfunktionen von Führung übernehmen und diese in unterschiedlichen Rhythmen untereinander hin- und herwandern lassen.

Um diese Bewegung besser zu verstehen, wollen wir die Rolle von Führung in den fünf Unterfunktionen der Reihe nach betrachten. Dabei beziehen wir uns auf den oben eingeführten Dreiklang aus Selbstführung (ich führe mich selbst), Fremdführung (ich werde geführt) und Mitarbeiter:innenführung (ich führe andere), da Zusammenarbeitsmodelle sich jeweils dadurch voneinander unterscheiden, wie sie diese drei Führungsperspektiven ausbalancieren. Je nach Organisationsmodell müssen Mitarbeiter:innen sich mehr oder weniger selbst führen können, sich führen lassen oder andere führen. Generell gilt dabei: Die Selbstführung hört da auf, wo die vereinbarte Fremdführung anfängt. Oder anders formuliert: Je mehr Selbstführung ein Zusammenarbeitsmodell voraussetzt, desto kleiner wird der Anteil der Fremdführung und desto selbstorganisierter arbeiten wir zusammen [Grafik, → S. 44].

Teams, die Führung als Funktion untereinander verteilen wollen, können dafür verschiedene äußere Instrumente, Formate und Strukturen nutzen. Zugleich ist es wichtig, dass sie sich darüber austauschen, wie sie diese Funktionen subjektiv erleben und interpretieren. Wie versteht jedes Teammitglied Fremd-, Selbst- und Mitarbeiter:innenführung? Welche Erwartungen knüpfen sie an Fremdführung? Was brauchen sie, um dieser zu vertrauen? Inwieweit kann und will sich jedes Teammitglied selbst führen? Was braucht jeder dafür? Wie wollen sie andere führen?

Um diese Themen miteinander zu besprechen, brauchen Teams Inner Work. Sie müssen in der Lage sein, sich selbst und ihre Bedürfnisse, Interessen und Kompetenzen zu reflektieren und ehrlich und offen mit ihren Kolleg:innen zu kommunizieren.

Lass uns nun die verschiedenen Unterfunktionen näher betrachten. Und verzeih uns, wenn die folgende Darstellung Dir etwas trocken erscheint. Wir glauben jedoch, dass es wichtig ist, die verschiedenen Führungsformen in den fünf Unterfunktionen einmal systematisch durchzudeklinieren. So wirst Du die Balance zwischen Fremd- und Selbstführung sowie Mitarbeiter:innenführung insgesamt besser verstehen.

① Führung gibt Orientierung

In jedem Unternehmen gibt es eine ganze Kaskade von Werkzeugen und Vereinbarungen, die den einzelnen Mitarbeiter:innen Orientierung geben. Dazu zählen Vision und Mission auf oberster Planungsebene, gefolgt von Strategie, Zielen und Metriken. Mitarbeiter:innen orientieren sich zudem an ihren konkreten Aufgaben, kennen die relevanten Erwartungen, Strukturen und Prozesse sowie ihr eigenes Rollenprofil und die notwendigen Kompetenzen.

Liegt der Schwerpunkt einer Organisation auf Selbstführung, so kümmert sich im Idealfall jede Mitarbeiter:in selbst darum, einen guten Überblick über alle relevanten Aspekte der Unternehmung zu haben. Zudem stellt sie sicher, dass sie auf alle notwendigen Informationen zugreifen kann. Wenn ich als Mitarbeiter:in etwas nicht verstehe, liegt es in meiner Verantwortung nachzufragen. Wenn ich weiterhin unsicher bin, muss ich meine Kolleg:innen warnen und auf die möglichen Konsequenzen meiner Unklarheit hinweisen. Wie weit Mitarbeiter:innen gehen müssen, um sich selbst Orientierung zu verschaffen, hängt von dem vereinbarten Rahmen ihres spezifischen Zusammenarbeitsmodells ab.

Werde ich als Mitarbeiter:in von jemand anderem geführt, ist diese Vorgesetzte dafür verantwortlich, dass ich ausreichend orientiert bin. Sie vermittelt mir die dafür notwendigen Informationen. Fremdführung besteht aber nicht nur darin, Mitarbeiter:innen zu informieren, sondern auch sicherzustellen, dass sie die Informationen wirklich verstehen und auf ihren eigenen Arbeitsbereich anwenden können. Wie weit diese Führungsaufgabe geht, hängt wiederum vom jeweiligen Zusammenarbeitsmodell ab.

Führe ich selbst Mitarbeiter:innen, gebe ich meine eigene Orientierung an diese weiter, das heißt, ich vermittle ihnen das Wissen, das ich mir selbst angeeignet habe. Gleichzeitig erwarte ich aber auch, dass meine Mitarbeiter:innen sich teilweise selbst orientieren und ich sie nur in bestimmten Bereichen unterstützen muss. Es liegt in meiner Verantwortung, diese Grenze klar zu kommunizieren.

② Führung entscheidet und sorgt für Umsetzung

Arbeiten heißt, Entscheidungen zu treffen. Meist entscheiden wir viel mehr, als uns bewusst ist.

Selbstführung ermöglicht es Mitarbeiter:innen, eigenverantwortliche Entscheidungen im Rahmen des vereinbarten Mandats zu fällen. Entscheidungsfähigkeit hängt mit vielen anderen Aspekten zusammen: Ist mir beispielsweise klar, was genau meine Rolle, meine Aufgaben und mein Verantwortungsbereich sind? Verfüge ich über die notwendigen fachlichen oder psychologischen Kompetenzen? Bin ich mutig und risikobereit? Verstehe ich es, meine Entscheidungen zu kontextualisieren und mögliche Konsequenzen abzuschätzen? Kann ich Spannung halten, wenn Kolleg:innen meine Entscheidungen anfechten?

Fremdführung bedeutet in diesem Bereich, dass jemand anderes entscheidet und ich als Mitarbeiter:in entweder vorbereitend an der Entscheidung beteiligt war, sie danach umsetze oder einfach nur über sie informiert werde.

Wer wiederum andere führt, muss festlegen, welche Fragen er oder sie selbst entscheidet oder wo es von der Mitarbeiter:in erwartet wird, eigenständige Entscheidungen zu treffen. In beiden Fällen ist auch zu klären, welche Informationen und Umstände die Führungskraft bzw. die Mitarbeiter:in jeweils braucht, um gute Entscheidungen treffen zu können.

③ Führung sorgt für Reflexion, Austausch und Erkenntnis

Eine wichtige Funktion von Führung ist es, Räume und Prozesse für Reflexion und Austausch bereitzustellen. Ohne diese können sich Mitarbeiter:innen nicht entwickeln, kann die Organisation nichts lernen. Das bekannteste Austauschformat sind individuelle Feedbacks. Aber auch Stand-ups, Kick-offs oder Retrospektiven, in denen ganze Teams zusammenkommen, müssen bewusst gestaltet und begleitet werden. In diesen Bereich gehören auch alle Formen der Qualitätssicherung, Team- und Mitarbeiter:innenentwicklung. In all diesen Formaten stellen wir uns Fragen wie: Wie ist die Qualität unserer Ergebnisse? Funktioniert unser Arbeitsprozess? Läuft unsere Zusammenarbeit? Wo müssen wir dazulernen? Wohin möchten wir uns weiterentwickeln?

Liegt der Schwerpunkt einer Unternehmung auf Selbstführung, dann obliegt es der einzelnen Mitarbeiter:in, sich immer wieder selbst zu reflektieren und die gewonnenen Erkenntnisse in die Unternehmung einfließen zu lassen – entweder indem sie etablierte Prozesse dafür benutzt oder diese selbst neu gestaltet.

Werde ich von anderen geführt, beteilige ich mich an Prozessen und Räumen, die von anderen gehalten werden. So bekomme und gebe ich beispielsweise Feedback in dafür vorgesehenen Meetings und anhand eines Feedback-Leitfadens.

Wenn ich andere führe, lege ich fest, welche Räume ich für den gemeinsamen Austausch bereitstelle und auch, wie viel Eigenverantwortung ich von meinen Mitarbeiter:innen erwarte.

④ Führung bearbeitet Spannungen, Konflikte und zieht Konsequenzen

Wie gehen wir mit Konflikten um? Wer spricht den Elefanten im Raum an? Wie ziehen wir Konsequenzen, wenn alle Maßnahmen nicht zum gewünschten Ziel geführt haben? Eine wichtige Funktion von Führung ist es, Spannungen und Konflikte zeitnah anzusprechen, zu bearbeiten und wenn notwendig, Konsequenzen zu ziehen.

In selbstorganisierten Teams ist jede Einzelne für die Bearbeitung von Konflikten verantwortlich.

Werde ich geführt, ist meine Vorgesetzte grundsätzlich für Konfliktthemen zuständig. Ich kann jedoch zur Klärung beitragen, indem ich relevante Informationen bereitstelle. Und natürlich kann ich auch von mir aus Konflikte mit Kolleg:innen direkt ansprechen.

Führe ich selbst andere Mitarbeiter:innen, muss ich mit ihnen klären, welche Teile ihres Spannungs- und Konfliktmanagements sie selbst übernehmen wollen oder wann sie Konflikte zu mir eskalieren können.

⑤ Führung bietet Schutz und Sicherheit

Die letzte Unterfunktion von Führung besteht darin, Mitarbeiter:innen Sicherheit zu geben und sie ausreichend zu schützen. Dazu gehört, dass Mitarbeiter:innen ihre eigenen Grenzen ebenso respektieren wie die ihrer Kolleg:innen. Dass sie unterschiedliche Perspektiven anerkennen und verschiedenen Bedürfnissen im Team nachkommen. Aber auch, dass Mitarbeiter:innen explizit wertgeschätzt und unterstützt werden.

Wenn Mitarbeiter:innen sich maßgeblich selbst führen, dann liegt es auch an ihnen, die Grundlagen dafür zu schaffen, dass sie sich sicher und geschützt fühlen. Im Zweifel können sie diese Bedürfnisse auch selbst befriedigen. Gelingt ihnen das nicht, müssen sie sich melden und um Unterstützung bitten. Zugleich haben selbstgeführte Teams eine kulturelle

Vereinbarung geschlossen, wie transparent und ehrlich sie miteinander sein wollen. Als Mitarbeiter:in bin ich also für meinen eigenen Schutz verantwortlich, kann mich aber auch auf unsere Teamkultur verlassen und darauf, dass andere mich unterstützen; beispielsweise indem sie auf mich zukommen, wenn sie den Eindruck haben, dass ich meine Grenzen überschreite, zu viel Verantwortung übernehme oder zu wenig Urlaub mache.

Wenn ich geführt werde, dann reflektiert meine Führungsperson mit mir, was ich brauche und wie ich mich selbst oder sie mich dabei unterstützen kann. Ich kann mich darauf verlassen, dass meine Vorgesetzte mich auf dem Schirm hat und proaktiv auf mich zukommt, wenn sie feststellt, dass ich etwas brauche.

Als Führungsperson für andere Mitarbeiter:innen muss ich mit ihnen klären, ob und wo sie von mir Schutz und Sicherheit erwarten. Oder aber inwieweit sie sich selbst oder gegenseitig schützen und unterstützen wollen.

Schutz und Sicherheit sind eng mit Vertrauen verbunden. Nur wenn Menschen sich sicher fühlen, können sie einander vertrauen. Führungskräfte sprechen viel von Vertrauen – aber Vertrauen ist nichts, was man einfach mal so behaupten oder „machen" kann. Es entsteht erst durch gemeinsame Erfahrungen im Arbeitsalltag.

Menschen entwickeln Vertrauen, wenn sie merken, dass sie sich auf die etablierten Strukturen und Prozesse verlassen können. Darauf, dass alle in der Organisation ihre Rollen transparent und ehrlich ausführen. Vertrauenswürdigkeit kann aber auch darauf basieren, dass Teams fähig sind, direkt und ehrlich miteinander zu kommunizieren; wenn Teammitglieder sich darauf verlassen können, dass die Kolleg:innen sich ausreichend selbst reflektieren und co-kreativ Lösungen entwickeln können. Im ersten Fall entsteht Vertrauen durch ehrlich und transparent gelebte (äußere) Strukturen und Prozesse, im zweiten durch einen ehrlichen und transparenten (inneren) Beziehungsraum. Unabhängig davon, welche Vertrauensbasis in Eurer Organisation dominiert – und zwischen beiden Varianten gibt es natürlich alle erdenklichen Mischformen –, ist es wichtig, sich bewusst zu machen, worauf das Vertrauen im Team basiert und ob das Vertrauensniveau zu Eurer Führungsform passt. Habt Ihr genug Vertrauen oder zu wenig? Und wenn Letzteres: Welche Art von Vertrauen möchtet Ihr aufbauen?

Zusammengefasst: Führung ist eine Funktion, die auf verschiedenste Art im Unternehmen verteilt werden kann. Je nachdem, welche der drei

Führungsperspektiven in der Organisation dominiert – das heißt, je nach dem Zusammenarbeitsmodell –, werden Teams entweder mehr auf Selbstführung setzen oder mehr Fremdführung praktizieren.

Wie diese unterschiedlichen Ausprägungen aussehen können, zeigen wir im Folgenden anhand einiger Beispiele.

Führen: von hierarchisch bis selbstorganisiert

Unterschiedliche Zusammenarbeitsmodelle basieren auf unterschiedlichen Annahmen, wie gute Führung gestaltet sein muss, damit sie wirksam für Orientierung, Entscheidungsfähigkeit, Qualität, Reflexion, Feedback, Schutz und Sicherheit sorgen kann. Zugleich verlangen verschiedenartige Organisationsformen jeweils andere Kompetenzen von ihren Mitarbeiter:innen.

Rollen- oder funktionsbasierte Hierarchien gehen davon aus, dass es Sinn ergibt, verschiedene Ebenen der Komplexität in Bezug auf Informationen, Entscheidungen und Expertise hierarchisch über Strukturen und Prozesse anzuordnen und damit die Komplexität beherrschbar zu machen. In selbstorganisierten Gruppen gehen wir dazu über, Komplexität primär navigieren zu wollen und lassen die Führungsfunktion zwischen den beteiligten Personen kompetenzbasiert hin- und herwandern. Beide Modelle unterscheiden sich deutlich darin, wie viel Selbstführung und Fremdführung sie voraussetzen. Innerhalb des funktionalen oder rollenbasierten hierarchischen Prinzips erwarten wir von Mitarbeiter:innen tendenziell weniger Selbstführung und dafür mehr die Fähigkeit, sich innerhalb der Vorgaben oder des gesetzten Rahmens selbstständig zu orientieren und sich gleichzeitig auch führen zu lassen oder sich einzuordnen. In der Selbstorganisation brauchen wir Menschen, die sich selbst führen können und gleichzeitig das große Ganze im Blick haben. Sie selbst entscheiden auf Basis ihrer eigenen Kompetenzen und in Absprache mit ihren Kolleg:innen, wann sie Führung übernehmen. Im Gegenzug bedeutet das, dass die Einzelne auch weiß, wann sie sich zurückhalten sollte. Aus Sicht einer funktionalen Hierarchie erwarten wir damit von Teammitgliedern in Selbstorganisationen etwas, was wir in hierarchischen Organisationen primär bei Führungskräften verorten.

Rollenbasierte oder funktionale Hierarchien basieren auf der Annahme, dass Mitarbeiter:innen dann am wirksamsten sind, wenn Strukturen, Prozesse und Rollendefinitionen ihnen eine klare Orientierung geben.

Sie verlagern einen Teil der Führungsfunktionen auf definierte Prozesse und Strukturen und die dazugehörigen Rollen. Innerhalb dieses Gerüstes führen Mitarbeiter:innen sich dann in bestimmten Bereichen selbst, während sie in anderen von Vorgesetzten geführt werden oder als Vorgesetzte andere führen.

Führung über Prozesse und Strukturen hat viele Vorteile. Einmal definiert, vermitteln sie Stabilität und Klarheit. Sie wirken objektiv und erscheinen dadurch vielen von uns verlässlicher und neutraler als die Interaktion mit Kolleg:innen. Zudem können wir uns im Konfliktfall auf sie berufen. Damit wirken sie wie ein sicherer, stabiler Hafen. Was zuerst als Vorteil erscheint, kann aber auch zum Nachteil werden. Denn Prozesse und Strukturen sind tendenziell statisch. Wenn sich die äußeren Umstände verändern oder es Abweichungen vom Standard gibt, passen sie sich nicht automatisch an. In diesem Fall müssen die verantwortlichen Rollen eingreifen, um veraltete oder unpassende Prozesse und Strukturen zu verändern und dafür sorgen, dass sich die Mitarbeiter:innen entlang des angeschobenen Transformationsprozesses mit verändern. Das heißt, dass Teammitglieder eine neue Balance zwischen Selbst- und Fremdführung finden und die dazu notwendigen Führungskompetenzen erlernen.

Genau dieses Wechselspiel zwischen Führung durch Strukturen und Prozesse einerseits und Führung, die durch die beteiligten Menschen situativ gestaltet wird, andererseits erscheint uns derzeit als das zentrale Nadelöhr, mit dem Organisationen zu kämpfen haben. Auf der Suche nach einer neuen Balance sind Unternehmen mit zwei Herausforderungen konfrontiert, die sich in zwei typischen Beschwerden äußern. Führungskräfte sagen: „Die Teams bringen sich nicht genug selbstverantwortlich und mutig ein“, während die Mitarbeiter:innen klagen: „Die Führungskräfte geben uns keine ausreichende Orientierung“ oder „Es gibt nicht genug Raum, um wirklich mitzugestalten“.

Hinter diesen Vorwürfen liegen nicht nur, wie man meinen könnte, zwischenmenschliche Konflikte. Sie entstehen vielmehr dadurch, dass die Beteiligten unterschiedliche Annahmen zur sowie Erwartungen an die Organisationskultur und deren Prozesse haben. Allein die Tatsache, dass es in Unternehmen Führungspersonen, einen Delegationsprozess und eine bestimmte Berichtsstruktur gibt, löst bei Menschen spezifische Annahmen und Haltungen aus und prägt ihren Umgang mit Selbst- und Fremdführung. Aber auch wenn Mitarbeiter:innen ihre eigenen Vorstellungen haben, bedeutet dies weder, dass sie alle der gleichen Meinung sind, noch dass sie den eigentlichen Intentionen der Strukturen und Prozesse entsprechen. Anders ausgedrückt: Obwohl Prozesse und Strukturen so faktisch wirken, unterliegen sie unserer subjektiven Interpretation und Umsetzung. Und das meiste davon ist implizit und unausgesprochen.

Bei näherer Betrachtung denken oftmals Mitarbeiter:innen in Teams, „die sich nicht mutig und selbstständig genug einbringen", ihr Gestaltungsradius sei kleiner, als von ihrem Teamlead vorgesehen. Oder sie nehmen an, dass der Freiraum nur pro forma ist und die Führungskraft im Stillen doch erwartet, dass sie die gleichen Entscheidungen fällen wie sie selbst. Teammitglieder wiederum, die „nicht genug Orientierung von ihren Teamleads bekommen" oder glauben, „dass es von Anfang an nicht genug Gestaltungsfreiraum gibt", gehen oft implizit davon aus, dass viele Leitplanken schon vorgegeben sind (obwohl dies nicht der Fall ist) und trauen sich nicht, ihre Arbeit wirklich frei zu gestalten.

In all diesen Fällen fehlt ein gemeinsames Verständnis dafür, welche Führungsfunktionen mit Hilfe von vorgegebenen Strukturen und Prozessen umgesetzt werden sollen und welche im Bereich der individuellen Selbst- und Mitarbeiter:innenführung liegen. Bleibt dies zwischen Kolleg:innen unabgestimmt, führen die unterschiedlichen Interpretationen der vermeintlich eindeutigen und neutralen Strukturen und Prozesse sowie der individuellen Führungsräume zu mehr und mehr Missverständnissen und Problemen.

In selbstorganisierten Unternehmen finden wir die gleiche Herausforderung, nur in gegenteiliger Ausprägung. Selbstorganisation basiert vor allem auf den Reflexions-, Kommunikations- und Interaktionsfähigkeiten der Beteiligten, während der Anteil an vordefinierten Strukturen, Prozessen und Rollen minimal ist. Dieses Modell interpretieren manche Mitarbeiter:innen als „Jetzt kann ich endlich machen, was ich will" oder am anderen Ende der Skala als „Wir machen alles in der Gruppe zusammen". Auch diese Annahmen werden meist nicht explizit miteinander besprochen. In der ersten, sehr autonomen Form gehen Mitarbeiter:innen davon aus, dass sie sich komplett selbst führen können. In der zweiten basisdemokratischen Variante wollen Mitarbeiter:innen von der Gruppe geführt werden oder passen ihre Selbstführung der Gruppenbewegung an. Auch hier müssen sich Teams über ihre impliziten Annahmen austauschen und vereinbaren, wie sie Führung als Funktion genau umsetzen wollen und welche Auswirkungen ihr Modell auf die Anteile an Selbst- und Fremdführung hat.

Führung und Komplexität

Unabhängig davon, wie Unternehmen Führung verteilen, müssen sie in der Lage sein, mit unterschiedlichen Graden von Komplexität umzugehen. Dafür ist es sowohl wichtig, diese Grade voneinander unterscheiden zu können, als auch zu wissen, welche Haltungen, Prozesse und Instrumente geeignet sind, um die jeweiligen Abstufungen zu bearbeiten.

Wir möchten dies am Beispiel der zweiten Unterfunktion von Führung – Führung entscheidet – veranschaulichen. Menschen in Organisationen sagen oft, dass sie mit komplexen Entscheidungen konfrontiert sind. Wir finden es hilfreich, dabei zwei Aspekte zu unterscheiden: zum einen die Entscheidung an sich und zum anderen die Umgebung, in der sie getroffen werden muss. Entscheidungen an sich betreffen immer die Wahl zwischen verschiedenen Alternativen. Die Komplexität ergibt sich meist aus dem Umfeld. Handelt es sich um eine Risikoumgebung, also eine Situation, die Menschen aufgrund ausreichender Daten und vorhandener Expertise einschätzen können? Entscheidungen in solch relativ stabilen Umgebungen fallen in die Kategorien „einfach" bis „kompliziert" und folgen einem bestimmten Entscheidungsmuster.

Oder betrifft die Entscheidung eine Umgebung, die unsicher und dynamisch ist und zu der nur wenige Daten vorliegen? Solche Unsicherheitsumgebungen klassifizieren Komplexitätsforscher als „komplex" bis „chaotisch". In diesen Situationen gibt es meist keine eindeutig „richtigen" oder „falschen" Entscheidungen. Menschen müssen zwischen verschiedenen Alternativen abwägen und wissen erst im Nachhinein, ob die Entscheidung gut oder weniger gut war.

Risikoumgebungen und Unsicherheitsumgebungen verlangen von Menschen unterschiedliche Haltungen und Herangehensweisen. Egal, welcher Führungstyp in einer Organisation vorherrscht – es ist wichtig, dass Teams sich bewusst sind, welche Art von Entscheidungen für die jeweilige Situation geeignet sind, und die dazu passenden Instrumente wählen.

Hier ist es hilfreich, wenn wir die Stacey-Matrix und das Cynefin-Modell miteinander kombinieren [Grafik, → S. 58]. Die Stacey-Matrix (Stacey, 2002) zeigt uns die Relation zwischen den unterschiedlichen Umgebungen an, während das Cynefin-Modell (Snowden & Boone, 2007; Snowden & Kurtz, 2003) eine Matrix zur Vorgehensfindung ist, die sich auf diese Umgebungen bezieht.

Komplexität und Vorgehen

Kombination aus Cynefin-Framework nach Dave Snowden & Cynthia Kurtz (2003) und Stacey-Matrix nach Ralph Stacey (2002), CC BY-NC 2.0

In einfachen Umgebungen sind Ursache und Wirkung klar erkennbar. Es gibt wiederholbare Muster und damit richtige und falsche Antworten. Der Entscheidungsprozess folgt den Schritten Erkennen, Beurteilen und Reagieren. Passende Instrumente sind unter anderem Mehrheitsabstimmungen, delegierte Entscheidungen oder Top-down-Entscheidungen.

Mit zunehmender Unsicherheit sind Ursache und Wirkung jedoch nicht mehr für jeden erkennbar und es gibt mehr als eine richtige Antwort. In solchen komplizierten Umgebungen brauchen wir Experten. Der dazugehörige Entscheidungsprozess verläuft entlang den Schritten: Erkennen, Analysieren und Reagieren. Passende Instrumente sind der konsultative Entscheid und der Win-win-Konsens.

In der nächsten Steigerung, den komplexen Umgebungen, treffen wir auf viele Unbekannte und konkurrierende Ideen. Alles ist in Bewegung und nichts vorhersagbar. Einige Beteiligte können innerhalb der Bewegung Muster erkennen und sich daran orientieren. Um sich einer Entscheidung zu nähern, muss der Entscheidungsprozess umgestellt werden: nicht Erkennen, sondern Ausprobieren wird zum ersten Schritt. Denn nur, indem wir ausprobieren und testen, können wir mehr Daten gewinnen, die uns Orientierung geben. In komplexeren Umgebungen folgen Entscheidungsprozesse daher den Schritten Ausprobieren, Wahrnehmen und Reagieren. Die dazu passenden Instrumente sind unter anderem das Konsentverfahren und der co-kreative Konsens.

Wenn wir uns wiederum in einer chaotischen Umgebung befinden, dann ist die Dynamik so hoch, dass wir weder Ursache noch Wirkung noch Orientierungsmuster erkennen können. Hier gilt es einen Prozess zu gestalten, der es uns ermöglicht, schnell zu handeln, um dann mehr wahrzunehmen und dann nochmals zu reagieren. Hier passen als Instrumente unter anderem der kompetenzbasierte Top-down-Entscheid.

Gute Führung ist also in der Lage, die für die jeweilige Umgebung passenden Instrumente auszuwählen. Das setzt voraus, dass sie zwischen einfachen, komplizierten, komplexen und chaotischen Kontexten unterscheiden kann.

Das klingt erst einmal plausibel, ist aber wiederum nicht ganz einfach. Denn Komplexität ist subjektiv. Was für mich komplex ist, mag für Dich nur kompliziert erscheinen. Und ebenso mag sich eine bestimmte Situation für eine Organisation kompliziert oder komplex darstellen, je nachdem, wie differenzierungsfähig ihre Prozesse und Strukturen und wie reif die beteiligten Menschen sind.

Gleichzeitig gibt es Themen, die uns allen als komplex bis chaotisch erscheinen und die ein kollektives Lernfeld der Menschheit ausmachen. Die Klimakatastrophe ist dafür das prominenteste Beispiel.

Egal wie einfach, kompliziert, komplex oder chaotisch unsere Umgebung ist, wenn wir über Führung die richtigen Prozesse gestalten, kommen wir der Lösung einen Schritt näher. Wie sich Führung in ihren drei Ausprägungen und der Umgang mit Komplexität in unterschiedlichen Organisationsformen ausdrückt, erforschen wir im nächsten Kapitel.

Leitfragen

- ? Was verstehst Du unter Selbstführung, Fremdführung und Mitarbeiter:innenführung?
- ? Was erwartest Du von Selbstführung, Fremdführung und Mitarbeiter:innenführung in den fünf Unterfunktionen? Unterscheide dabei zwischen zwei Perspektiven: Deinen Erwartungen an Dich selbst und Deinen Erwartungen an andere.
- ? Suche Dir eine oder mehrere Rollen heraus, in denen Führung als Funktion eine Rolle spielt (z. B. als Teamlead, als Kolleg:in, als Aufsichtsrät:in). Definiere dann die Balance zwischen Selbstführung, Fremdführung und Mitarbeiter:innenführung in dieser Rolle und welche Anteile diese in den fünf Unterfunktionen jeweils einnehmen sollen.
- ? Erforsche, wie Du für Dich verschiedene Grade an Komplexität unterscheidest. Woran merkst Du, wenn es kompliziert oder komplex wird? Wie antwortest Du auf die verschiedenen Umgebungen?

Kapitel 4

Das Spektrum von Organisationsformen im Innen und Außen

Only with the right kind of maps will we be able to host and transcend the growing feelings of disorientation and anxiety so prevalent today.

Keks Ackerman

Unterschiedliche Organisationsformen, so ein Fazit des letzten Kapitels, unterscheiden sich darin, inwieweit Mitarbeiter:innen sich selbst führen oder von anderen geführt werden und selbst andere führen. In diesem Kapitel wenden wir uns verschiedenen Organisationsmodellen aus einer anderen Perspektive zu: Wir arbeiten die Grundannahmen und Funktionsweisen heraus, die den geläufigsten Organisationsmodellen zugrunde liegen.

Wir sind es gewohnt, Organisationsformen hauptsächlich anhand ihrer äußeren Strukturen und Prozesse zu beschreiben. Doch wie Du in diesem Buch immer wieder gelesen hast, ist die innere Dimension von Führung und Zusammenarbeit mindestens ebenso bedeutsam. Doch fällt es uns viel schwerer, die inneren Aspekte, Haltungen und Bedürfnisse, Wahrnehmungsfilter, kulturellen Normen und Werte klar zu umreißen.

Folglich können Mitarbeiter:innen meist leicht feststellen, wo sie sich an Strukturen und Prozessen reiben. Sie sagen dann: „Bei uns herrscht viel zu viel Bürokratie. Um einen neuen Bleistift zu bestellen, muss ich drei Formulare ausfüllen." Oder: „Unser Management beschwert sich immer, dass wir zu wenig leisten und zu lange für Entscheidungen brauchen. Dabei geben sie uns nicht genug Informationen und Orientierung. Wie sollen wir da etwas entscheiden?" Andererseits fällt es uns oft schwer, gemeinsam präzise zu bestimmen, wo in der Organisation jenseits der Struktur- und Prozessebene Spannungen entstehen. Zu sehen, wo unterschiedliche Werte, Annahmen und Bedürfnisse – also Aspekte der inneren Dimension – nicht zusammenpassen.

Dabei sind es genau diese unterschiedlichen Innenansichten, die in jeder Unternehmenstransformation große Reibungen erzeugen. Je tiefer wir in die Veränderungsdynamiken von Teams eintauchten, desto deutlicher wurde, dass wir bislang nur ein schemenhaftes, absolut unzureichendes Verständnis davon haben, wie unterschiedlich Menschen ihre Welt erleben. Von außen mag ich zwei Kolleg:innen sehen, die Mitte dreißig und erfahrene Projektmanagerinnen sind. Doch eine Innenansicht würde mir eröffnen, dass die eine feste Regeln und Strukturen braucht, um sich sicher und orientiert zu fühlen, während die andere ihre Aufgaben am liebsten ganz frei von irgendwelchen Chef:innenansagen erledigen möchte. Beide erleben Meetings mit ihren Vorgesetzten höchst unterschiedlich. Die eine fragt sich ständig, was die neuen Maßnahmen für ihren Aufgabenbereich bedeuten und möchte dies präzise heruntergebrochen und aufgeschlüsselt bekommen. Der anderen reicht eine vage Zielvorgabe und schon läuft sie selbstständig los. Wenn beide nun zusammen auf einem Projekt arbeiten, sind Missverständnisse und Konflikte fast schon unausweichlich.

Ebenso scheinen die meisten Menschen davon auszugehen, dass die verschiedenen Organisationsmodelle, also beispielsweise Bürokratien, funktionale Hierarchien oder kompetenzbasierte Führung, prinzipiell neutral sind. Dass es sich dabei um Strukturen handelt, die von allen Menschen ausgefüllt und bedient werden können. Und dass diese Menschen sich zudem auch darin einig sind, wie die Form gefüllt werden muss, damit sie ihren Zweck erfüllt.

Diese Annahmen sind jedoch naiv und falsch. Unterschiedliche Zusammenarbeitsmodelle basieren auf zum Teil sehr unterschiedlichen Wertesystemen und Haltungen und sind nur bedingt miteinander kombinierbar. Das liegt auch daran, dass sie als Antworten auf sehr spezifische Herausforderungen zu unterschiedlichen Zeiten und in anderen Kulturräumen entstanden sind. Ihre strukturellen und prozessualen Elemente spiegeln verschiedene Vorstellungen von Führung, Macht, Individualität und Gesellschaft wider und reflektieren die ihnen zur Verfügung stehenden Ressourcen, Technologien und Regulierungen. Jedes Zusammenarbeitsmodell inkludiert damit bestimmte Haltungen, Qualitäten, Fähigkeiten und Verhaltensweisen und exkludiert andere. Folglich ist jeder Struktur- und Prozessbaustein mit bestimmten Annahmen, Potenzialen und Begrenzungen verbunden, die wiederum unterschiedliche Formen von Diskriminierung und Machtmissbrauch begünstigen oder verhindern.

Wir sind nicht die Ersten, die dies bemerken. So beschreibt das sogenannte „Gesetz von Conway“, welches insbesondere in Software-Unternehmen verbreitet ist, dass die Struktur eines Systems die Kommunikationsstandards der Organisation widerspiegelt, die sie erstellt hat.

Unterschiedliche Zusammenarbeitsmodelle drücken spezifische Menschenbilder aus und erwarten von Mitarbeiter:innen und Führungspersönlichkeiten dementsprechend auch andere Verhaltensweisen und Haltungen. Manche Modelle setzen einen hohen Grad an Selbstständigkeit voraus, während andere Fremdbestimmung als normal ansehen. Manche bieten Menschen sehr viel Sicherheit, während andere auf große Freiräume setzen, innerhalb derer sich Menschen entfalten können.

Wenn Organisationsmodelle nie neutral sind, liegt es auf der Hand, dass nicht alle Modelle zu allen Menschen passen, sondern dass wir darauf achten müssen, dass die Haltungen, Bedürfnisse und Kompetenzen des Einzelnen und die jeweiligen Strukturen und Prozesse miteinander kompatibel sind. Wenn Menschen keine ausreichende Resonanz zwischen ihrem Inneren und den äußeren Strukturelementen empfinden, entsteht Spannung und sie fühlen sich entweder über- oder unterfordert beziehungsweise ein- oder ausgeschlossen. Diese Inkongruenzen belasten das Individuum, stehen aber auch dem Unternehmenserfolg im Weg, da schlecht aufeinander abgestimmte Mitarbeiter:innen, Instrumente und Ziele suboptimale Resultate erzielen und Raum für Diskriminierung und Machtmissbrauch eröffnen [Kapitel 9, → S. 194].

Eine gute Passung zwischen innen und außen ist der Schlüssel zu gesunder und erfolgreicher Zusammenarbeit. Bettina vergleicht die Beziehung zwischen Organisationsmodellen und Mitarbeiter:innen oft mit einem Fahrzeug und seinen Fahrer:innen.

Ob ein Fahrzeug gut funktioniert, hängt zum einen natürlich von seiner Konstruktion ab. Zum anderen ist es mindestens genauso wichtig, ob die Fahrer:in es bedienen kann und weiß, welche Fahrweise zum Terrain passt, was die Höchstgeschwindigkeit ist und ob sie überhaupt motiviert ist, das Fahrzeug zu steuern.

Es gibt viele Unternehmen, deren Organisationsmodelle in sich schlüssig konstruiert sind, in denen die Zusammenarbeit aber dennoch nicht funktioniert. Das liegt oft daran, dass die Organisation einen Rennwagen gebaut hat, ohne genügend Rennfahrer:innen im Team zu haben. Oder dass sie ein komplexes Nutzfahrzeug entwickelt haben, für dessen Bedienung Spezialist:innen nötig wären, die meisten Teammitglieder aber einen bequemen Kombi fahren möchten.

Ebenso gibt es Fälle, in denen das Fahrzeug an sich falsch konstruiert ist oder in dem sich mit der Zeit so viele Defekte angehäuft haben, dass sie sich als bleibende strukturelle Defizite manifestieren. Selbst die kompetentesten Fahrer:innen können es nicht zum Laufen bringen, sondern es braucht eine Mechaniker:in, die das Gerüst grundsätzlich umbaut.

Was bedeutet das konkret? Wenn Dein Team nicht gut zusammenarbeitet, ist es sinnvoll zu analysieren, welches Wertesystem Euren Strukturen und Prozessen zugrunde liegt. Danach könnt Ihr überprüfen, welche Haltungen und Werte von Euch als Mitarbeiter:innen erwartet werden. Allein diese beiden Analysen sind oft gar nicht so einfach durchzuführen.

In vielen Organisationen koexistieren unterschiedliche Struktur- und Prozesselemente ebenso wie unterschiedliche Kultur- und Wertesysteme – inklusive aller Verzerrungen und unbewussten Flecken.

Bettina fängt in Organisationen genau an dieser Stelle an. Mit einer Standortanalyse der bestehenden (äußeren) Strukturen und Prozesse und ihrem Abgleich mit (inneren) Werten und Haltungen. Gemeinsam finden sie heraus, ob das Fahrzeug an sich funktionsfähig ist oder einen inhärenten Defekt hat. Haben die Fahrer:innen die für dieses Gefährt passenden Haltungen und Kompetenzen? Kommuniziert das Team so miteinander, dass es in die gleiche Richtung fährt? Sind Mitarbeiter:innen in der Lage, Defekte und Defizite rechtzeitig zu erkennen und zu korrigieren? Passt das Fahrzeug zum Gelände?

Wenn wir Störungen im Zusammenarbeitsmodell nur als Strukturfehler innerhalb eines vermeintlich neutralen Systems betrachten, fehlen uns fünfzig Prozent der relevanten Informationen. Stattdessen müssen wir Organisationsmodelle ganzheitlich betrachten und unseren Blick auf die Kongruenz oder Dissonanz zwischen äußeren und inneren Komponenten richten.

Im Folgenden geben wir einen kurzen Überblick zu den geläufigsten Zusammenarbeitsmodellen, ihren jeweiligen Wertesystemen und Wirkungshypothesen.

Organisationsmodelle, Wertesysteme und Wirkungshypothesen

Anhand von sieben verschiedenen idealtypischen Organisationsmodellen und den dazu passenden Haltungen, Werten und Wirkungshypothesen könnt Ihr ein besseres Gefühl für Eure eigene Unternehmung bekommen und feststellen, welche Elemente gut zusammenpassen und welche Spannung erzeugen. Typischerweise mischen sich in unseren Organisationen unterschiedliche Modelle und damit auch Wertesysteme. Hybride Organisationsformen sind erst einmal kein Problem, solange Teams sich der unterschiedlichen Elemente bewusst sind und sie kompetent steuern können. Erlaubt Euch also festzustellen, aus welchen Teilen der sieben Modelle sich Eure eigene Unternehmung zusammensetzt und ob Ihr präzise genug einschätzen könnt, wie die Elemente zusammenwirken und wo gegebenenfalls Reibungen entstehen.

Autoritäre Strukturen und Prozesse

Autoritäre Führung zeichnet sich dadurch aus, dass Führungskräfte frei nach eigenen Kriterien schalten und walten und sich mit ihrer dominanten Haltung durchsetzen. Elon Musk, Mark Zuckerberg, Donald Trump sind zeitgenössische Beispiele für Unternehmer, die ihre Unternehmungen autoritär führen und das letzte Wort über Mitarbeiter:innen und Strategie ausüben. Viele andere Unternehmen, auch wenn sie nicht durchweg autoritär sind, verfügen über einzelne, meist implizite autoritäre Prozesselemente. Darunter fallen Führungskräfte, die in letzter Konsequenz und oft am offiziellen Prozess vorbei Alleinentscheidungen fällen und diese top down und kommentarlos kommunizieren.

Überall dort, wo eine Einzelne oder wenige Menschen an der Spitze einer Hierarchie dauerhaft Entscheidungen über mehrere Ebenen hinweg treffen, agieren sie nach dem autoritären Prinzip. In diesen Organisationsstrukturen wird Macht nicht oder nur wenig delegiert. Mitarbeiter:innen am Fuße der Pyramide müssen Entscheidungen über mehrere Stufen bis ganz nach oben eskalieren.

Hinter autoritären Strukturen stecken Werte wie Dominanz und Stärke. Ziele werden dadurch erreicht, dass Macht konzentriert und von durchsetzungsstarken Individuen dauerhaft übernommen wird. Ein autoritäres Zusammenarbeitsmodell passt zu Menschen, denen einleuchtet, dass dominante Menschen am besten die gesetzten Ziele erreichen und die sich sicher fühlen, wenn es eine klare, zentrale und starke Führung gibt, die finale Entscheidungen trifft.

Teammitglieder tauschen damit Loyalität gegen Schutz und Orientierung. Es befriedigt sie, Teil eines Teams mit einer starken Führungspersönlichkeit zu sein. Führungskräfte wiederum fühlen sich sicher, da sie überzeugt sind, die richtige Person für den Job zu sein und das Mandat zu haben, autoritär vorgehen zu können. Wenn wir das im vorherigen Kapitel eingeführte Kontinuum zwischen Fremd- und Selbstführung heranziehen, liegt der Fokus auf Fremdführung. Autoritäre Führungskräfte erwarten von ihren Mitarbeitern, dass sie Vorgaben oder Befehle ausführen, nicht dass sie sich selbst managen.

Damit fällt es ihnen schwer, mit komplexen Umgebungen umzugehen. Autoritäre Top-down-Prozesse sind ungeeignet, den notwendigen Prozess des Ausprobierens, Wahrnehmens und Reagierens, den wir zum Ende des vorherigen Kapitels beschrieben haben, anzuleiten. Das liegt zum einen daran, dass er zu lange dauert, da jeder Schritt immer wieder von oben genehmigt werden muss. Zum anderen trauen sich Mitarbeiter:innen in diesen Organisationen oft nicht, neue Wege mit ungewissem Ausgang auszuprobieren, da sie die Konsequenzen eines möglichen Scheiterns fürchten. Aus diesen Gründen wenden autoritär geführte Organisationen ihre Standardprozesse meist auch auf sich verändernde Situationen an oder reduzieren, wie oben bereits beschrieben, den Grad der Komplexität künstlich, um mit ihm umgehen zu können.

Autoritäre Zusammenarbeitsmodelle sind personengebunden und damit nicht leicht reproduzierbar und wegen ihrer Zentrierung von Macht auch nur bedingt skalierbar. Damit sind sie im heutigen Sinne wenig effizient.

Den meisten von uns ist autoritäre Führung unbehaglich und suspekt. Zu Recht, denn im Laufe der Geschichte hat sie immer wieder zu Machtmissbrauch und tiefen Verletzungen geführt. Wenn eine kleine Gruppe Macht um sich zentriert, bestimmt ihre Haltung und Denkweise, wer dazugehört und wer ausgeschlossen wird. Die Auswirkungen sehen wir unter anderem in den vielen verschiedenen Formen struktureller Diskriminierung [Kapitel 9, → S. 196]. Wenn Menschen davon überzeugt sind, dass Stärke und Dominanz wesentliche Leitplanken des Lebens sind, reduzieren sie die reale Komplexität auf drastische und oft gefährliche Weise. Sie vereinfachen komplexe Zusammenhänge, indem sie unliebsame Perspektiven, Informationen und Menschen (oft gewaltsam) exkludieren. Gefangen im Prinzip zu dominieren, sind sie unfähig, kluge Entscheidungen zu fällen, die das Wohl vieler oder sogar aller Menschen mit einschließen.

Gleichzeitig gibt es Situationen, in denen autoritäre Führung durchaus sinnvoll ist. Dazu gehören (chaotische) Situationen, in denen Menschen beispielsweise durch einen Gewaltakt akut bedroht sind und zu ihrem Schutz schnelle und klare Entscheidungen getroffen werden müssen, z. B. ein Gebäude evakuiert werden muss. Davon abgesehen ist es für jeden Menschen wichtig, mit der eigenen inneren Stärke, dem eigenen Willen, also der eigenen inneren Autorität verbunden zu sein. Darauf basieren unser Selbstvertrauen, unsere Selbstermächtigung und die Fähigkeit, Entscheidungen treffen und Grenzen setzen zu können. Jedes Unternehmen braucht Menschen, die sich gesund mit ihrer inneren Stärke und auch Autorität verbinden können. Zugleich müssen sie auch in der Lage sein, sich zu reflektieren und Kolleg:innen und die Unternehmung als Ganzes einzubeziehen.

Bürokratische Strukturen und Prozesse

Während autoritäre Führung auf Macht, Stärke und Dominanz beruht, basieren bürokratische Strukturen und Prozesse auf festen unpersönlichen Regeln und Vereinbarungen. Wir finden sie in vielen staatlichen Institutionen wie Ministerien und Verwaltung, aber auch in Franchise-Unternehmen wie *McDonald's*. Letztere skalieren, indem sie alle Arbeitsvorgänge, von den Küchenprozessen bis zu den Umsatzzielen, möglichst präzise standardisieren.

Hinter bürokratischen Modellen steckt die Annahme, dass wir unsere Ziele am besten erreichen können, wenn wir Ordnungssysteme mit klar definierten Rollen, Regeln und Abläufen aufbauen. Mitarbeiter:innen in rollenbasierten Hierarchien wissen genau, für welche Aufgaben sie zuständig sind und wie sie diese umzusetzen haben. Um sich in Bürokratien gut zurechtzufinden, müssen dem Einzelnen Werte wie Detailtreue, Disziplin, Pflichtbewusstsein, Verantwortung und Loyalität sinnvoll erscheinen. Mitarbeiter:innen beziehen ihr Sicherheitsgefühl aus der Tatsache, dass sie die Regeln und Vorgaben verstanden haben und diese richtig umsetzen können. Sie fühlen sich wohl, einen klaren Rahmen zu haben, innerhalb dessen sie sich entfalten können. Es entspannt sie, sich auf „neutrale" und „empirische" Regeln und Strukturen zu berufen, statt den subjektiven Meinungen und Ideen Einzelner folgen zu müssen.

Auch hier dominiert die Fremdführung: Mitarbeiter:innen sind Teil einer detailliert abgestuften, rollenbasierten Hierarchie mit differenzierten Regeln und Abläufen. Selbstführung wird nur im Rahmen dieser Vorgaben erwartet. Die rollenbasierten Hierarchien sind nicht personengebunden und damit leicht reproduzier- und skalierbar.

Bürokratische Elemente sind überall da hilfreich, wo es darum geht, Abläufe zu standardisieren und Regeln einzuhalten. Das trifft auf einige grundständige Bereiche einer Organisation zu, zum Beispiel in der Buchhaltung. Sie können aber auch in der Forschung, Entwicklung und Produktion wichtig sein.

So sinnvoll Bürokratien zum Zeitpunkt ihres Entstehens gewesen sein mögen und in Teilbereichen auch heute noch sind, sie fühlen sich für viele von uns zu eng, zu langsam und zu steif an. Wir verbinden mit ihnen Mikromanagement und Dienst nach Vorschrift. Bürokratische Systeme eröffnen Menschen oft nicht den Freiraum, den sie sich wünschen und den sie qua ihrer Kompetenz auch sinnvoll nutzen könnten. Oftmals sind lineare bürokratische Prozesse nicht flexibel genug, um sich zeitnah an verändernde Anforderungen anzupassen.

Komplizierte und komplexe Umgebungen sind für Bürokratien oft herausfordernd. Ihre Stärken liegen darin, Probleme zu erkennen, sie in ein bekanntes Raster einzuordnen und darauf mit einer bewährten Lösung zu reagieren. In einfachen Situationen können vordefinierte Prozesse ihre Kraft entfalten. Teilweise gelingt es ihnen, auch noch mit komplizierten Umgebungen umzugehen, in denen Probleme erkannt und analysiert und dann mit einem erprobten Plan bearbeitet werden. Sobald es aber zu kompliziert oder eben komplex wird, finden bürokratische Organisationsmodelle kaum noch Antworten. Ihnen fällt es schwer, jenseits des bereits Bekannten und der vordefinierten Prozesse Neues auszuprobieren und dann aus neu gewonnenen Informationen passende Maßnahmen zu entwickeln. Bürokratien sind also immer dann sinnvoll, wenn ihre Ordnung und ihre Regeln uns die Orientierung und Sicherheit geben, die wir brauchen, um Aufgaben gut umzusetzen. Sie kommen an ihre Grenzen oder sind kontraproduktiv, wenn wir uns und die Organisation nicht dynamisch weiterentwickeln können, da sie hauptsächlich dafür sorgen, den Status quo festzuschreiben und sich selbst zu erhalten.

Funktionale Hierarchien

Die heute gängigste Organisationsform ist die funktionale Hierarchie, die ihre gesamten betrieblichen Aufgaben in Prozessen und Funktionen abbildet. Dazu zählen fast alle DAX-Konzerne, aber auch die meisten deutschen Mittelständler und Start-ups. Sie alle basieren auf Werten wie Zielorientierung, Leistung, Effizienz und Optimierung. Unternehmerischer Erfolg definiert sich darüber, dass Mitarbeiter:innen neue Chancen ergreifen und effektiv zusammenarbeiten. Dafür nutzen sie funktionale Rollen und gestalten effiziente Prozesse. Kennzahlenbasierte Steuerungssysteme dienen dazu, Orientierung zu bewahren, Leistung zu messen und Qualität zu sichern. Der einzelne Mensch taucht primär als Leistungsträger:in auf, die autonom und selbstverantwortlich im Rahmen der Zielsetzungen agiert und ihr Bestes gibt.

Während Bürokrat:innen ihr Sicherheitsgefühl daraus beziehen, Regeln richtig umzusetzen, vertrauen Mitarbeiter:innen in funktionalen Hierarchien ihrer eigenen Kompetenz und ihrem Gestaltungswillen. Sie wissen, dass sie etwas können; dass sie sich trauen, Neues auszuprobieren;

dass sie die gesetzten Ziele erreichen können. Gemeinsam versuchen sie, Prozesse kontinuierlich zu optimieren, immer höhere Ziele zu erreichen, das Beste aus sich und ihrer Unternehmung herauszuholen.

Das Verhältnis zwischen Fremd- und Selbstführung ist in funktionalen Organisationen relativ ausbalanciert. Mitarbeiter:innen werden über Ziele geführt. Welche Wege sie einschlagen, um diese zu erreichen, ist ihnen in unterschiedlichen Graden selbst überlassen.

Das Organisationsmodell ergibt für alle diejenigen Sinn, die gerne ziel- und leistungsorientiert arbeiten. Die (mit-)gestalten und teilweise eigenständig Entscheidungen treffen und das damit einhergehende Risiko tragen können.

Prozessorientierte funktionale Hierarchien erlauben es Unternehmen, flexibel zu sein und Abläufe kontinuierlich zu optimieren. Sie können leicht für unterschiedlichste Organisationen genutzt werden und sind skalierbar. Damit sind sie in der Lage, Entscheidungsprozesse in einfachen, komplizierten und teilweise komplexen Umgebungen zu gestalten und umzusetzen. Ihre Fähigkeit, Bestehendes auch immer wieder zu hinterfragen und Unbekanntes zu erschließen, lässt sie auch dynamische Umgebungen mit vielen Unbekannten navigieren.

Die Zusammenarbeit in funktionalen Hierarchien kann sich aber auch technisch und kalt anfühlen. Insbesondere dann, wenn Teams vor lauter Leistungsorientierung keinen Raum für all die Aspekte unserer Persönlichkeit anbieten, die nicht hundertprozentig funktional sind. Sie haben wenig Verständnis für unsere Vulnerabilitäten, Gefühle wie Angst, Scham oder Wut und unterstützen ebenso wenig unsere zutiefst menschlichen Bedürfnisse nach Verbindung und Dialog.

Zudem spricht die „Größer-Höher-Schneller"-Logik der primär auf Leistung und Gewinnmaximierung ausgerichteten Unternehmensform immer weniger Menschen an. In Zeiten, in denen die Kehrseiten dieses Lebensparadigmas in Form von Umweltkatastrophen, Ausbeutung und Burnout überdeutlich sichtbar werden, sind wir wenig motiviert, Prozesse noch weiter zu optimieren, immer stärker zu wachsen und alles daran zu setzen, Marktführer:in zu sein.

Unbehagen mit funktionalen Hierarchien kann aber auch aus einer anderen Ecke stammen: Manche Mitarbeiter:innen überfordert die an sie gerichtete Erwartung, eigenverantwortlich mitzugestalten und zu entscheiden. Sie vermissen den klaren Orientierungsrahmen und die regelbasierte Zusammenarbeit bürokratischer Systeme. Sie haben Angst davor,

Fehler zu machen und trauen sich nicht, eigene Wege auszuprobieren. Und auch der Anspruch, Prozesse kontinuierlich zu optimieren und ständig neue Ziele zu verfolgen, kann großen inneren Druck auslösen.

Dieses Spannungsfeld zwischen der Organisationsform und den Empfindungen der Mitarbeiter:innen zeigt sich, wenn Führungspersonen davon sprechen, ihr „Team arbeitet nicht eigenverantwortlich und trifft keine Entscheidungen" oder aus Sicht der Teams „Wir bekommen nicht genug Orientierung. Unsere Chefin weiß selbst nicht, wo es lang geht und erwartet dann von uns, dass wir entscheiden". Um sich ausreichend klar und sicher zu fühlen, versuchen Teams sich dann nach innen zu konsolidieren. Doch das führt leicht zu einer Silobildung und behindert die teamübergreifende Zusammenarbeit.

Partizipative Zusammenarbeitsmodelle

Für manche unter Euch, die nicht an Hierarchien, Leistungsprinzip und Wettbewerb als sinnvollste Kernelemente einer Unternehmung glauben, bieten sich partizipative Zusammenarbeitsmodelle an. Sie basieren auf Werten wie Gleichberechtigung, Dialog und dem Recht, sich zu beteiligen. Bekannte internationale Beispiele sind *Zappos* und *Ben & Jerry's*, in Deutschland Unternehmen wie *Soulbottles* und *Ecosia*.

Partizipative Unternehmen bilden Strukturen, die es möglichst vielen Menschen ermöglichen, sich mit Ideen, Kompetenzen und Aktionen einzubringen. Entscheidungen sind oft auf Konsens ausgerichtet. Ihr Ethos ist davon geprägt, „gemeinsam etwas zu erreichen" und drückt die Überzeugung aus, dass jeder Mensch einen Platz im Prozess hat und kollektiv die besten Ergebnisse erzielt werden. „Das Beste" ist hier jedoch nicht mit dem Leistungsprinzip funktionaler Hierarchien gleichzusetzen, sondern umfasst oft noch eine ganze Reihe anderer Zielsetzungen wie Nachhaltigkeit und Menschlichkeit.

Für Menschen, die sich zu partizipativen Modellen hingezogen fühlen, sind menschliche Beziehungen und ganzheitliche Antworten auf unsere Herausforderungen wichtiger als optimierte Prozesse und immer größere wirtschaftliche Leistung. Sie beziehen ihr Sicherheitsgefühl daraus, dass Mitarbeiter:innen offen und ehrlich miteinander sprechen und mehr von sich teilen als nur ihre fachliche Expertise.

Partizipative Modelle basieren darauf, dass die Beteiligten sich eigenverantwortlich und reflektiert selbst führen. Fremdführung findet nur sehr abgeschwächt in der Form von Entscheidungen nach Konsens oder Konsent statt. Während im Konsens alle Beteiligten zustimmen müssen, reicht es beim Konsent, dass keiner der Beteiligten größere Einwände hat. Da alle gleichberechtigt sind, gibt es keine oder nur sehr wenig Hierarchie und Führung. Um gute Entscheidungen zu treffen, müssen einzelne Teilnehmer:innen in der Lage sein, ihre individuelle Perspektive und damit die eigenen Vorlieben und Bedürfnisse klar von der Gesamtschau – Was ist gut fürs Unternehmen? – zu unterscheiden und Letztere zu priorisieren. Da partizipative Zusammenarbeitsmodelle auf Beziehungen und Kommunikation basieren, sind sie nur bedingt skalierbar.

Partizipative Zusammenarbeitsmodelle finden wir in Unternehmen, die sich in Zweck und Zielsetzung vom dominanten Leistungsethos abgrenzen möchten. Oft sind es Organisationen, die nicht nur ganzheitliche Dienstleistungen oder Produkte anbieten, sondern die gleichen Prinzipien intern anwenden möchten. Sie gelingen dann, wenn die beteiligten Personen einen guten Gesamtüberblick haben, ihre eigenen Bedürfnisse von denen des Unternehmensziels unterscheiden können und sich reflektiert am Konsens- und Konsentprozess beteiligen. Mitarbeiter:innen müssen in der Lage sein, sich in die Sichtweisen anderer hineinzuversetzen und zu akzeptieren, dass Dialog und Beziehungsqualität wichtiger sind als Funktionalität und Zielerreichung.

Inwieweit partizipative Modelle mit unterschiedlichen Graden von Komplexität umgehen können, hängt maßgeblich vom Mindset der beteiligten Personen ab. Manchen gelingt es sehr gut, anderen weniger. So erleben wir immer wieder partizipativ-arbeitende Teams, die auf einfache Umgebungen mit langwierigen Gruppendiskussionen antworten, obwohl ein einfacher Mehrheitsentscheid genügen würde. Oft hat dies damit zu tun, dass den Beteiligten ihre Beziehungen untereinander wichtiger sind als die Zielorientierung.

Übergreifend bedeutet dies: Partizipative Zusammenarbeit stößt dann an ihre Grenzen, wenn den Beteiligten Harmonie wichtiger ist als die Entwicklung guter Lösungen. Wenn es Teams schwerfällt, mit Spannungen umzugehen, werden die Konsens- oder Konsentprozesse zu suboptimalen Lösungen führen – zum kleinsten gemeinsamen Nenner. Denn wenn wir alle Aspekte ausklammern, die Spannung erzeugen, steht uns nur eine begrenzte Auswahl an Entscheidungen und Maßnahmen zur Verfügung. Eine andere Falle besteht darin, dass Teams den Dialog untereinander so sehr priorisieren, dass sie vor lauter Diskussionen zu wenig entscheiden und manifestieren. Wenn es mehr darum geht, was der Einzelne braucht oder dass jeder gehört werden muss, als darum, die kollektive Intelligenz so zu nutzen, dass sie zu einem guten Ergebnis führt, beißt sich die partizipative Zusammenarbeit in den Schwanz. Dann werden Kommunikation und Harmonie zum Selbstzweck.

Menschen, die Dialog und Beziehung als Mittel zum Zweck der Zielerfüllung ansehen, empfinden partizipative Modelle oft als frustrierend. Langsame und aufwändige Entscheidungsprozesse engen sie ein. Sie befürchten, dass sie eher zum kleinsten gemeinsamen Nenner führen als zu exzellenten Ergebnissen. Derart im Widerstand tendieren sie dazu, die Konsens- oder Konsentprozesse aus dem Hintergrund indirekt zu beeinflussen.

Anderen erscheint der Fokus auf Beziehung und Kommunikation befremdlich. Sie verstehen nicht, wieso sich Kolleg:innen über Dinge austauschen, die sie als sehr persönlich empfinden. Sie sind unangenehm berührt oder verunsichert, wenn die vormals klare Trennung zwischen privat und beruflich aufgeweicht wird. Gleichzeitig vermissen sie eine klare Orientierung. Was genau ist ihre Rolle? Wie können sie ihren Bereich gegen einen anderen abgrenzen? Aufgrund dieser Unsicherheiten beginnen manche Teams, die partizipative Zusammenarbeit in immer mehr Strukturelemente und feste Regeln herunterzubrechen, was jedoch den kommunikationsintensiven Entscheidungsprozess erschwert beziehungsweise verhindert.

Agile Zusammenarbeit

Agile Zusammenarbeit basiert auf dem Verständnis, dass unsere Welt zu komplex ist, um sie linear und hierarchisch zu gestalten. Stattdessen müssen wir vernetzt und kollaborativ vorgehen, maximal flexibel und anpassungsfähig sein. Ursprünglich für die Softwarebranche entwickelt, übertragen viele andere Unternehmen heute agile Grundprinzipien auf ihr eigenes Organisationsmodell. Wir definieren agile Zusammenarbeit in einem erweiterten Sinne und auf Basis unserer Erfahrungen in einer Vielzahl von Unternehmen. Agilität basiert für uns auf Werten wie Freiwilligkeit, klarer Zielorientierung bzw. Intention, iterativem Vorgehen in kurzen Zeitintervallen sowie Kundenorientierung und Zusammenarbeit in kleinen, selbstorganisierten Teams. Eine Agile Organisation ist damit die Summe vieler kleiner agiler Teams, die sich über ein gemeinsames Unternehmensziel und Werteleitbild in agilen Leitungsteams organisieren.

Einzelne agile Teams finden wir mittlerweile in vielen hierarchischen Unternehmen, insbesondere im Bereich Digitales und Innovation. Zugleich haben sich auch ganze Unternehmen, darunter Produzenten wie *Adidas* oder Dienstleister wie *ING*, der Agilität als Leitbild verschrieben.

Agile Teams bemühen sich, in unserer Definition, co-kreativ zusammenzuarbeiten. Das bedeutet: Unterschiedliche Bereiche kommen zusammen und lassen ihre Expertise und Kreativität in den organisch sich entwickelnden Gesamtprozess einfließen. In einem co-kreativen Dialog sind Mitarbeiter:innen nicht damit beschäftigt, die eigene Leistung ins Rampenlicht zu stellen oder Positionen abzusichern. Sie begegnen sich vielmehr in einem experimentellen Raum, in dem sie gemeinsam den nächsten Schritt des Prozesses gestalten.

Nach jedem Umsetzungsschritt bewerten sie das Ergebnis, lernen daraus und passen, wenn notwendig, den Prozess noch einmal an, bevor sie sich dem nächsten Schritt zuwenden. Agilität versucht, mit minimalen Strukturen, möglichst wenigen festen Rollen und Grundregeln auszukommen. Eine davon kann sein: Die Erforschung und Umsetzung von Anpassungen sind wichtiger als die strikte Planverfolgung (Beck et al., 2001).

Fehler sind ausdrücklich willkommen. Teammitglieder verpflichten sich, ihre Arbeitsschritte und Ergebnisse selbst zu reflektieren und transparent mit ihren Kolleg:innen zu besprechen. Sie sehen sich selbst als Lernende und alle Schritte als Lernmöglichkeiten an. Als solche kennen sie ihre Kompetenzen und Grenzen, wissen, was sie motiviert und was sie brauchen, um sich voll einzubringen.

Ihre psychologische Sicherheit beziehen Mitarbeiter:innen agiler Teams daraus, dass sie offen miteinander kommunizieren und sich auf ihre Kolleg:innen verlassen können. Um sich in agilen Organisationen zuhause zu fühlen, müssen Menschen diese Form von co-kreativer Kollaboration mögen, gerne Neues ausprobieren, Fehler und Versagen akzeptieren und Spannungen und Unsicherheit in sich und im Team aushalten. Dann genießen sie den Freiraum, den ihnen die minimalen Rahmenbedingungen bieten.

Agile Teams brauchen ein hohes gemeinsames Vertrauensniveau und investieren die Zeit, die notwendig ist, um einen psychologisch sicheren Raum aufzubauen und zu pflegen. Die Balance zwischen Fremdführung und Selbstführung neigt eindeutig zur Letzteren. Durch feste Rollen, wie beispielsweise die Scrum Master:in im SCRUM (Agile Form von Projektmanagment) Prozess, gibt es zwar auch Elemente von Fremdführung, diese sind jedoch so angelegt, dass sie vor allem die Selbstführungskompetenz der Teammitglieder unterstützen. Der kollaborative Ansatz von agiler Zusammenarbeit ist sowohl prozess- als auch beziehungsorientiert. Dank eines ausgefeilten Werkzeugkastens an Rollen, Vereinbarungen und Regeln (Prinzipien) lässt er sich auch auf größere Kontexte skalieren.

Agile Methoden sind eine Antwort auf den Umgang mit komplexen Umgebungen. In agilen Zusammenarbeitsmodellen sind wir also bestens ausgestattet, dynamische Umgebungen mit vielen Unbekannten erfolgreich zu navigieren. Herausforderungen entstehen in unserer Erfahrung dann, wenn eine Organisation die Welt nur noch „agil" betrachten kann und nicht in der Lage ist, einfache Umgebungen mit den effektivsten Instrumenten (wie zum Beispiel einem delegativen Einzelentscheid) zu beantworten, sondern den agilen Prozess auf alle Situationen anwendet.

Agile Modelle können dann ihre Wirkung entfalten, wenn Teammitglieder in der Lage sind, co-kreativ zu arbeiten und auch unsichere Situationen navigieren zu können. Für all diejenigen, die sich klare Rollen, Ressorts und Vorgehen wünschen, bieten agile Prozesse dagegen zu wenig Orientierung und Stabilität. Wem es wichtig ist, sich als Person zu beweisen und individuelle Erfolge einzufahren, wird die co-kreative Zusammenarbeit als unbefriedigend empfinden. Wer nicht gut mit Spannungen umgehen kann, fühlt sich von den regelmäßigen Feedbacks überfordert.

Wenn agile Strukturen auf Mitarbeiter:innen treffen, deren Haltungen, Denkweisen und Bedürfnisse mit der Organisationsform nicht kompatibel sind, sehen wir eine Reihe von typischen Effekten. Dann bilden sich entweder im Hintergrund implizite Hierarchien, die Führung übernehmen und den co-kreativen Dialog und Vertrauensraum erodieren. Oder Teams beginnen immer mehr Regeln und Prozesse zu definieren, die ihnen mehr Stabilität geben. Doch dadurch verlieren sie genau die Anpassungs- und Reaktionsfähigkeit, die Agilität im Kern ermöglichen soll.

Kompetenzbasierte Hierarchien

Kompetenzbasierte Hierarchien führen in vielerlei Hinsicht die Prinzipien agiler Zusammenarbeit fort. Ihre Grundmaxime ist: Entscheidungen werden dort im Unternehmen getroffen, wo die relevanten Kompetenzen und Informationen sind. Sie basieren auf Werten wie Potenzialentfaltung,

Co-Kreativität, Transparenz und einer holistischen Betrachtungsweise der Welt.

Kompetenzbasierte Führung ergibt für diejenigen unter uns Sinn, die die Welt nicht als statisch, sondern in Bewegung ansehen. Statt Komplexität zu kontrollieren oder zu managen, wollen sie sie navigieren. In ihrem inneren Erleben besteht die Welt aus den unterschiedlichsten Perspektiven und Wertesystemen, die kontinuierlich miteinander interagieren. Andere Perspektiven erscheinen ihnen nicht als Fehler, die es zu beseitigen, sondern als Potenzial, das es zu entfalten gilt. Sie interessieren sich genau für dieses Potenzial – einer Idee, einer Begegnung, eines Projekts. Das Potenzial ist aber nicht etwas, das wir als Menschen gemacht haben, sondern es ist in der Welt bereits angelegt. Unsere Aufgabe ist es vielmehr, dem Potenzial in seiner Bewegung zu folgen und ihm dabei zu helfen, sich zu entfalten. Dieses Verständnis von Potenzialität und Purpose beschreiben wir im Detail in Kapitel 10.

Mitarbeiter:innen in kompetenzbasierten Organisationen entwickeln eine spezifische Wahrnehmung. Sie betrachten und erleben Situationen nicht nur rein mental, sondern integral oder holistisch, in einer Mischung aus Wissen, Wahrnehmen und Fühlen. Daraus folgt, dass sie auch ganz selbstverständlich als „ganze Menschen" (Laloux) im Unternehmen auftauchen. Eine Trennung zwischen persönlich und professionell ergibt für sie kaum mehr Sinn.

Wenn wir also davon sprechen, dass Menschen kompetenzbasiert handeln, dann definieren wir „Kompetenz" nicht als reine Fachexpertise. Sondern als eine Mischung aus Fähigkeit, Kapazität, Motivation und emotionaler Reife, die sich darin zeigt, ob der Mensch Komplexität bewältigen und Prozesse auf einer Metaebene reflektieren kann.

Um unserer komplexen, multiperspektivischen Welt gerecht zu werden, lassen kompetenzbasierte Organisationen Führung zwischen ihren Mitarbeiter:innen hin- und herwandern. Damit dies gelingt, müssen die Mitarbeiter:innen sich selbst reflektieren können und wissen, was sie gut und was sie weniger gut können, was sie wollen und brauchen und was nicht. Eine weitere Grundvoraussetzung ist, dass Teams sich vertrauen und untereinander klar und ehrlich kommunizieren. Sie müssen zudem in der Lage sein, das große Ganze einer Unternehmung mitsamt ihren vielfältigen Dynamiken zu erfassen.

Ähnlich wie bereits bei den agilen Organisationsmodellen beschrieben, können kompetenzbasierte Organisationen prinzipiell alle Arten von

Umgebungen erfolgreich navigieren und jeweils passende Entscheidungsprozesse auswählen. Voraussetzung dafür ist, dass die Teammitglieder die jeweiligen Umgebungen richtig einschätzen. Dort, wo sie sich in festgefahrene Perspektiven verstricken, laufen sie Gefahr, ihre Herausforderungen mit den falschen Werkzeugen zu bearbeiten. Für eine klare Sicht auf das Problem und eine Auswahl des passenden Werkzeuges braucht kompetenzbasierte Zusammenarbeit Inner Work.

Kompetenzbasierte Modelle ergeben für Menschen Sinn, die sich innerlich ausreichend sicher fühlen und Spannungen halten können. Wie auch schon bei den agilen Methoden liegt der Schwerpunkt ganz eindeutig auf Selbstführung in Kombination mit der Fähigkeit, sich in bestimmten Bereichen auch von Kolleg:innen führen zu lassen oder selbst in Führung zu gehen. Kompetenzbasierte Zusammenarbeit ist personengebunden, denn die Reflexions- und Kommunikationskompetenzen der beteiligten Personen bilden die Trägerwelle für die gemeinsame Arbeit.

Wenn genügend geeignete Menschen zusammenkommen, sollte sich das Modell auch auf große Unternehmungen übertragen lassen. Ob dies jedoch in der Praxis gelingt, wird sich erst noch zeigen. Denn diese Form der Zusammenarbeit ist bislang noch wenig erprobt.

Eine Warnung: Kompetenzbasierte Hierarchien, die unter Kompetenz vor allem kognitive Fähigkeiten verstehen, können schnell zu einer extremen Form der Leistungsorientierung mutieren. Damit wird Selbstorganisation auf einen Kompetenzwettbewerb reduziert. Für uns gehören daher die beschriebene Potenzialentfaltung, die Vertrauenselemente und ein hohes, reflektiertes Gesprächsniveau untrennbar dazu.

Wie wir im letzten Kapitel noch ausführlicher beschreiben, drückt sich in kompetenzbasierter Führung ein neues Lebensparadigma aus, in dem Menschen weniger mit ihrem individuellen Erfolg und äußeren Zielen beschäftigt sind, sondern zu einer systemischen Transformation beitragen möchten.

Im Gegensatz dazu erscheint die kompetenzbasierte Zusammenarbeit für Menschen sinnlos, die sich gerne an Strukturen und Regeln orientieren. Die fluide Organisationsform kommt ihnen zu chaotisch und voraussetzungsvoll vor. Wer Freiräume mag und sich durch Leistung beweisen möchte, wird Selbstorganisation als Freiticket für autonomes Handeln missverstehen: Endlich kann ich tun, was ich will! Andererseits werden auch jene Menschen abgeschreckt sein, denen der gleichberechtigte, basisdemokratische Umgang untereinander sehr wichtig ist. Sie empfinden die hierarchischen Elemente als störend – die Tatsache, dass Kolleg:innen mit bestimmten Kompetenzen mehr Entscheidungsmacht haben als andere.

In all diesen Fällen werden kompetenzbasierte Modelle nicht zum Erfolg führen, weil die Intentionen und Bedürfnisse der Beteiligten nicht zu dem Modell an sich passen. Hier sehen wir dann die schon für Agilität beschriebenen Nebenfolgen: die versteckten Führungshierarchien oder den Rückzug in konsensuale Entscheidungen durch die Gruppe.

Kaum eine Organisation entspricht den hier skizzierten Zusammenarbeitsmodellen in Reinform. Stattdessen finden wir in den meisten Unternehmen Mischformen. Die meisten deutschen Unternehmen sind als funktionale Hierarchien aufgebaut und folgen dem Leistungsprinzip. Zugleich haben sie teilweise auch bürokratische Strukturen sowie einzelne Abteilungen, die agile Systeme nutzen. Auf diese Weise mischen sich in den meisten Unternehmen unterschiedliche Wertesysteme. Manche von ihnen ergänzen sich gut, andere konkurrieren miteinander. So können beispielsweise lineare und regelbasierte Abläufe gut zur Leistungsorientierung passen, während sie sich mit agilem und iterativem Vorgehen beißen. Um mit den Dynamiken auf der Werteebene, aber auch auf der Struktur- und Prozessebene umgehen zu können, müssen Teams sie explizit besprechbar machen. Dafür brauchen sie Inner Work und ein gemeinsames Verständnis von Entwicklung.

Horizontale versus vertikale Entwicklung

Wie hier beschrieben, basiert jedes Zusammenarbeitsmodell oder auch jede Mischform auf spezifischen Werten und bestimmten Grundannahmen, wie Unternehmen Wirkung erzielen. Jedes Modell erfordert von Mitarbeiter:innen dazu passende Haltungen und eine bestimmte Art und Weise, unsere beiden menschlichen Grundbedürfnisse – Sicherheit und Autonomie [Kapitel 5, → S. 101] – zu befriedigen. Wenn die ausgewählten Strukturen und Prozesse nicht zu der Haltung, den Werten und Bedürfnissen der Mitarbeiter:innen passen, entstehen Reibung und Spannung. Doch da die wenigsten Unternehmen sich der inneren Dimension bewusst sind, konzentrieren sich ihre Veränderungsmaßnahmen hauptsächlich auf die äußeren Aspekte. Durch diese Korrekturen an falscher Stelle entsteht mit der Zeit neben dem offiziellen Zusammenarbeitsmodell ein zweites Schattenregime, das meistens ebenfalls nicht zum gewünschten Resultat führt.

Um das Fahrzeugbild vom Anfang dieses Kapitels wieder aufzugreifen: Wenn mir ein Rennwagen angeboten wird, ich aber lieber Laster fahren möchte oder nur diesen fahren kann, werde ich zuerst versuchen, meinen normalen Fahrstil anzuwenden. Gelingt das nicht, versuche ich – offen oder versteckt – das Auto so umzubauen, dass es zu mir passt. Wenn auch dies scheitert, werde ich mich wahrscheinlich ducken und versuchen, so wenig wie möglich zu fahren. In jedem Fall kann das Rennauto seine volle Leistung nicht entfalten.

Es reicht also nicht aus, nur Strukturen und Prozesse anzuschauen, um Spannungen und Probleme aufzudecken und zu lösen. Wir müssen uns die andere Hälfte des Lebens und unserer Zusammenarbeit anschauen – also unsere inneren Werte, Haltungen und Annahmen. Wenn Teams diese mit einbeziehen, wird es für sie auch greifbarer, wo das bestehende Modell verbessert werden muss. Oder wo es an der Zeit ist, gemeinsam einen wirklichen Transformationsschritt zu machen.

Wir unterscheiden deshalb zwischen horizontalen und vertikalen Entwicklungsschritten. Bei ersteren geht es darum, innerhalb eines Wertesystems oder Organisationsmodells besser und kompetenter zu werden. So können Mitarbeiter:innen in einer funktionalen Hierarchie Medientrainings erhalten, um souveräner aufzutreten und ihre Performance zu verbessern. Ebenso können konfliktscheue Teams in einer partizipativen Organisation durch ein Coaching ermächtigt werden, klarer miteinander zu kommunizieren. Beide Maßnahmen zielen darauf ab, die Zusammenarbeit im bestehenden Rahmen zu verbessern.

Bei der vertikalen Entwicklung hingegen verlassen wir den aktuellen Status quo. Im Zuge eines solchen Transformationsschritts verändern Menschen ihre Werte und Haltungen, ihre Prioritäten und Bedürfnisse. Das, was sie gestern motiviert hat und ihnen sinnvoll und wirksam erschien, gilt dann nicht mehr. Und besonders wichtig für unsere Arbeitswelt: Ihr Umgang mit Komplexität und Unsicherheit hat sich verändert und sie sind fähig, mehr von beidem zu halten.

Im Rahmen einer vertikalen Transformation verlässt das Team sein altes Wirkungsparadigma, es verändert sich beispielsweise von einer Bürokratie in eine funktionale Hierarchie oder von einer agilen Organisation in eine kompetenzbasierte Hierarchie. Die Transformation kann dabei prinzipiell in alle Richtungen erfolgen, also auch von einer kompetenzbasierten Hierarchie wieder zu einer funktionalen zurückkehren. In der Praxis sehen wir letztere Entwicklungen vor allem in Krisenzeiten, in denen der aktuelle Grad an Komplexität Mitarbeiter:innen überfordert und sie deshalb auf Organisationsmodelle zurückgreifen, die mehr Orientierung geben und weniger Ambiguitätstoleranz erfordern. In den meisten Fällen sehen wir jedoch, dass sich Teams mit den gesteigerten Anforderungen in der Außenwelt dahin bewegen, dass sie mehr Informationen aufnehmen und Komplexität verarbeiten können. Sie verstehen die Notwendigkeit dafür und reagieren entsprechend.

Unglücklicherweise haben wir für diese vertikalen Entwicklungsschritte nur bei Kindern allgemein verbreitete Konzepte und eine gängige Sprache. Da wissen wir dank Entwicklungspsychologen wie Jean Piaget, dass Kinder erst ab einem bestimmten Alter Perspektivwechsel vornehmen (ca. 7 Jahre) oder Hypothesen aufstellen (ca. 12 Jahre) können. Doch diese Entwicklungsschritte hören auch im Erwachsenenleben nicht auf und Psychologen wie Robert Kegan haben in jahrzehntelanger Forschung belegt, wie sehr sich Erwachsene in Bezug auf Komplexitätserfassung und Unsicherheitsambiguität unterscheiden. Während manche Menschen sehr gut mit vielen, auch widersprüchlichen Informationen umgehen können, fühlen sich andere davon überfordert und gestresst. Je nach Weltbild und subjektivem Erleben interpretieren die einen dann die risikofreudige Entscheidung einer Kolleg:in als existenzgefährdende Kamikaze-Aktion, während andere sie vor dem Hintergrund des größeren Marktumfelds als mutig und progressiv bewerten.

Wenn nun aber im Unternehmen Menschen mit unterschiedlichen vertikalen Reifegraden aufeinandertreffen und dies nicht benennen können, fühlen sie sich leicht unsicher, frustriert, wütend oder beschämt. Unterschiede dieser Art erzeugen viel Reibung, Verwirrung und Abwertung. Oft sind sie in Schwarz-Weiß-Mustern gefangen, fühlen sich im Recht und die Kolleg:in im Unrecht und landen in einer Sackgasse. Im Normalfall gewinnt bei diesen Konflikten der kleinste gemeinsame Nenner – eine sehr unbefriedigende Situation für Mitarbeiter:innen, die einen größeren Lösungshorizont haben und nun die Komplexität künstlich verkleinern müssen. Und natürlich auch eine suboptimale Lösung für die Unternehmung an sich, deren Wirksamkeit leidet.

Wir haben erlebt, dass sich diese Konflikte und Teufelskreise auflösen, wenn Teams lernen, wertschätzende und ehrliche Gespräche über vertikale Entwicklungsschritte und Reifegrade zu führen. Dies ermöglicht ihnen, Aufgaben bestmöglich zu verteilen. Nämlich so, dass sich jeweils die für einen Job kompetentesten Mitarbeiter:innen auch genau dort einbringen können. Organisationen, die sich innerhalb einer horizontalen und vertikalen Entwicklung verorten und darüber miteinander sprechen können, gewinnen einen größeren Lösungs- und Entwicklungsraum. Aber diese Perspektive setzt sehr viel voraus, denn indem wir versuchen, noch mehr Realität einzubeziehen, erhöhen wir nochmals den Grad an Komplexität.

Eine lineare Entwicklung?

An dieser Stelle möchten wir eine wichtige Differenzierung vornehmen. Die in diesem Kapitel beschriebenen Organisationsmodelle werden herkömmlich in einer Art linearer, evolutionärer Reihenfolge beschrieben. Sowohl in populären Werken der Weltgeschichte wie Yuval Noah Hararis *Sapiens: A Brief History of Humankind* (2015) oder *Homo Deus: A Brief History of Tomorrow* (2017) oder dem in Managementkreisen beliebten Modell der Spiral Dynamics (Beck & Cowan, 1996) wird vermittelt, dass wir uns von egalitären Horden von Jägern und Sammlern zu immer stärker differenzierten und hierarchisch organisierten Organisationsformen vorgearbeitet haben. Dabei gilt es als Binsenwahrheit, dass insbesondere die technologische Entwicklung, beispielsweise die Einführung von Ackerbau, automatisch zu hierarchisch stratifizierten Gesellschaften geführt hat. Hierarchie, so der Tenor, hängt untrennbar mit Größe und Komplexität zusammen.

Diese lineare Entwicklungsdynamik wird jedoch von der zeitgenössischen anthropologischen und archäologischen Forschung widerlegt. Vielmehr können wir davon ausgehen, dass Menschen im Gesamtverlauf unserer 300.000 Jahre alten Geschichte in sehr unterschiedlichen politischen Gebilden gelebt haben. Unsere Vor- und Frühgeschichte, so fassen es David Graeber und David Wengrow in ihrem Buch *The Dawn of Everything: A New History of Humanity* (2021) zusammen, ist viel diverser und fluider, als wir gemeinhin annehmen. Egalitäre und hierarchische Organisationsformen wechselten sich manchmal im Jahreszyklus ab, sodass Bewohner:innen der Arktis innerhalb weniger Monate sowohl in kleinen Gruppen ohne übergreifende Autoritäten lebten als auch in stark stratifizierten großen Siedlungen. Manche Jäger:innen und Sammler:innen, z. B. in Poverty Point im heutigen US-Bundesstaat Louisiana, lebten in großen Monarchie-ähnlichen Zusammenschlüssen, während andere bevölkerungsreiche Staaten ganz ohne Herrscher auskamen. Zudem regelten selbst stark hierarchisch geprägte Gemeinschaften wie buddhistische

Klöster oder indonesische Reisbauer-Gesellschaften zentrale Lebensbereiche durch Konsensentscheidungen. In einigen Native American Gruppen waren Rollentausch und fluide Führungspositionen die Norm: So rotierten Polizeirollen mit der Folge, dass jemand, der in einem Jahr eine Machtposition innehatte, sie im nächsten wieder verlor und sich seinem Nachbarn unterordnen musste.

Eine Strategie, mit der Historiker:innen (wohl meist unwissentlich) unsere Wahrnehmung verzerren, ist die seit dem 19. Jahrhundert übliche Einteilung in verschiedene Perioden. So unterteilen Archäolog:innen und Historiker:innen viele Zivilisationen, z. B. im alten Ägypten und Zentralamerika, in eine frühe, eine klassische und eine späte Periode. Die klassische Periode oder Hochzeit ist dabei immer die, in der die betreffenden Gesellschaften streng hierarchisch und zentralisiert regiert wurden. Dadurch wurden Hierarchien und ungleiche Machtverhältnisse zur Norm erklärt, während die meist weniger strukturierten und egalitäreren Prä- oder Frühzeiten ebenso wie die Post- oder Spätphase konzeptionell als Abweichung und als „Verfall" von der Norm dargestellt werden. Aber diese Einteilung ist meist vollkommen willkürlich und spiegelt nicht die Realität, sondern die Werte und Weltbilder der viktorianischen und preußischen Wissenschaftler des 19. Jahrhunderts wieder, die ihre normativen Vorstellungen von Macht und Gesellschaftsstrukturen als Raster auf den kontinuierlichen Fluss der Geschichte legten. Beispiele wie dieses zeigen, wie stark subjektiv geprägt unsere Geschichtsdarstellung ist und wie sehr sie die komplexe und vielfältige Entwicklungsgeschichte der Menschheit heruntertransformieren können.

Nach der Lektüre von *The Dawn of Everything* erscheinen uns die vermeintlich so neuen agilen und selbstorganisierten Führungsformen gar nicht mehr so neu. Die Entwicklung von Organisationsformen ist kein linearer Prozess. Vielmehr können wir als Menschheit auf eine reichhaltige und diverse Geschichte zurückschauen, in der Gruppen sich selbst organisiert haben, fluide Hierarchien gebaut haben und durch rotierende Führungspositionen multiple Perspektiven einnehmen konnten. Unsere Vorfahren waren offensichtlich experimentierfreudig, nahmen sich Spielraum, um unterschiedliche politische Formen auszutesten und waren weit wandlungsfähiger, als wir heute annehmen. Diese Tatsache kann uns ermutigen, neue Organisationsformate auszuprobieren und uns auf vertikale Entwicklungsschritte einzulassen.

Unabhängig von den verschiedenen Zusammenarbeitsmodellen gilt, dass wir uns den inneren Kompetenzen bewusst werden müssen. Genau welche inneren Kompetenzen wir für die unterschiedlichen Arbeits- und Führungsmodelle brauchen und welches Inner Work notwendig ist, um diese zu erlernen, das beschreiben wir in den nächsten drei Kapiteln.

Leitfragen

- ⓘ Welches Zusammenarbeitsmodell spricht Dich am meisten an und warum?
- ⓘ Wie würde Deine ideale Mischform aussehen? Welche Werte bzw. Prozesse und Strukturen würden sich reiben? Welche Haltung und Fähigkeiten müssten Menschen mitbringen, um in Deiner Organisation erfolgreich zu arbeiten?
- ⓘ Kennst Du aus Deinem (Arbeits-)Leben Beispiele für horizontale und vertikale Entwicklungen? Woran merkst Du, dass Du einen horizontalen bzw. vertikalen Schritt gehen musst?
- ⓘ Kennst Du Situationen, in denen unterschiedliche vertikale Entwicklungsgrade zu Spannungen in Gruppen geführt haben? Wie hat sich die Spannung ausgedrückt? Welche Ansätze haben sich bewährt, um solche Spannungen zu bearbeiten?

Kapitel 5

Individuelle Kompetenzen: Ein Deep Dive

Nothing ever becomes real until it is experienced.

John Keats

Der Übergang von Fremd- zu Selbstführung

Die in den letzten beiden Kapiteln beschriebenen Veränderungen in der Arbeitswelt – der Wechsel von Fremdführung zu Selbstführung sowie die partizipativen, agilen und selbstorganisierten Organisationsmodelle – stellen einen bedeutsamen Schritt dar. Viele Aspekte von Führung, die bislang eine kleine Führungsspitze ausgeübt hat, werden viel breiter im Unternehmen verteilt. Aber die Veränderung beschränkt sich nicht nur darauf, dass Mitarbeiter:innen Aufgaben übernehmen, die vormals bei ihren Chef:innen lagen und es folglich jetzt darum geht, dass Erstere die gleichen Kompetenzen erwerben, die Letztere auszeichnen. Denn mit der Neuverteilung von Führung ändert sich die Dynamik der Zusammenarbeit an sich. Statt dass sich nun immer mehr Menschen so verhalten wie ihre einstigen Führungskräfte, müssen alle Beteiligten etwas Neues lernen und gemeinsam eine neue Form der Führung und Zusammenarbeit entwickeln.

Damit dies gelingen kann, so schon unsere Kernaussage in *New Work needs Inner Work*, brauchen wir neue innere Kompetenzen. Denn indem wir in unseren Unternehmen für alle Mitarbeiter:innen die gewohnten äußeren Strukturen und Prozesse reduzieren und mehr Freiräume und Flexibilität schaffen, nehmen wir uns wichtige äußere Orientierungspunkte und Sicherheitsanker, die wir an anderer Stelle – in unserem Inneren – aufbauen müssen. Innen und Außen stehen in einer dynamischen Balance: Je mehr feste Hierarchien, rigide Regeln und Rollen wir abbauen, desto wichtiger wird eine Kaskade individueller und kollektiver innerer Fähigkeiten. Ein Vergleich aus einem anderen Bereich illustriert dieses Prinzip: Wer Yoga macht, wird wissen, wie schwer es ist, Balance-Positionen mit geschlossenen Augen zu machen. Wir sind es gewohnt, unser Gleichgewicht über äußere Anker zu stabilisieren. Schließen wir die Augen, können wir nur die Balance halten, wenn wir innerlich klar und ruhig sind, das heißt, wenn wir in unserem Inneren orientiert und verankert sind.

In Unternehmen, die sich in Richtung New Work und Selbstorganisation entwickeln wollen, reicht es also nicht nur aus, die äußeren Strukturen und Prozesse zu ändern, ein bisschen Agilität und OKRs (Objectives and Key Results, ein agiles Steuerungsinstrument) einzuführen. Stattdessen müssen wir uns den subjektiven Haltungen, Erfahrungen und Wahrnehmungen der Chef:innen und einzelner Mitarbeiter:innen zuwenden. Um die neue Struktur aus (mehr) Selbstführung und (weniger) Fremdführung erfolgreich umzusetzen, brauchen wir einen besseren Selbstkontakt, gesteigerte Reflexionsfähigkeiten und transparentere Kommunikation. Erst dann werden New-Work-Unternehmen zu entfalteten Organisationen.

In den letzten Jahren haben wir viel über diese inneren Kompetenzen dazugelernt. Deshalb bieten die nächsten drei Kapitel einen Deep Dive: Wieso sind diese Kompetenzen wichtig? Was genau verbirgt sich hinter den einzelnen Kompetenzen? Wie zeigen sie sich im Arbeitsalltag? Wie können wir sie dort einführen und trainieren? Im Anhang [→ S. 267] findest Du zudem einen Überblick zu Formaten und Instrumenten, um diese Kompetenzen im Arbeitsalltag zu verankern und zu üben.

Die grundsätzlichen Lebensprinzipien, die wir hier beschreiben, basieren zum großen Teil auf dem, was wir in der letzten Dekade von dem spirituellen Lehrer und modernen Mystiker Thomas Hübl gelernt haben. Die Anwendungen dieser Prinzipien auf die Arbeitswelt und die entfaltete Organisation haben wir wiederum selbst abgeleitet und in verschiedensten Foren und Formaten erprobt.

Doch bevor wir Dir die einzelnen Kompetenzen im Detail vorstellen, möchten wir noch einen allgemeinen Blick auf die innere Dimension des Vier-Quadranten-Modells werfen [Grafik, → S. 21].

Wir erleben immer wieder, wie schwer es uns fällt, als Individuum in Unternehmen, aber auch in der Gesellschaft als Ganzes über die subjektive, innere Seite des Lebens differenziert und präzise nachzudenken und zu sprechen. Zwar ergibt es irgendwie Sinn, zwischen dem sichtbaren Außen und dem subjektiv erfahrbaren Innen zu unterscheiden. Wie man sich die innere Dimension jedoch erschließen kann und wie genau die beiden zusammenhängen und sich wechselseitig bedingen, verstehen die meisten Teilnehmer:innen unserer Vorträge, Workshops und Trainings meist erst, nachdem sie sich länger damit auseinandergesetzt haben. Im Zuge dieser Beschäftigung wird uns dann auch immer bewusster, dass natürlich alles, was wir im Außen erleben, auch in unserem Inneren stattfindet. Auf einer epistemologischen Ebene gibt es kein von uns getrenntes, unabhängiges Außen, sondern Innen und Außen sind ein einziges Informationsfeld in mir und in Dir. Im Zuge der Inner-Work-Reise entwickeln Individuen ein wachsendes Bewusstsein für die Subjektivität ihrer eigenen Realität, die sich aus dem zusammensetzt, was sie wahrnehmen, interpretieren und beurteilen und dem, was sie erleben und verarbeiten.

Diese Schwierigkeit, unseren Innenraum präzise wahrzunehmen, hat viel damit zu tun, dass seit dem Zeitalter der Aufklärung unser Fokus auf äußeren Phänomenen liegt. In den letzten 250 Jahren haben wir insbesondere in den Naturwissenschaften einen fantastischen Wissensschatz aufgebaut, den wir in Schule und Ausbildung strukturiert an nächste Generationen weitergeben. Im Vergleich dazu befindet sich die systematische Erforschung unserer individuellen und kollektiven inneren Dynamiken noch in den Kinderschuhen. Zwar gab es einzelne kulturelle Strömungen wie die Romantik im frühen 19. Jahrhundert, die sich explizit Gefühlen und Wahrnehmungen widmete. Doch diese propagierte ein sehr spezielles, hoch idealistisches Menschenbild, welches in keinerlei Weise in einen den Naturwissenschaften vergleichbaren Wissenskanon mündete. Sowohl etablierte als auch neue psychologische Traditionen wie Psychodynamik, Gestalt, NARM (NeuroAffective Relational Model) oder Somatic Experiencing haben im Ausbildungssystem gar keinen oder wenig Platz. Während Jugendlichen in der Schule die bahnbrechenden Erkenntnisse eines Isaac Newtons oder Werner Heisenbergs vermittelt werden, lernen sie die mindestens ebenso wichtigen Kenntnisse im Bereich Selbstreflexion, emotionale Intelligenz oder Gruppendynamiken höchstens indirekt kennen.

Unsere subjektiv erfahrbare Welt unterscheidet sich zudem stark von der Außenwelt. Der britische Philosoph Alan Watts nannte unser Innen „zappelig“ (engl. wiggly) und das Außen „gradlinig“ (engl. straight) (2019). Geradlinige, menschengemachte Dinge geben uns das Gefühl von Sicherheit und Ordnung. Gerade mit dem Aufkommen des Nationalstaats und der Bürokratie haben wir versucht, mit Hilfe von Klassifizierungen, Messungen und Standardisierungen unsere willkürliche, natürliche Umwelt beherrschbar zu machen. Zugleich haben wir uns von unserem inneren Erleben und dem Unterbewusstsein abgewendet, denn sie entziehen sich unserer Kontrolle: Sie sind zappelig und amorph, fließend, ohne feste Grenzen. Und das Innere hat zudem spätestens seit Sigmund Freud einen schlechten Ruf, gilt als zügellos, gefährlich und dumm. Kein Wunder, dass wir uns so sehr ans vermeintlich sichere Außen klammern und die Erforschung unseres Innenraums vernachlässigen.

Das alles jedoch führt dazu, dass unsere technische Entwicklung so weit vorangeschritten ist wie nie zuvor, während sich unser emotionaler und psychologischer Reifungsgrad, jedenfalls soweit wir das heute wissen, seit dem Mittelalter vergleichsweise wenig weiterentwickelt hat. So jedenfalls hat die interdisziplinäre historische Forschung, die sich seit den 1990er Jahren vermehrt der Rolle von Gefühlen zugewendet hat, bislang keine belastbaren großen Entwicklungslinien nachgewiesen. Vielmehr scheinen Gefühle stark nach Region, Zeitalter und sozialer Klasse zu variieren.

Einer unserer vielen unbewussten Flecken betrifft die weitverbreitete Annahme, dass wir als Kinder und Jugendliche zwar psychologisch reifen, diese Entwicklung aber mit dem frühen Erwachsenenalter abgeschlossen ist. Auch danach findet zwar „Entwicklung" statt, aber diese messen wir nur in Form von zunehmendem Wohlstand und sozialer Anerkennung, nicht jedoch in inneren Kompetenzen. Dabei ist das vollkommener Unsinn. Wir wissen sowohl aus der entwicklungspsychologischen Erforschung Erwachsener als auch aus der therapeutischen Praxis, dass alle Menschen einen kontinuierlichen Veränderungsprozess durchlaufen. Dieser kann durch Traumata verlangsamt oder sogar ganz zum Erliegen kommen. Da unsere Kultur aber nur sehr wenige Landkarten und Strukturen für emotionale und spirituelle Reifung anbietet oder diese nur für sogenannte mentale Störungen bereitstellt, ist jeder „normale" Einzelne auf sich selbst zurückgeworfen. In den westlichen Industrienationen haben wir gelernt, uns im öffentlichen Leben, aber auch im Kolleg:innen- und Freundeskreis hauptsächlich von unserer Sonnenseite zu zeigen und die vielen chaotischen, schmerzlichen und traumatisierten Anteile unseres Selbst zu verstecken. Diese Tragik wird nochmals dadurch verstärkt, dass wir diese Facetten in uns selbst auch unterdrücken und verdrängen.

In unserer hyperindividualisierten Eigenwahrnehmung ignorieren wir die Wunden unserer Kindheit und unserer Ahnenreihe. Selbst wenn unsere Eltern es gut mit uns meinten, haben die durchschnittlich 25.000 Stunden, die wir in ihrer Gegenwart verbracht haben, bleibende Spuren und Schäden hinterlassen. Ebenso wie die Verletzungen und Blockaden unserer Vorfahren, die beispielsweise in Deutschland Mittäter:innen und Zeug:innen unfassbarer Verbrechen, allen voran des Holocausts waren und diese, ohne sie selbst adäquat verarbeiten zu können, auf ihre Kinder und Kindeskinder übertragen haben. Therapeut:innen kennen diese fragile Basis unseres Lebens und haben dafür Begriffe wie Trauma oder Transferenz entwickelt. Ersteres benennt das Einfrieren und Abspalten emotionaler Areale infolge von überwältigenden Erfahrungen, Letzteres bezieht sich damit verbunden auf die unbewusste Gegenwart der Vergangenheit in uns. Therapeut:innen sind sich bewusst, dass die Innenwelt eines Menschen maßgeblich seine Erfahrung der Außenwelt beeinflusst. Daraus folgt, dass wir Aspekte, die wir in uns selbst nicht wahrnehmen können, auch im Außen exkludieren müssen. An diesen Stellen können wir keine Empathie empfinden, sind von Komplexität überfordert und in Krisenzeiten nur eingeschränkt resilient. In unserem Zusammenleben drückt sich unsere innere Ausgrenzung und Überforderung in Benachteiligung und struktureller Diskriminierung [Kapitel 9, → S. 194] aus. Angesichts der aktuellen Stapelkrisen führen unsere Traumatisierungen dazu, dass viel Potenzial, das für Antworten genutzt werden könnte, brach liegt.

Statt sich zusammenzuschließen, gemeinsam nach Orientierung zu suchen und Gesellschaft co-kreativ zu gestalten, verbleiben viele Menschen in sich isoliert. Sie fühlen sich desorientiert und von Gefühlen wie Scham, Angst oder Neid überwältigt. Kurz: Obwohl all dies zutiefst verbreitet und menschlich ist, haben die wenigsten von uns einen realistischen und differenzierten Blick auf unsere eigene Innenwelt, geschweige denn die unserer Mitmenschen, Chef:innen und Kolleg:innen.

Und jetzt New Work. Getrieben von der Notwendigkeit, äußere Strukturen durch innere Struktur und Orientierung zu ersetzen, sehen sich Unternehmer:innen und Mitarbeiter:innen mit einem Mal damit konfrontiert, dass sie diesen bislang diffusen und unterbelichteten Lebensbereich erforschen und reflektieren müssen. Denn innere Kompetenzen wie Selbstkontakt und Selbstkenntnis, Empathie oder Metareflexion sind nicht nur ein Sahnehäubchen auf neuen, agilen oder selbstorganisierten Führungsformen, sondern deren Fundament.

Welche individuellen Kompetenzen sind für New Work wichtig?

Individuelle Fähigkeiten wie Selbstkontakt, Selbstreflexion, Selbstorganisation und Selbstmotivation sind die Basis jedes erfolgreichen New-Work-Modells und jeder entfalteten Organisation. Nach unserer Definition von New Work verlagern wir Macht, Verantwortung und Entscheidungsfähigkeit im Unternehmen von der Führungsspitze viel breiter in die Belegschaft als Ganzes. Entscheidungen werden nunmehr dort getroffen, wo die relevanten Kompetenzen und Informationen liegen – und das ist oft nicht in der Geschäftsführung, sondern beispielsweise in einem

Projektteam, beim Lead eines Fachkreises oder bei einer Mitarbeiter:in, die nah am Kunden arbeitet. Durch diese Machtverlagerung gewinnen Mitarbeiter:innen im Unternehmen neue Gestaltungsräume und übernehmen viel mehr Verantwortung. Sie können selbstständiger als je zuvor kluge Entscheidungen treffen, neue Ideen entwickeln und diese verständlich nach außen vertreten. Um diesem neuen Gestaltungsradius gerecht zu werden, statt von ihm überfordert zu sein, müssen sie jedoch innerlich klar, reflektiert und sicher sein.

Die Basis für innere Klarheit und stabile Wahrnehmung ist ein guter Selbstkontakt. Denn angesichts reduzierter äußerer Vorgaben werden wir Menschen selbst – mit unseren Wahrnehmungs- und Reflexionsfähigkeiten – zum wichtigsten Führungsinstrument.

Vielen, uns eingeschlossen, fällt es schwer, sich selbst präzise wahrzunehmen. Das eigene innere Erleben erscheint uns vielmehr diffus und willkürlich. Oft überfordert es uns schon, auf die Allerweltsfrage „Wie geht es Dir?" eine ehrliche und differenzierte Antwort zu geben. Denn die meisten Menschen haben gelernt, sich selbst vor allem mental zu verstehen, statt ganzheitlich zu spüren. Wenn wir uns unserem Inneren zuwenden, nutzen wir hauptsächlich unseren Verstand. Wir denken uns. Doch dabei verpassen wir unendlich viele subtile Informationen, die auf der körperlichen, emotionalen und intuitiven Ebene verfügbar sind. In der Folge fühlen wir uns diffus und fragmentiert. Erich Fromm hat diese zwei Arten der Selbstwahrnehmung treffend kontrastiert (1960, S. 109). Er nannte die rein mentale Art, Realität durch Gedanken und Erinnerungen zu erfassen, „brain self", während der „ganze Mensch" die Wirklichkeit mit seinen Augen, seinen Händen, seinem Herzen und seinem Bauch wahrnimmt. Wieso wir in unserer Gesellschaft so entkörpert sind und vergleichsweise wenig fühlen, dazu kommen wir später noch zurück.

Menschen mit einem guten Selbstkontakt hingegen können zu jedem Zeitpunkt verschiedene subtile Informationen wahrnehmen. Sie können in sich hinein spüren und feststellen, ob sie angespannt oder lebendig, ruhig oder gestresst sind. Sie können ihre Emotionen, ob Angst, Freude, Wut oder Scham konkret benennen. Sie merken aber auch, wenn die Gefühlsebene verschlossen ist und sie sich taub oder leer fühlen. Sie beobachten die verschiedenen Gedanken, die ihnen durch den Kopf gehen und sehen, ob diese klar und nachvollziehbar sind oder ob ein unzusammenhängender Gedankenfetzen den anderen jagt. Sie können Situationen erst einmal wahrnehmen und ihren Kolleg:innen entspannt zuhören.

Oder sie bekommen mit, wenn sie gestresst sind und sie das Verhalten einer Kolleg:in spontan und automatisch als aggressiv oder vorwurfsvoll abwerten.

Die Fähigkeit, sich selbst ausreichend gut auf dem Schirm zu haben, ist in fluiden Arbeitskontexten aus vielerlei Gründen wichtig. Dein Kontakt mit Dir selbst ist die Basis für Deine Fähigkeit, die Umwelt wahrzunehmen, mit anderen Menschen zu kommunizieren und Situationen realistisch einzuschätzen. Denn es gibt nicht DIE Realität, sondern nur meine und Deine individuelle Wahrnehmung der Welt. Dein Innenraum determiniert Deine gesamte Erfahrung der äußeren Welt. Du selbst bist der Resonanzraum, in dem Du selbst, Deine Mitarbeiter:innen, Eure Strategie, Euer Marktumfeld auftauchen. Nur was Du in Dir selbst sehen, fühlen und verstehen kannst, kannst Du auch in der Welt wahrnehmen. Im Umkehrschluss werden Dich Informationen, Emotionen oder komplexe Zusammenhänge, die Du nicht erfassen kannst, entweder überfordern oder gar nicht erst wahrgenommen werden. Nun bekommt kein Mensch alles mit, was um ihn herum stattfindet. Wir alle haben eine selektive Wahrnehmung. Aber je mehr Du Dir bewusst bist, was Du wahrnimmst und was nicht, wo Du in Dir auf Gefühle wie Taubheit oder Nicht-Fühlen stößt, desto bezogener kannst Du Deine Verbindung zu Kolleg:innen, Vorgesetzten, Kund:innen oder Partner:innen gestalten und desto informierter werden Deine beruflichen Entscheidungen ausfallen.

Vielleicht bemerkst Du, dass wir hier keinen Unterschied zwischen verschiedenen Informationsarten machen. Wenn wir über unsere Wahrnehmung sprechen, meinen wir sowohl Fakten und sachliche Informationen, subtile Informationen wie Emotionen und physische Gefühle als auch den größeren Kontext und die vielen Zwischentöne, die immer mitschwingen. Da wir in unserer Kultur und insbesondere im beruflichen Leben gewohnt sind, unsere Aufmerksamkeit vor allem auf das Konkrete und Anfassbare zu lenken, gehen das Subtile und Energetische ebenso wie der größere Kontext und bedeutsame Entwicklungstendenzen oft unter. Aber es ist genau diese Art von Wahrnehmung, in der wir das Leben mehr entfalten, die wir für Dich als Leser:in erfahrbar machen wollen. Denn in ihr stecken wertvolle Informationen, die wir für unsere Organisationen und den größeren Paradigmenwechsel, denen wir die letzten Kapitel widmen, benötigen.

Freie Sicht auf mich und die Welt

Um die Aussagen einer Kolleg:in in einem Meeting ganzheitlich wahrzunehmen oder die einzelnen Facetten einer Entscheidung abzuwägen, müssen wir uns ausreichend leer machen. Was meinen wir damit? Nun, nur wer innerlich in sich Freiraum hat, kann andere Menschen oder Situationen in sich auftauchen lassen und abbilden. Wer im Gegensatz dazu mit seinen eigenen Gedanken, Sinneswahrnehmungen und emotionalen Triggern komplett ausgelastet ist, kann andere Menschen und Themen nicht jenseits seines eigenen Prozesses wahrnehmen. Neurowissenschaftlern zufolge schießen uns täglich zwischen 50.000–70.000 Gedanken durch den Kopf. Kein Wunder, dass es schwerfällt, einen klaren Blick zu behalten.

Stell Dir eine Schneekugel vor, eine dieser Miniaturlandschaften von einer Glas- oder Plastikhalbkugel umhüllt, in der dichter Schnee umher treibt. Dies ist unser Verstand in seinem Normalzustand. Um etwas zu überlegen, abzuwägen, um Dich auf ein Thema, ein Problem wirklich einzulassen, hast Du in diesem Zustand sehr wenig Platz in Dir. Du wirst im Zweifel reaktiv handeln, impulsiv dem ersten Fingerzeig nachgehen, die gleiche Option wählen wie immer. Wenn sich der Schnee in der Kugel jedoch gesetzt hat, dann hast Du einen freien Blick auf das, was um Dich herum passiert. Dann kannst Du andere oder neue Aspekte wahrnehmen, sie frei in Dir bewegen und auf dieser Basis handeln: Dann siehst Du Deine wütende Kolleg:in auf einer tieferen Ebene und verstehst ihren Gefühlsausbruch im Meeting als verzweifelnde Entladung eines Menschen, der gerade durch familiären Stress so am Limit ist, das eine kleine Provokation das Fass zum Überlaufen brachte – und antwortest entsprechend verständnisvoll. Ebenso kannst Du Dich tiefer auf den Konflikt mit der Zulieferfirma einlassen und den größeren Kontext Eurer Wettbewerbssituation in Dir auftauchen lassen und einen Perspektivwechsel vollziehen. Du kannst Dich konzentrieren und die verschiedenen Optionen eines Business Deals in Dir abwägen, indem Du ihnen nachspürst.

Für viele ist das eigene Innenleben so unruhig, dass sie diesen Zustand kontemplativer Leere, vor deren Hintergrund Menschen und Situationen ruhig und klar auftauchen, nur selten erleben. Joana jedenfalls empfand die eigene ständige Unruhe und Fülle im Kopf, kreisende Gedanken, diffuse Empfindungen und unterdrückte Ängste als so „normal", dass sie erst in Meditationsretreats lernte, dass es auch für sie einen anderen, viel freieren und offeneren Seinszustand gab.

Erst wenn es uns möglich ist, die eigenen Gedanken und Sinneswahrnehmungen mit innerlichem Abstand zu betrachten, anstatt uns hundertprozentig mit ihnen zu identifizieren, können wir uns selbst reflektieren und tiefer verstehen, wer wir sind, was wir brauchen, was uns motiviert. Oft erleben wir dann große Überraschungen. Wir sehen nämlich, dass unsere Überzeugungen, Gedanken und emotionalen Reaktionen nicht die Realität abbilden, sondern individuelle Filter sind, die von allen möglichen Ereignissen und Faktoren geprägt wurden. Sie wurden von unserer Zugehörigkeit zu bestimmten sozialen Schichten, kulturellen Mustern und Narrativen oder ökonomischen Privilegien geformt: den tiefen Abdruck, den sie in uns hinterlassen, nennen wir „Ich". Die Erkenntnis, wie stark wir durch unsere Sozialisation geprägt sind, kann erschreckend sein. Sie ist zugleich zutiefst befreiend, denn mit einem Mal haben wir eine Wahl: Wir können in unseren alten Mustern und Prägungen verbleiben oder sie aktiv verändern.

Brauchen, können, wollen – die Kompetenz mich selbst zu kennen

Diese Form von Reflexion ist am New-Work-Arbeitsplatz essenziell, denn sie ermöglicht es uns, die eigenen Kompetenzen und Bedürfnisse ebenso einzuschätzen wie unser Verhalten in konkreten beruflichen Situationen freier zu gestalten. So weiß ich als Mitarbeiter:in beispielsweise, dass mir ein fester Arbeitsplatz Sicherheit und Halt bietet und werde mich dementsprechend im Büro einrichten. Ich weiß, dass mich Zeitdruck lähmt und plane meine Projekte mit ausreichend Puffer. Da mir das Feedback von anderen sehr wichtig ist, beziehe ich sie frühzeitig in meine Aufgaben ein. Da ich freien Raum brauche, um neue Ideen zu entwickeln, vermeide ich während der Entwicklungsphase zu viele Termine und gehe oft spazieren.

Zur Selbstreflexion gehört auch, dass ich mich gut genug kenne, um zu wissen, wie leicht oder schwer es mir fällt, meine Bedürfnisse mit meinen Kolleg:innen oder meiner Chef:in offen anzusprechen. Tendiere ich dazu, Aufgaben zu übernehmen, die ich eigentlich gar nicht will, aber als Kind gelernt habe, mich anzupassen? Oder fühle ich mich von Autorität eher provoziert und leiste passiven Widerstand, indem ich den Kontakt abbreche oder Dienst nach Vorschrift mache?

Indem wir lernen, uns besser zu reflektieren, vergrößern sich unsere Optionen. Denn wenn ich mit mir vollkommen identifiziert bin, determiniert meine innere Haltung mein Verhalten im Außen. Dann kann ich nicht anders, als in bestimmten Situationen, die mich triggern, meine Kolleg:innen wütend anzuschreien oder mich verletzt zurückziehen. Sobald ich aber eine gewisse Distanz zwischen mir und meinem Innenleben habe, kann ich mich beobachten und die aufsteigenden Impulse gegebenenfalls durchziehen lassen. Ich habe dann die Wahl, ob ich meine Kolleg:in darauf hinweise, dass ich mich durch ihre Aussage beschämt fühle. Oder ich kann es bewusst bleiben lassen, weil es mir wichtiger ist, dass wir das gemeinsame Projekt zeitnah über die Ziellinie bringen. Wenn die Verletzung noch nachwirkt, kann ich sie nach Projektende immer noch ansprechen.

Was ich inkludieren kann und was ich exkludieren muss

Wenn ich mich selbst gut spüren und reflektieren kann, bin ich gleichzeitig in der Lage, besser wahrzunehmen, welche Facetten der Welt mir bewusst sind oder welche Gefühle oder Sichtweisen ich innerlich abwehre und ausblende. Meist haben wir gute Gründe dafür, Aspekte des eigenen Erlebens auszublenden. Exklusion ist ein Grundmechanismus, der unser Nervensystem davor schützt, überwältigt zu werden. Dies kann sich auf frühe Kindheitserfahrungen oder auf spätere Extremsituationen beziehen. So intelligent der Schutzmechanismus zum Zeitpunkt seines Entstehens war, so sehr hemmt er uns oft in unserem späteren Lebensalltag dabei, unsere Ziele und Wünsche umzusetzen. Das, was ich in mir nicht sehen und fühlen kann, kann ich auch im Außen nicht bewusst wahrnehmen. Das, was ich im Inneren verdrängen muss, werde ich auch im Außen auf Distanz halten.

Dazu ein eigenes Beispiel: Bettina fällt es oft schwer, ihre eigene Traurigkeit zu fühlen und diese in anderen zu erkennen. Ähnlich geht es ihr mit Wut. Sie nimmt Wut als etwas Zerstörendes und Angsteinflößendes wahr, wird selbst selten wütend und versucht Wut in anderen auszugleichen, um nicht mit ihr konfrontiert zu werden. Je mehr Bettina sich bewusst wurde, wie wenig sie Wut und Traurigkeit spürte, desto stärker nahm sie ihre eigene Taubheit an diesen Stellen wahr. Sie musste anerkennen, dass sie auch in ihrer Arbeit mit Teams bestimmte Atmosphären nicht deutlich mitbekam. Sie lernte genauer hinzuschauen und sich einzustimmen. Um die Ursachen ihrer Taubheit zu erforschen, holte sich

Bettina ihrerseits therapeutische Unterstützung und mit der Zeit tauchten Wut und Traurigkeit als Emotionen wieder mehr in ihr auf. Diese Art von innerer Forschung ist für uns Autorinnen ebenso wie für viele andere Menschen eine kontinuierliche Heilungsreise, infolge derer wir abgespaltene und nicht-gefühlte Anteile und Aspekte wieder in unser Erleben integrieren.

Was wir in uns inkludieren und exkludieren, hat neben der ganz individuellen und biografischen Bedeutung auch immer eine kollektive und gesellschaftliche Dimension. In der spezifischen Gruppe, in die wir hineingeboren werden – einer Subkultur, sozialen Schicht, Religionsgemeinschaft oder einem anderen identitären Zusammenschluss –, gelten bestimmte Dinge als normal, gut und erstrebenswert, andere als abweichend, schlecht und unerwünscht. Inwieweit diese kollektiven Werte ein Individuum prägen, ist unterschiedlich und hängt von einer Reihe von Faktoren ab: Gehören wir zu der eher privilegierten oder zu der marginalisierten Gruppe? Erleben wir unsere Privilegien und Diskriminierungen bewusst oder unbewusst? Empfinden wir uns als natürlicher Teil des Status quo oder grenzen wir uns von ihm ab? Wie viel Heterogenität wird von unserem Umfeld toleriert? All diese Faktoren bedingen, welche Menschen, Haltungen und Verhaltensformen Du in Dir und der Gesellschaft inkludieren kannst oder exkludieren musst. Und damit, inwiefern Du zu struktureller Diskriminierung beiträgst oder ihr entgegenwirkst.

Diversität anerkennen und für Sicherheit sorgen

In Kapitel 9 betrachten wir das Zusammenspiel zwischen der individuellen und der strukturellen Dimension von In- und Exklusion ausführlicher. An dieser Stelle nutzen wir in einem ersten Schritt ein vereinfachtes Modell, welches individuelle, kollektive und strukturelle Diskriminierung nicht explizit einbezieht, sondern davon ausgeht, dass Inner Work für alle Menschen gleich ist.

Das stimmt natürlich nicht. Denn schon die Grundfrage einer jeden Beschäftigung mit Inner Work – wie sicher fühlt sich ein Mensch psychologisch? – variiert je nach sozialer Stellung oft maßgeblich. Gehörst Du zu dem privilegierten Teil des Teams, fühlst Du Dich wahrscheinlich ausreichend sicher. Du vertraust darauf, dass Deine Stimme gehört wird und dass Dir genügend Geld und andere Ressourcen zur Verfügung stehen.

Du gehst davon aus, dass staatliche Institutionen wie Polizei, Justiz oder Amtsärzte Dich respektieren und wenn nicht, fühlst Du Dich ermächtigt, gegen sie vorzugehen. Gehörst Du dagegen zu einer nicht-privilegierten Gruppe, fühlt sich das Unternehmen wahrscheinlich unsicherer an. Du kannst Dich nicht darauf verlassen, gleichberechtigten Zugang zu Macht und Ressourcen zu haben oder von dem System und seinen Institutionen geschützt zu werden. Je nachdem, wie sicher oder unsicher Du Dich fühlst, kannst Du Dich vor Deinen Kolleg:innen, Chef:innen oder Kund:innen mehr oder weniger offen und authentisch zeigen und mehr oder weniger ehrlich und auch konfrontativ Deine Perspektive einbringen.

Der erste Schritt in jeder Teamtransformation besteht darin, einen Raum zu schaffen, der sich für die Teilnehmer:innen ausreichend sicher anfühlt. Dafür müssen wir neben der individuellen auch die kollektive Dimension von Teams mit einbeziehen. Um Letztere adäquat zu reflektieren, stellen Teams sich Fragen wie: „Wie sind Macht und Privilegien in unserer Gruppe verteilt?“, „Welche unterschiedlichen Bedürfnisse haben wir als Teilnehmer:innen?“, Welche Rahmenbedingungen sollten wir für einen respektvollen Austausch, der strukturelle Diskriminierungen mit einbezieht, beachten?“

Um diese komplexen Fragen tiefergehend zu beantworten, brauchen wir zuerst einen Überblick über die relevanten Inner-Work-Kompetenzen. Diese werden wir dann in Kapitel 9 vor dem Hintergrund struktureller Diskriminierung und Intersektionalität vervollständigen.

In entfalteten Organisationen sind Selbstkontakt und Selbstreflexion für jede einzelne Mitarbeiter:in wichtig. Erst auf dieser Basis können Teams den vertrauensvollen und sicheren Gruppenraum aufbauen, der für eine fluide Zusammenarbeit unabdingbar ist. Frederic Laloux spricht in diesem Zusammenhang von der Fähigkeit, „als ganzer Mensch“ im Unternehmen zu erscheinen. Nur wenn wir es uns erlauben, im beruflichen Umfeld auch unsere Vulnerabilitäten und Schattenaspekte zu zeigen, werden wir authentische Beziehungen aufbauen können.

Ansonsten verschenken wir viel Energie damit, uns voreinander zu verstecken. Wir erleben immer wieder, wie viele positive Kräfte frei werden, wenn Mitarbeiter:innen sich nicht ständig innerlich selbst managen müssen, sondern sich mit ihrer ganzen Lebendigkeit einbringen. Zugleich erschreckt es uns zu erleben, in wie vielen Unternehmen ein latentes Klima der Angst herrscht und Mitarbeiter:innen alles tun, um bloß nichts „falsch“ zu machen: das Falsche zu sagen, das Falsche zu tun. Diese Organisationen wirken wie gelähmt oder schon ganz tot. Hier ist niemand mehr kreativ oder übernimmt freiwillig die Verantwortung, denn jede natürliche (im Gegensatz zur sorgsam kontrollierten) Bewegung birgt die Gefahr, dass Sachen anders laufen als geplant und gegebenenfalls auch scheitern.

Dieses Thema werden wir nochmals detaillierter aufgreifen, wenn wir uns mit den Beziehungskompetenzen beschäftigen.

Wie können wir Selbstkontakt und Selbstreflexion trainieren?

Zuvor wollen wir aber noch einen Blick darauf werfen, wie Teams die hier beschriebenen individuellen Fähigkeiten erwerben und trainieren können.

Sowohl im *betterplace lab* als auch in vielen der Unternehmen, die von Bettina begleitet werden, üben wir Selbstkontakt anhand der sogenannten 4-Sync-Praxis, einer Methode, die wir von Thomas Hübl kennen. Darunter verstehen wir Übungen – oft geleitete Meditationen –, in denen wir die Teilnehmer:innen durch vier verschiedene Wahrnehmungsebenen ihres Selbst leiten.

Wir starten mit der physischen Ebene und bitten die Teilnehmer:innen, sich ihrer Körperempfindungen bewusst zu werden. Wo nehmen sie Spannungen, fließende Bewegungen, Wärme, Kälte, Taubheit, Lebendigkeit oder Ähnliches wahr? Wie nah oder wie fern fühlen sich verschiedene Körperteile? Haben sie einen direkten, gefühlten Bezug zu ihnen oder stellen sie sich ihren linken Fuß oder rechten Arm nur mental vor?

Danach gehen wir auf die emotionale Ebene. Können wir eine oder mehrere der sogenannten Primär-Emotionen – Wut, Ärger, Trauer, Scham, Ohnmacht, Ekel, Freude – wahrnehmen? Oder fühlen wir eher nichts? Dann ist es wichtig, genau dies anzuerkennen, da auch Taubheit oder Nicht-Fühlen wichtige Empfindungen sind.

Im Anschluss daran richten wir unsere Aufmerksamkeit auf unsere mentalen Aktivitäten. Welche Gedanken können wir beobachten und welche Qualität nehmen wir in diesem Gedanken-Raum wahr?

Zuletzt gehen wir auf die Ebene der Inspiration und fokussieren uns auf den Raum etwas oberhalb unserer Kopfkrone. Nehmen wir uns nur innerhalb der eigenen körperlichen Grenzen wahr, oder gelingt es uns, sich mit dem energetischen Raum über uns zu verbinden? Können wir dort Bewegungen beobachten und aus dieser größeren Perspektive neue subtile Informationen und Inspirationen empfangen?

4-Sync-Modell

Nach Thomas Hübl, CC BY-NC 2.0

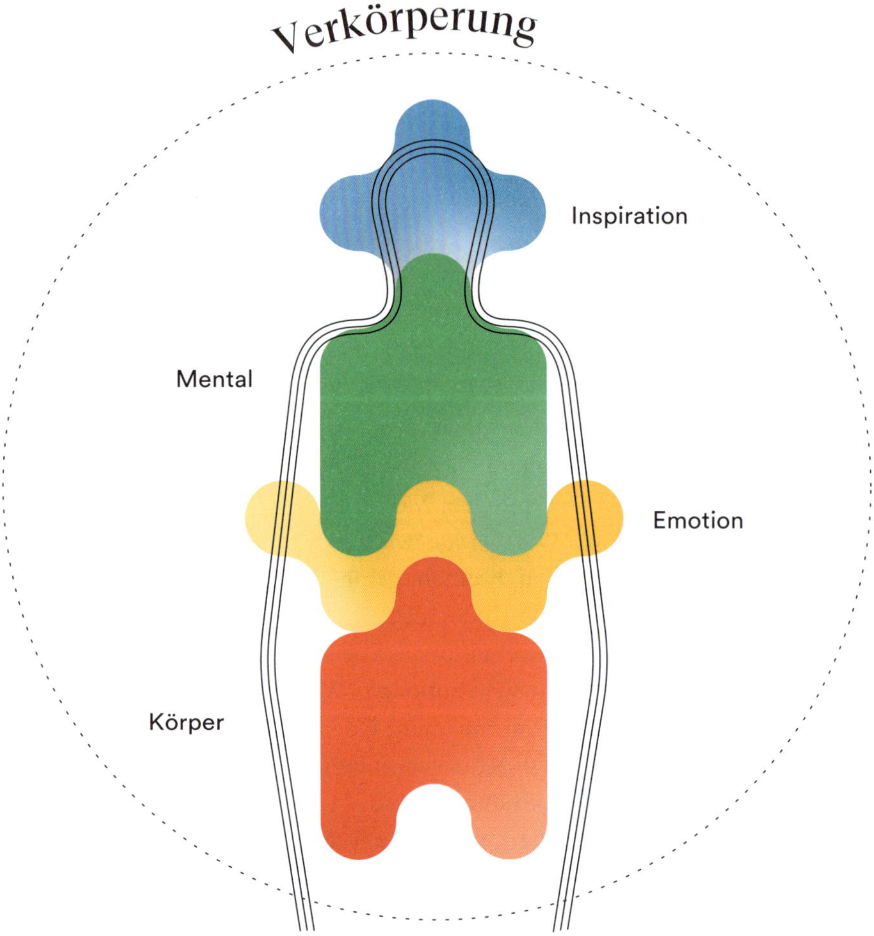

Zum Schluss versuchen wir die vier Ebenen zusammen zu betrachten. Wie verhalten sie sich zueinander? Dominiert eine Ebene oder fühlen sie sich miteinander verbunden an?

Mit diesen und ähnliche Übungen verändern und erweitern wir unseren Wahrnehmungsfokus. Gewohnt uns selbst und unsere Umwelt mental, über Sprache und Gedanken, zu erfassen, beziehen wir im 4-Sync drei zusätzliche Ebenen ein – die körperliche, emotionale und inspirative. Die Ebenen unterscheiden sich voneinander. Gedanken und Sprache repräsentieren die Welt, das heißt, sie filtern und selektieren unsere Eindrücke. Wenn wir nun unsere Aufmerksamkeit auf körperliche, emotionale und inspirative Sinneswahrnehmungen richten, verbinden wir uns stärker mit der ungefilterten Gegenwart. Zugleich öffnen wir uns den Intuitionen, die auf diesen Ebenen zugänglich sind. Die Kognitionsforschung ist voller Beispiele davon, wie wichtig subtile körperliche Signale wie Erregungszustände oder Übelkeit für unsere Wahrnehmung sein können. Der berühmte Kunsthistoriker Bernard Berenson nannte diese erweiterte Sensibilität seinen sechsten Sinn, der ihm half, Originale von Fälschungen zu unterscheiden (McGilchrist, 2021, S. 693).

Wenn wir anfangen, diese und ähnliche Übungen in unseren Arbeitsalltag zu integrieren, fühlt sich das zuerst nicht nur ungewohnt, sondern auch etwas unangenehm an. Wozu sollte das gut sein? Ist es nicht peinlich, sich vor Kolleg:innen auf so etwas einzulassen? Aus Erfahrung wissen wir jedoch, dass sich den meisten Menschen im Verlauf dieser Übungen ihre Relevanz und Wirksamkeit erschließt. Der erste Schritt führt zwar aus der Komfortzone heraus, dann aber oft in den Bereich, in dem Lernen und Inspiration stattfinden.

Eine Miniform dieser 4-Sync-Übung können Teams auch als Teil ihres Check-ins zu Beginn eines Meetings machen. Teammitglieder nehmen sich dann ein paar Atemzüge Zeit und fragen sich, was sie auf diesen verschiedenen Ebenen in sich wahrnehmen. Erst dann sprechen sie und teilen mit den Kolleg:innen, was in ihnen vorgeht. Der Anspruch dabei ist, nicht das zu sagen, was man vorher sowieso schon weiß, sondern sich selbst beim Sprechen zu überraschen.

Da die wenigsten von uns einen derart präzisen und verkörperten Selbstkontakt haben und es in den meisten Unternehmen keine gemeinsame Sprache für die inneren Dimensionen des Lebens gibt, braucht es immer wieder einen neuen Anlauf und viel Praxis, um die vier Ebenen (körperlich, emotional, mental und inspirativ) in sich klar wahrnehmen und benennen zu können. Wenn Teams mit der Zeit jedoch in der Lage sind, aus den vier Ebenen heraus zu sprechen, entsteht eine gemeinsame Landkarte innerer Prozesse und es kommen viele relevante Informationen zutage, die sie in die inhaltliche Auseinandersetzung und Gestaltung ihrer Zusammenarbeit einbeziehen können.

Um unsere Selbsterkenntnis und Selbstreflexion zu verbessern, bieten sich noch eine ganze Fülle anderer Übungen an, die in speziell dafür abgehaltenen Workshops ebenso trainiert werden können wie im Arbeitsalltag. Meist startet Bettina mit halbtägigen Workshops, in denen Mitarbeiter:innen sich selbst und einander besser kennenlernen. Sie erforschen oft in kleinen Gesprächsrunden und anhand solcher Werkzeuge wie dem Eisberg (Breidenbach & Rollow, 2019, S. 28 ff.) ihre individuellen Bedürfnisse und Interessen und wie eng diese mit ihren beruflichen Verhaltensweisen verbunden sind. Mitarbeiter:innen lernen besser zu verstehen, wie sie agieren, wenn sie gestresst sind. Was sie brauchen, um sich sicher und zugehörig zu fühlen. Welche Faktoren ihre kreative Ader fördern oder hemmen. Sie explorieren, wie einfach oder schwer ihnen Entscheidungen fallen. Können sie Grenzen setzen und auch klar „Nein“ sagen? Wie fühlt es sich an, kritisches Feedback zu empfangen oder zu geben? Was empfinden sie, wenn sie Vorgesetzten eigene Ideen vorstellen? Steigen Scham und Angst in ihnen hoch oder reagieren sie mit dem gegenläufigen Abwehrmechanismus, mit Arroganz und Überheblichkeit? Nach dem Motto: Meine Chef:in ist sowieso zu dumm, um meinen Wert zu erkennen?

Durch diese Übungen lernen Menschen sich nicht nur selbst besser kennen, sondern auch, inwiefern sie sich von ihren Kolleg:innen unterscheiden. Denn die meisten schließen von sich auf andere bzw. projizieren ihre eigenen Ängste oder Wünsche auf diese. Jetzt verstehen sie plötzlich viel besser, wieso der eine Kollege so handelt und die andere Kollegin neulich dies oder das gesagt hat. Wenn wir uns zudem unserer eigenen Dynamiken, Schwächen und Schatten bewusster werden und mehr Verständnis dafür entwickeln, wie schwierig Leben als solches ist, verurteilen wir einander auch weniger, sondern tendieren dazu, toleranter und warmherziger zu sein. Wir entwickeln ein breiteres Verständnis von „Normalität“ und sehen nicht diejenigen als normal an, die so tun, als wären sie immer gut drauf. Sondern vielmehr diejenigen, die mal fröhlich und stabil, aber auch mal verwundet, beschämt und unsicher sind.

Die Macht unserer Bedürfnisse

Unserer Erfahrung nach ist es wichtig, dass Mitarbeiter:innen explizit ihre individuellen Bedürfnisse am Arbeitsplatz erforschen. Denn auch wenn viele professionelle Settings so tun, als würden oder sollten Bedürfnisse keine Rolle spielen, da man hauptsächlich zusammengekommen sei, um gemeinsam an Sachthemen zu arbeiten, so sind sie für neue Formen der Führung und Zusammenarbeit so elementar, dass wir uns ihnen an dieser Stelle zuwenden müssen. Wir führen in Teams, wie in *New Work needs Inner Work* beschrieben, die beiden Primärbedürfnisse „Zugehörigkeit und damit verbundener Sicherheit" und „Autonomer Selbstausdruck, d. h. Veränderung, Wachstum" ein, um Menschen die Möglichkeit zu geben, sich ihrer Bedürfnisse klarer bewusst zu werden und diese mit Kolleg:innen besprechen zu können [Grafik, → S. 102].

Wir diskutieren Fragen wie: Wo fühle ich mich zugehörig? Was gibt mir Sicherheit und Stabilität? Was brauche ich, um mich frei entfalten zu können und gut mit Veränderung umzugehen?

Spannend wird es, wenn wir besser verstehen, wie sich diese beiden Pole in uns zueinander verhalten. In einem gesunden Individualisierungsprozess bewegt sich das Kind flüssig zwischen beiden hin und her. Es erforscht die Welt und wenn diese zu aufregend wird, entspannt es sich wieder im Kontakt zur Bezugsperson. Aber viele von uns haben gelernt, dass wir uns für den einen oder anderen Pol entscheiden müssen. Entweder Mami liebt mich – dann muss ich aber auch alles so machen, wie sie es will – oder ich kann meinen eigenen Weg gehen, aber niemand unterstützt mich dabei.

Im ersten Fall wuchsen wir vielleicht bei Eltern auf, die ihre Kinder meist unbewusst durch Kontaktentzug bestraften, wenn diese anfingen, ihren eigenen Willen zu verfolgen. Als Erwachsene passen diese Menschen sich dann eher an andere an und übernehmen Aufgaben, die sie eigentlich gar nicht machen wollen. Zudem fällt es ihnen schwer, selbstbewusst eigene Projekte aufzubauen, weil sie sich damit von der Gruppe emanzipieren und ihre Zugehörigkeit verlieren könnten.

Im zweiten Fall haben Kinder die Erfahrung gemacht, dass Beziehungen nicht stabil und sicher sind und es folglich am besten ist, den eigenen Weg möglichst autonom zu gehen. Dies kann sich später im Arbeitsleben dadurch ausdrücken, dass Menschen sehr selbstständig agieren, aber Kolleg:innen und Mitmenschen tendenziell etwas kühl gegenüberstehen

Unsere Grundbedürfnisse:
Zugehörigkeit (Sicherheit) und Autonomer Selbstausdruck (Wandel)

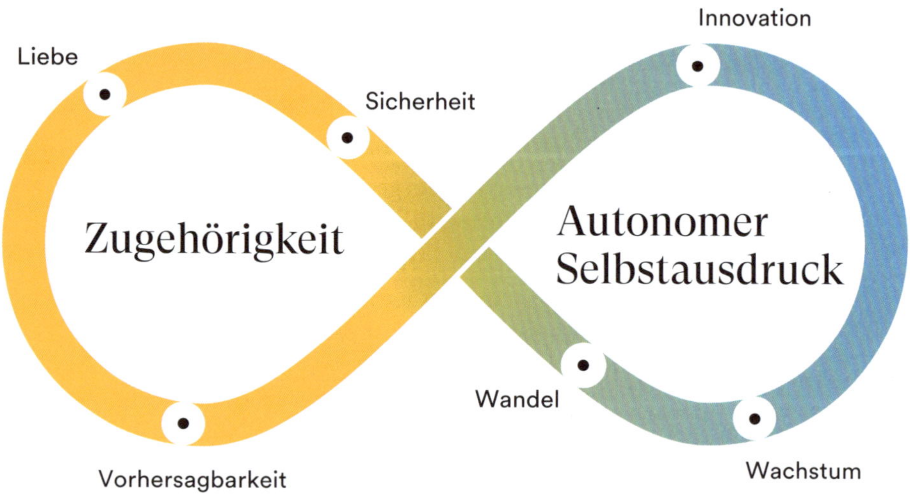

oder sich systematisch an ihnen reiben. Im ersten Fall erleben Kolleg:innen diese Menschen als „angepasst", im zweiten Fall als „überheblich".

Die Grenze zur Therapie

Mit unserer Arbeit versuchen wir, Menschen eine Sprache und ein Gefühl für ihre eigenen Bedürfnisse zu geben und ermutigen sie, diese in ihren Arbeitsalltag als relevante Informationen einzubringen. Zugleich ist klar, dass in Unternehmen nicht alle Bedürfnisse befriedigt werden können. Psychologische Reife zeichnet sich gerade dadurch aus, auch die Spannung halten zu können, die entsteht, wenn unsere Bedürfnisse nicht befriedigt werden oder zu wissen, wann es an der Zeit ist, sich selbst zu schützen und gegebenenfalls den Arbeitsplatz zu wechseln.

Zur Erforschung unserer Bedürfnisse gehört aber nicht nur, dass wir wissen, was wir für Stabilität und Sicherheit brauchen, sondern auch, was uns interessiert und wohin wir uns weiterentwickeln wollen. In selbstorganisierten Teams sind Mitarbeiter:innen maßgeblich für ihre eigene Entwicklung und Potenzialentfaltung verantwortlich. Dazu müssen sie wissen, wo sie heute stehen, wohin sie sich entwickeln wollen und wie der Lernpfad zu gestalten ist. Bettina erforscht mit Teams, wie frei jede Einzelne sich traut, Visionen zu entwickeln. Wie groß ist der eigene Visionsradius? Stellst Du Dir vor, in Deinem jetzigen Betrieb Abteilungsleiter:in zu werden, oder traust Du Dir zu, als Bundeskanzlerin zu kandidieren? Um diese und andere Zukunftsfragen zu beantworten, braucht es die hier beschriebenen inneren Kompetenzen.

Teams, deren Mitarbeiter:innen in Selbstkontakt und Selbstreflexion geübt sind, gelingt es, die gewonnenen inneren Informationen flüssig in ihren Arbeitsalltag zu integrieren. Sie wissen, wann welche Informationen aus ihrem inneren Quadranten wichtig und nützlich sind, wann sie überflüssig sind oder wann sie eher zu einer Psychotherapeut:in gehören.

Wenn sich ein Team klar und transparent miteinander austauscht, entsteht ein zuverlässiger Vertrauensraum. Dieser ermöglicht es mir als Mitarbeiter:in, viel flexibler auf meine Kolleg:innen einzugehen und mich an Krisensituationen anzupassen. Weil wir mehr einbeziehen als die reine Sachebene, sind wir schneller in der Lage festzustellen, was gerade nicht passt. Wir können uns Wechselwirkungen und Zusammenhänge zwischen inneren und äußeren Faktoren schneller bewusst machen. Solche Teams sind anpassungsfähiger und resilienter, weil sie Veränderungsprozesse zeitnah und erfolgreich gemeinsam gestalten können.

Leitfragen

- ? Erforsche Deinen Selbstkontakt, indem Du Dir jeweils 2 Minuten Zeit nimmst und nacheinander 1. Deinen Körper, 2. Deine Emotionen fühlst, 3. Deinen Gedankenfluss beobachtest und 4. Dich zum Schluss auf eine Stelle oberhalb der Kopfkrone (für deine Inspiration) fokussierst. Mache Dir danach Notizen. Was hast Du auf den verschiedenen Ebenen wahrgenommen? Wie passen die unterschiedlichen Ebenen zusammen? Was fällt Dir auf?
- ? Was brauchst Du, um Dich am Arbeitsplatz sicher und zugehörig zu fühlen? Du kannst diese Frage auch in Bezug auf Deine Familie oder auf Deinen Freundeskreis beantworten.
- ? Was brauchst Du für Deine Autonomie und Deinen Freiraum am Arbeitsplatz? Welche Bedingungen müssen dafür erfüllt sein?

Kapitel 6

Beziehungskompetenzen: Ein Deep Dive

Here is the deal. The human soul doesn't want to be advised or fixed or saved. It simply wants to be witnessed – to be seen, heard and companioned exactly as it is.

Hanzi Freinacht

Wir haben den individuellen Kompetenzen so viel Platz eingeräumt, da sie die Grundlage für alle komplexeren Fähigkeiten sind, die zwei und mehr Menschen involvieren und die wir im Folgenden als Beziehungs- oder Gruppenkompetenzen beschreiben. Wie im vorherigen Kapitel gehen wir auch hier nicht ausführlich darauf ein, dass Menschen mitunter sehr unterschiedliche Erfahrungen mit Macht und Sicherheit im Rahmen von struktureller Diskriminierung gemacht haben. Unser Anliegen ist es, zuerst ein gemeinsames Grundverständnis der Beziehungskompetenzen aufzubauen, um dann in Kapitel 9 dieses Grundverständnis in Bezug auf Diversität und Intersektionalität zu differenzieren.

Wieso brauchen wir neue Beziehungskompetenzen?

In *New Work needs Inner Work* benennen wir Empathie, Feedback, transparente Kommunikation und Konfliktmanagement als zentrale Gruppen- oder Beziehungskompetenzen. In diesem Teil werden wir diese genauer betrachten und anhand von Beispielen beschreiben, wieso diese Fähigkeiten in New-Work-Settings wichtig sind, was wir unter den Kompetenzen im Detail verstehen und wie Teams sie im Arbeitsalltag praktizieren können.

Wenn wir Führung nicht mehr primär über feste äußere Strukturen und Prozesse abbilden, sondern sie flüssiger zwischen uns hin- und herwandern lassen, dann werden Empathie und transparente Kommunikation zur Trägerwelle, die uns miteinander verbindet und für Orientierung sorgt. Für entfaltete Unternehmen gilt noch mehr als für alle anderen Organisationsformen: Führungskompetenz = Beziehungsfähigkeit.

Dementsprechend müssen Mitarbeiter:innen lernen, viel offener und klarer miteinander zu sprechen, denn wichtige Funktionen wie Entscheidungen, Qualitätssicherung oder Konfliktlösung sind nicht mehr an feste Rollen und Prozesse gebunden, sondern werden situativ und auf Basis von Kompetenz unter Kolleg:innen verhandelt. Dies setzt klare und zugleich bezogene Kommunikation voraus. Mit bezogener Kommunikation meinen wir eine Gesprächsqualität, bei der sich die Teilnehmer:innen aufeinander beziehen und sich gegenseitig fühlen. Teammitglieder müssen beispielsweise in Feedback-Gesprächen in der Lage sein, ihre eigenen Standpunkte präzise darzulegen und auch die innere Spannung zu halten, wenn sie auf Widerstand stoßen. Das ist nicht einfach. Viele von uns tendieren dazu, sich entweder abweichenden Meinungen von Kolleg:innen oder Geschäftspartner:innen anzupassen oder diese reflexartig abzuwerten. Damit neue Führungsformen erfolgreich sind, müssen wir jedoch lernen, andere Sichten innerlich anzuerkennen und auszuhalten.

Gutes Feedback ist für das zentrale Führungsprinzip von selbstorganisierten Unternehmen, den kompetenzbasierten Hierarchien, unerlässlich. Kompetenzbasierte Hierarchien zeichnen sich dadurch aus, dass jeweils diejenigen Mitarbeiter:innen Führung übernehmen und Entscheidungsmacht haben, die über die relevanten fachlichen und psychologischen Kompetenzen und Informationen verfügen. Damit dies gelingt, müssen selbstorganisierte Teams einen realistischen Überblick über die vorhandenen Kompetenzen haben. Flüssige, kompetenzbasierte Hierarchien lassen sich nur aufbauen, wenn alle Mitarbeiter:innen wissen, wer für welche Aufgabe geeignet ist. Da die wenigsten von uns gewohnt sind, einander Schwächen zu offenbaren, müssen Mitarbeiter:innen mutig und ehrlich miteinander sprechen, um ihre Selbst- und Fremdbilder abzugleichen.

Menschen und ihre inneren Welten treffen sich

Wenn sich zwei Kolleg:innen treffen, begegnen sich nicht nur zwei Menschen, sondern zwei – tendenziell sehr unterschiedliche – innere Welten. Den Raum, in dem sich diese inneren Welten überlappen, beschreiben wir als Beziehungsraum.

Schon bevor Menschen miteinander sprechen, ist der Beziehungsraum voller Information. Er hat eine bestimmte Atmosphäre, ist offen und warm oder irritiert, verschlossen, aggressiv oder taub. Denn jeder Mensch sendet non-verbale Botschaften aus. Jeder trägt ein unsichtbares Schild vor sich her, mit dem er seine Haltung zur Welt und anderen Menschen verkündet. Da steht vielleicht drauf: „Du kannst mich sowieso nicht verstehen“, „Leg Dich bloß nicht mit mir an“, „Ich nehme Dich nicht ernst“. Oder auch: „Ich bin neugierig auf Dich“, „Von Dir möchte ich gerne etwas lernen“, „Wir werden uns gut verstehen“.

Ebenso wie wir individuelle Kompetenzen trainieren, können wir auch die subtilen Kompetenzen für unseren Beziehungsraum schulen, um feine, atmosphärische Botschaften bewusst mitzubekommen und in den Kontakt einzubeziehen.

Im besten Fall ist der Beziehungsraum offen und zugewandt. Thomas Hübl spricht in diesem Fall von einem Dreierschritt (2021, mündliche Kommunikation, Core Group):

1. **Ich spüre mich.**
2. **Ich spüre Dich.**
3. **Ich fühle, ob bzw. dass (und wo) Du mich spürst oder auch nicht.**

Mit den ersten beiden Schritten verbinde ich mich mit mir selbst und mit meinem Gegenüber – es entsteht Beziehung. Mit dem dritten Schritt werde ich mir bewusst, wie Du Deine Beziehung zu mir gestaltest. Erst dadurch eröffnet sich mir unser Beziehungsraum. Je deutlicher ich diesen spüren kann, desto sicherer und orientierter fühle ich mich. Ein solcher Beziehungsraum ist ein gutes Fundament auch für schwierige Gespräche. Denn in diesem Fall beinhaltet der Beziehungsraum unsere beiden Welten und nicht nur eine schmale Schnittstelle zwischen uns [Grafik, → S. 109].

Wenn wir dagegen feststellen, dass unser Beziehungsraum gestört ist, kann das von einer Person oder von beiden ausgehen. Es kann das Resultat unserer aktuellen Zusammenarbeit sein oder damit zu tun haben, welche Erfahrungen wir in der Vergangenheit, in dieser oder anderen Beziehungen, gemacht haben. Oben haben wir beschrieben, dass wir alle Situationen durch unsere speziellen Filter sehen. Manche dieser Filter bilden in uns nachhaltige Muster, die unser Erleben und Verhalten automatisch prägen, ohne dass wir uns dessen explizit bewusst sind. Je nachdem, wie unsere Prägung ist, werden wir Situationen sehr unterschiedlich einschätzen. Wenn ich meine Chef:in auf mich zukommen sehe, kann mir durch den Kopf gehen: Sie fand meine Präsentation heute Morgen bestimmt nicht gut und wird mich jetzt kritisieren. Vor einem anderen Erfahrungshintergrund gehe ich wiederum davon aus, dass meine Chef:in sich mit mir über den geplanten neuen Deal unterhalten und meine Meinung einholen will. Dem gleichen Muster begegne ich, wenn ich an der Kaffeemaschine zwei Kolleg:innen miteinander sprechen sehe. Meine automatische Reaktion kann sein: Die lästern bestimmt über mich oder andere. Oder ich denke, dass die Beiden wahrscheinlich eine schöne Überraschung für uns planen.

Selbstkontakt und Beziehungsraum

Nach Thomas Hübl, CC BY-NC 2.0

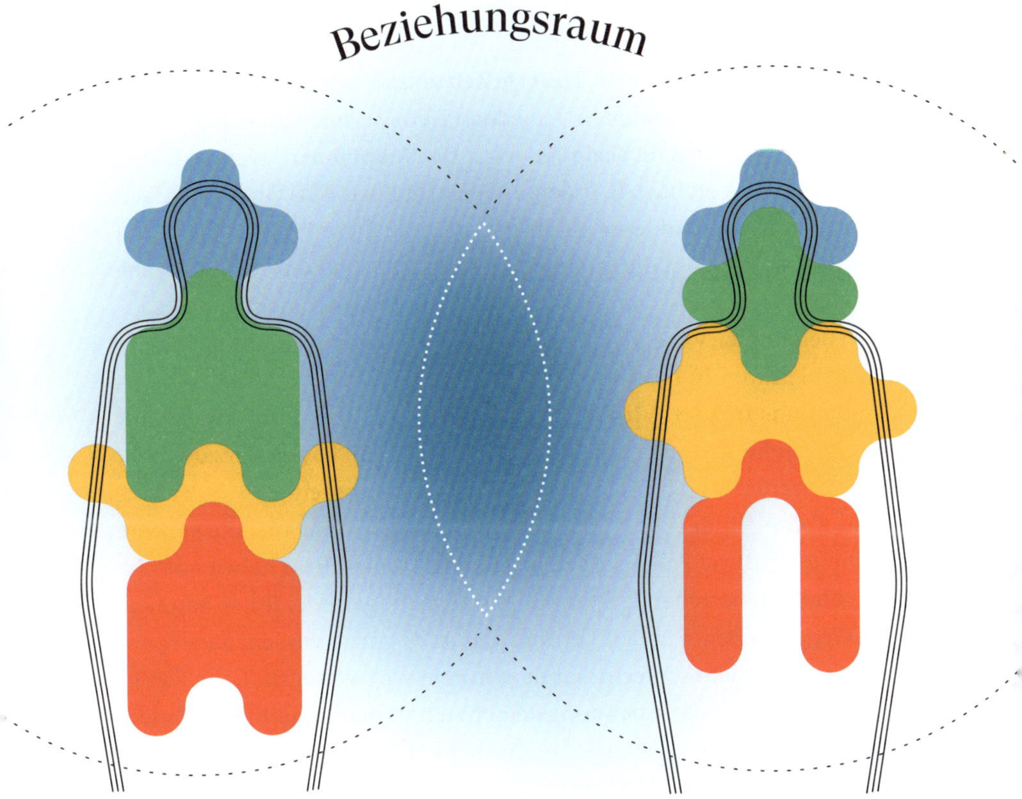

„Ich fühle mich"

„Ich fühle dich"

„Ich fühle, ob bzw. dass (und wo)
Du mich spürst oder auch nicht"

Prägung beeinflusst unser Handeln

Wenn wir bestimmte Situationen immer wieder als schwierig und spannungsgeladen empfinden, ist das oft ein Zeichen dafür, dass unsere Prägung eine Rolle spielt. Denn Prägungen reduzieren unsere Flexibilität und begrenzen unsere Wahlmöglichkeiten. Und dort, wo wir keine Wahl haben, reiben wir uns am anderen und spüren das als Spannung. Dazu ein alltägliches Beispiel: Eine Kolleg:in bittet Dich, eine Aufgabe für sie zu übernehmen. Wenn Du innerlich flüssig bist, kannst Du diese entweder annehmen oder ablehnen. Hast Du Zeit und kannst die Aufgabe bewältigen, wirst Du sie annehmen. Ist jedoch Dein Zeitplan zu voll oder bist Du für die Aufgabe nicht geeignet, wirst Du sie ablehnen. Wenn Dir eine Prägung im Weg steht, z. B. indem Du gelernt hast, dass Grenzen setzen die Beziehung zum anderen gefährdet, hast Du diese Freiheit nicht und wirst im Zweifel – um die innere Spannung zu umgehen – eine Aufgabe entgegen Deinem besseren Wissen und Wunsch annehmen.

Oft bekommen wir gar nicht mit, wie determiniert und damit wie klein unser Spielraum in bestimmten Situationen ist. Wir denken, wir entscheiden uns frei. In Wirklichkeit reagieren wir aber nur. Inner Work kann uns helfen, die eigenen Filter und Prägungen bewusster zu sehen, freier zu werden und bessere Entscheidungen zu treffen.

Am Anfang fühlt es sich oft unsicher und ungewohnt an, lang gehegte Glaubenssätze und Perspektiven loszulassen. Denn diese haben uns bislang geholfen, bestehende Spannungen zu managen oder ihnen ganz aus dem Weg zu gehen. Für den Lernprozess ist es gut zu wissen, dass Spannungen per se nicht schlecht, sondern innere Wegweiser sind. Die Fähigkeit, unterschiedliche Spannungsfelder zu halten und nicht vorschnell, qua Prägung, sondern bewusst zu entscheiden, ist ein integraler Bestandteil des menschlichen Reifungsprozesses.

Im Arbeitsalltag bedeutet dies, dass ich meine eigene Reaktion mit etwas Abstand beobachte und mich frage: Wie interpretiere ich die Situation intuitiv und mit welchem Verhaltensmuster reagiere ich? Ziehe ich mich automatisch in mich zurück und werde aggressiv, taub und diffus? Die gewonnene Lücke zwischen Impuls und Reaktion gibt mir die Chance, innezuhalten und mein Verhalten zu verändern.

Den inneren Kritiker liebevoll in die Schranken weisen

An dieser Stelle müssen wir zwei Dinge voneinander unterscheiden. Die Kompetenz, sich selbst zu reflektieren, ist nicht mit dem „inneren Kritiker" gleichzusetzen. Viele von uns haben im Laufe unseres Lebens eine innere Kritiker:in entwickelt, die uns in einem inneren Dialog mit negativen Botschaften konfrontiert. Diese kritischen Botschaften stammen oft aus der Kindheit und wiederholen, wo wir uns ungenügend und falsch erlebt haben. Sie betreffen authentische Aspekte in uns. Dinge, die uns wichtig waren, mit denen wir jedoch auf keine Resonanz gestoßen sind, sondern überfordert waren oder abgelehnt wurden.

Selbstreflexion und innere Kritiker:in vermischen sich oft. Wenn wir uns dann unseren Prägungen widmen, werden wir nicht freier und authentischer, sondern unsicherer und kleiner. Um dies zu vermeiden, ist Bettina in ihrer Arbeit sehr darum bemüht, dass wir uns selbst wertschätzend begegnen. Sie erinnert Menschen daran, dass ihre jetzt lästigen Prägungen zum Zeitpunkt ihres Entstehens eine intelligente Überlebensstrategie waren. Ebenso wichtig ist die Erkenntnis, dass jeder seinen eigenen Veränderungsrhythmus hat. Dafür gibt es viele Metaphern wie „You can't rush the river" oder „Gras wächst nicht schneller, wenn man daran zieht". Wenn wir dies im Gruppenprozess nicht im Blick haben, entstehen leicht zerstörerische Dynamiken. Aus diesem Grund finden wir es wichtig, dass Unternehmen, die sich in Richtung New Work transformieren wollen, anerkennen, dass sie einen psychologischen und emotionalen Reifungsprozess einleiten, der seine Zeit braucht und sie sich dementsprechend langfristig verpflichten.

Empathie – die Fähigkeit mitzuschwingen

Die Fähigkeit, andere Menschen wahrzunehmen und zu fühlen, beruht auf Empathie. Empathie ergibt sich aus Deinem Selbstkontakt und Deinem inneren Freiraum. Selbstkontakt, weil Du einen anderen Menschen nur dort fühlen kannst, wo Du Dich selbst fühlst. Wenn es Dir beispielsweise schwerfällt, traurig zu sein, wirst Du Trauer in anderen Menschen auch nicht gut wahrnehmen können. Dein innerer Freiraum ist wiederum wichtig, weil Du keinen anderen spüren kannst, wenn Dich Dein eigenes Erleben vollständig ausfüllt. Wir alle kennen Situationen, in denen wir so gestresst sind, dass wir keine Kapazität haben, uns mit anderen Menschen zu beschäftigen und ihnen wirklich zuzuhören. Das Gleiche gilt für die empathische Wahrnehmung.

Empathie ist eine wesentliche Grundlage für gute, transparente Kommunikation. Wie auch bei den weiteren hier beschriebenen Kompetenzen handelt es sich nicht nur um eine mentale, sondern um eine Ganzkörper-Kompetenz. Nur wenn ich mein Gegenüber als Menschen ausreichend fühlen kann, entsteht genügend Kontakt und Sicherheit, um klar miteinander zu kommunizieren. Im empathischen Kontakt gehe ich auf meine Kolleg:in innerlich zu und erlaube mir, sie tiefer wahrzunehmen als nur über ihre äußere Erscheinung. Denn von außen betrachtet steht vor mir beispielsweise eine erwachsene Frau, doch innerlich wirken in ihr noch viele andere Persönlichkeitsanteile. Aspekte ihres Selbst, die sie vielleicht selbst gar nicht kennt und die es mit sich bringen, dass sie eine bestimmte Form der Anerkennung und Zuwendung braucht. Ich kann vielleicht fühlen, dass sie gekränkt oder verwirrt ist und selbst nicht weiß warum. Sie hat, wenig verwunderlich, genauso verletzte Anteile wie ich auch. Wenn wir im Zuge unserer Introspektion gelernt haben, uns selbst liebe- und verständnisvoll zu betrachten, können wir diese Qualität auch auf unsere Kolleg:innen anwenden. Damit schaffen wir einen stabilen und verbundenen Raum, in dem viel mehr Informationen einbezogen werden können, als wenn wir uns nur auf der Sachebene begegnen.

Menschen mit einer hohen Beziehungskompetenz gelingt es, sich selbst klar zu spüren und sich zugleich mit anderen verbunden zu fühlen und mitzuschwingen. Ihr Wahrnehmungsraum ist so stabil und groß, dass sie nicht zwischen „mich selbst wahrnehmen“ und „den anderen wahrnehmen“ hin- und herpendeln, sondern beide auf ihrem Radar haben. Diese Kompetenz ist erlernbar. Es ist wie beim Fahrradfahren. Wenn wir zum ersten Mal aufs Fahrrad steigen, sind wir ganz und gar mit unserem eigenen Prozess beschäftigt und verwenden alle Aufmerksamkeit auf die Koordination unseres Körpers auf dem Rad. Mit der Zeit entwickeln wir eine intuitive Beziehung zum Radfahren und können den Radius unserer Wahrnehmung vergrößern: Jetzt sehen wir auch andere Verkehrsteilnehmer:innen, Ampeln, die weitere Umgebung. Genauso ist es möglich, meine Wahrnehmungsfähigkeit für andere Menschen zu trainieren: Was am Anfang noch ein Entweder-oder ist, wird allmählich zum Sowohl-als-auch. Meine Kolleg:innen tauchen dann nicht mehr getrennt von mir auf, sondern wir spielen „im gleichen Film“.

Je mehr ich mich beziehen kann, desto mehr kann ich von der Welt in mir inkludieren. Wenn ich mich nicht beziehen kann oder will, muss ich Aspekte im Außen exkludieren. (Dies ist natürlich immer relativ zu verstehen. Menschliche Wahrnehmung wird stets selektiv sein.) Beide Bewegungen sind eng daran gekoppelt, was ich in mir selbst annehmen kann oder ablehnen muss. Eine Mitarbeiter:in, der es schwerfällt, ihre eigenen Bedürfnisse ernst zu nehmen und zu fühlen, wird sie exkludieren, indem sie ihre Empfindungen noch weiter abschaltet. Trifft sie wiederum auf eine Kolleg:in, die ihre Bedürfnisse gut spüren und zeigen kann, löst das in ihr wahrscheinlich Spannung aus. Die Kolleg:in wirkt wie ein Scheinwerfer, der Licht auf etwas wirft, das die Mitarbeiter:in versucht, von sich fernzuhalten. Eine beliebte Strategie besteht darin, dass die Mitarbeiter:in ihre Kolleg:in exkludiert, zum Beispiel indem sie sie abwertet. Die Kolleg:in kommt ihr dann „zu bedürftig" vor oder „nimmt zu viel Raum ein".

Exklusion taucht im Arbeitsleben in allen möglichen Schattierungen auf und kann sich auf Menschen, aber auch auf Werte, Prozesse und Strukturen beziehen. Sie reicht von Teams, die mit der Komplexität einer Situation überfordert sind und behaupten, „der Prozess ist falsch", hin zu struktureller Diskriminierung. Letzterem Thema werden wir uns in Kapitel 9 detaillierter zuwenden. Unabhängig vom Ausmaß der Exklusion können wir uns als jeweils nächsten konstruktiven Schritt zwei Fragen stellen: Was exkludiere ich gerade? Warum tue ich das? Diese Reflexion ermöglicht es uns, mehr Verantwortung für unseren eigenen Beitrag zur Exklusionsdynamik zu übernehmen und diese ein Stück weit zu überwinden.

Neben meiner Fähigkeit, einen anderen Menschen empathisch zu spüren und die Qualität unseres Beziehungsraums zu erfassen, ist die Art und Weise, wie wir miteinander kommunizieren, enorm wichtig. New-Work-Teams sind darauf angewiesen, dass sie sich präzise und klar ausdrücken können, ehrliches Feedback geben und auch vor Konflikten nicht zurückschrecken.

Verbundenes Sprechen und tiefes Zuhören

Um die gewünschten Kommunikationsqualitäten für Dich als Leser:in erfahrbar zu machen, möchten wir die beiden Seiten von Kommunikation – Sprechen und Zuhören – genauer beschreiben.

Ganz im Sinne von Gewaltfreier Kommunikation (GfK) nach Marshall B. Rosenberg ermutigen wir Menschen dazu, Ich-Aussagen zu treffen, anstatt dass sie sich von sich selbst distanzieren und über „man" sprechen. Ebenfalls beliebt ist es, Aussagen und Wertungen unserem Gegenüber zuzuschieben, indem wir ihnen Vorwürfe à la „Du hast mich beleidigt" oder „Du bist verantwortungslos" an den Kopf werfen. Stattdessen üben wir, unsere Wahrnehmungen und Empfindungen aus unserem eigenen Erleben heraus zu beschreiben: „Ich erlebe Dein Verhalten mir gegenüber als verletzend" oder „Ich bin irritiert, weil ich Deine Entscheidung als verantwortungslos empfinde".

In Teams achten wir darauf, dass wir beim Sprechen alle vier Wahrnehmungsebenen – die körperliche, emotionale, mentale und inspirative – auf dem Schirm haben und mit einbeziehen. Das heißt, wir bemühen uns nicht nur, wie üblich aus unserem mentalen Verständnis heraus, sondern als „ganzer Mensch" zu sprechen. Das klingt für Dich jetzt vielleicht erst einmal sehr ungewohnt und Du fragst Dich, wie es möglich ist, aus dem 4-Sync heraus zu sprechen. Wir üben diese Form von ganzheitlichem Sprechen, indem wir uns tiefer mit uns selbst verbinden und in uns hineinhören, was wir ausdrücken wollen. Wenn ich beim Sprechen tiefer mit mir verbunden bin und mich auch bewusst mit einem größeren inspirativen Raum verbinde, werde ich feststellen, dass ich Sachen sagen werde, die mich selbst überraschen und dass das Gesagte viel mehr Resonanz in meinem Gegenüber erzeugen kann. Authentizität bedeutet für uns genau dies: über die mentale Ebene mit sich verbunden zu sein und aus diesem vielschichtigen Kontakt heraus mit anderen Menschen in Beziehung zu treten. Während ich mir selbst zuhöre, kann ich überprüfen, ob das Gesagte stimmig ist oder sich eher falsch oder unvollständig anfühlt.

Den meisten Menschen kommt diese Art zu sprechen am Anfang sehr ungewohnt vor. Meist müssen wir auch langsamer werden, um mehr Informationen und Nuancen mitzubekommen. Mit etwas Übung ist es aber möglich, beim Sprechen neben der mentalen Ebene sowohl mit der körperlichen und emotionalen Erfahrung verbunden zu bleiben, als auch mit dem größeren Raum drum herum (mehr dazu in Kapitel 7 und 10).

Wenn wir uns jetzt der anderen Seite von Gespräch und Feedback, dem Zuhören, zuwenden, stoßen wir wieder auf den 4-Sync. Denn wer sich einer Sprecher:in wirklich zuwendet, öffnet sich ihr auf allen vier Ebenen. Wirklich tiefes Zuhören kann ein transformatives Erlebnis sein, bei dem die Zuhörer:in sich ihrem Gegenüber als ganzheitlicher Resonanzkörper anbietet.

Tiefes Zuhören bedeutet, sich selbst ausreichend leer und frei zu machen, damit der andere in meinem Innenraum Platz nehmen und sich spiegeln kann wie der Mond auf der Oberfläche eines stillen, glatten Sees. Auf der Basis einer solchen Resonanzerfahrung können sich Zuhörer:in und Sprecher:in tiefer miteinander verbinden. Die Zuhörer:in kann empathisch spüren, wo sich die Sprecher:in nicht stimmig anfühlt und wo neue Fragen auftauchen, die ihr vielleicht dienlich sein können. Als Zuhörer:in kann ich so zwischen den Zeilen lesen und beispielsweise mitbekommen, wenn sich die Informationen auf den verschiedenen Ebenen voneinander unterscheiden: mein Gegenüber sich auf der kognitiven Ebene beispielsweise empört, auf der emotionalen Ebene aber Freude oder Stolz durchklingen. Ich kann meiner Gesprächspartner:in mitteilen, was ich beobachte und sie fragen, ob sie damit etwas anfangen kann. So vertiefen wir den Austausch und erforschen gemeinsam einen Ausschnitt unserer Realität.

Wenn wir unsicher sind, ob wir unsere Gesprächspartner:in auch richtig verstanden haben, ist es sinnvoll, das Gehörte nochmals in eigenen Worten wiederzugeben. In der Mediationspraxis ist diese Technik als „Loopen" bekannt. Indem sie das Gehörte paraphrasieren, können Gesprächspartner:innen sich viel besser synchronisieren und bekommen den Sinn des Gesagten auf einer tieferen Ebene mit.

Keine Frage, diese Art der Kommunikation ist ungewöhnlich. Meist hören wir nur mit einem Ohr zu, denken über andere Themen nach oder suchen, während der andere spricht, schon nach den passenden Worten, um uns selbst wieder ins Spiel zu bringen. Wir erzählen dann, wie wir selbst in ähnlichen Situationen reagiert haben oder teilen gleich Ratschläge aus. Doch damit vergeben wir die Chance, tiefere Einsichten zu gewinnen und Neues zu lernen.

Wenn wir diese Prinzipien auf berufliche Situationen – insbesondere auf Feedback und Konflikt – anwenden, ergeben sich ein paar einfache Prinzipien.

Sich beziehen und Feedback geben

Bevor wir Feedback geben, ist es sinnvoll zu überprüfen, wie sicher sich der Beziehungsraum anfühlt. Wirkt die Feedback-Empfänger:in stabil und offen genug, um sich auf ein Gespräch einzulassen? Wenn nicht oder wenn ich selbst stark getriggert bin, ist es wahrscheinlich besser, einen anderen Zeitpunkt zu wählen. Wenn die Atmosphäre dagegen entspannt genug ist, teile ich meine Wahrnehmungen und Empfindungen in Form von Ich-Botschaften und bemühe mich, weder zu interpretieren noch zu bewerten. Ich kann dabei verschiedene Wahrnehmungsebenen einbeziehen und auch meine Emotionen sprechen lassen, allerdings so, dass ich für sie die Verantwortung übernehme, statt dem anderen zu suggerieren, dass er diese ursächlich in mir auslöst. Ich unterlasse es, Ratschläge zu geben und bin mir bewusst, dass meine Aussagen nicht „die Wahrheit" sind, sondern auch Projektionen von mir beinhalten können. Während des ganzen Prozesses beobachte ich mich in meinem inneren Aushandlungsprozess: Was sage ich wie? Was halte ich zurück? Was muss ich exkludieren? Welche Gefühle begleiten mein Sprechen? Diese Reflexion ermöglicht es mir, unausgesprochene Themen doch noch zur Sprache zu bringen, gegebenenfalls verbunden mit meinen eigenen Zweifeln oder unangenehmen Gefühlen.

Wenn ich meinerseits Feedback empfange, nehme ich eine ähnliche Haltung ein: Ich bemühe mich aktiv und offen zuzuhören und beobachte meine Reaktionen. Ich weiß, dass ich nicht jedes Feedback annehmen muss, sondern es auch ziehen lassen kann, wenn es mich nicht berührt. Zugleich bin ich mir meiner Prägung bewusst und beobachte, wie das Gehörte in mir landet. Fühle ich mich sicher oder bedroht? Wehre ich Kritik schnell ab oder akzeptiere ich sie sofort, vielleicht zu schnell und ungeprüft? Fühlt sich das Gesagte stimmig und kohärent an, oder kommt es mir wie eine Projektion vor? Kann ich mich meinem Gegenüber offen und verletzbar zeigen? Die Fähigkeit, Feedback sowohl zu geben, als auch zu empfangen, ist davon abhängig, wie klar und verbunden ein Mensch sich mit sich selbst fühlt und wie sicher die Beziehung zum Gegenüber ist.

Zu einer guten Feedbackkultur gehört eine Reihe von Elementen. An erster Stelle müssen Mitarbeiter:innen den Sinn von Feedbacks verstehen. Bettina bekommt immer wieder Anfragen von Organisationen, die ihre Feedback-Kompetenzen verbessern wollen. Wenn Bettina nachfragt, wird deutlich, dass den Mitarbeiter:innen oft gar nicht klar ist, wieso Feedback wichtig ist. Aber zu einer nachhaltigen Feedbackkultur gehört, dass Menschen den Sinn darin erkennen. Für viele Mitarbeiter:innen sind Feedbackgespräche aufregend oder sogar angstbesetzt. Um sich trotzdem darauf einzulassen, brauchen sie einen guten, motivierenden Grund. Unserer Erfahrung nach empfinden Menschen Feedback unter Kolleg:innen dann als sinnvoll, wenn sie verstehen, dass ihr spezifisches

Zusammenarbeitsmodell einen bestimmten Grad an Feedback braucht, um zu funktionieren. Dass sie ohne diesen Informationsaustausch zum Beispiel Gefahr laufen, fachliche Entscheidungen durch zwischenmenschliche Dynamiken, z. B. aufgestaute Emotionen oder Missverständnisse, zu verzerren. Zweitens müssen Teams die schon besprochenen inneren Kompetenzen wie Selbstkontakt und Selbstreflexion, Empathie und transparente Kommunikation gemeinsam aufbauen und üben. Und drittens brauchen Teams eine Reihe von fortlaufenden Feedbackformaten.

Von diesen drei Elementen verwenden die meisten Teams aber nur das zweite: Sie durchlaufen ein Feedback-Training. Doch ohne die beiden anderen Elemente, ein gemeinsames Warum und fortlaufende Formate, fühlen Mitarbeiter:innen sich meistens nicht ausreichend sicher und Feedbacks verkommen zu einem wenig produktiven und ungeliebten Ritual. Unter „Die Kompetenzlandkarte als Basis für Feedback", → S. 123, findet Ihr eine Anleitung, wie Feedbacks gelingen können.

Spannungen halten, Konflikte navigieren und in Beziehung bleiben

Offene und mutige Kommunikation ist gerade auch im Konfliktfall unabdingbar. Viele Menschen sind harmoniebedürftig und gehen Spannungen und Reibungen aus dem Weg. Doch in New-Work-Unternehmen ist jede einzelne Mitarbeiter:in dafür verantwortlich, dass das Unternehmensziel erreicht wird und ihm im Wege stehende Barrieren überwunden werden. Zudem gibt es keine oder nur wenige Führungspersonen, zu denen Konflikte eskaliert werden können. Also müssen alle in der Lage sein, Spannungen und Irritationen anzusprechen. Denn wenn Mitarbeiter:innen sich in unangenehmen Situationen wegducken, leidet nicht nur die Atmosphäre, sondern die Qualität der Arbeit und der Erfolg des gesamten Unternehmens.

Wir haben schon weiter oben bei den individuellen Kompetenzen beschrieben, dass Mitarbeiter:innen fähig sein müssen, zwischen verschiedenen Ebenen zu unterscheiden: Streiten wir uns, weil wir auf der fachlichen Ebene unterschiedlicher Meinung sind, oder handelt es sich eher um einen Beziehungskonflikt, von dem der inhaltliche Dissens nur ein Symptom ist? In letzterem Fall gilt es zusätzlich noch zu differenzieren, ob ein Konflikt primär etwas mit einem selbst zu tun hat und eine

Projektion auf die Kolleg:innen ist oder ob es sich um ein Thema handelt, welches wirklich zwischen beiden oder mehreren Menschen diskutiert werden muss.

Bettina erforscht mit Teams, wie sie mit Intensität und Spannungen umgehen. Wie nehmen einzelne Mitarbeiter:innen starke Gefühle in sich wahr? Fürchten sie sich, wenn eine Kolleg:in offen ihre Wut oder ihre Enttäuschung zeigt? Empfinden sie Druck, wenn sie mit komplexen, unbekannten Situationen konfrontiert sind, auf die es keine richtigen Antworten gibt? Welche Aspekte ihrer Vergangenheit, ihrer Prägung, werden in solchen kritischen Situationen aktiviert und führen zu Gefühlen wie Angst, Überforderung und Druck?

Nicht jede Spannung deutet auf einen Konflikt hin. Sie kann auch Zeichen eines natürlichen Lernschrittes und als solches willkommen sein. Denn immer, wenn wir etwas Neues lernen, treten wir aus der Komfortzone heraus ins Unbekannte. Wenn wir Spannungsmuster in uns erforschen, können wir verschiedene Formen unterscheiden und lernen, Konflikte weniger als Bedrohungen anzusehen, sondern als interessante Möglichkeiten, etwas über die Vielfalt der Welt zu lernen.

Denken-Fühlen: Ein neuer professioneller Standard

Manche von Euch finden diese Herangehensweise vielleicht wenig professionell. Sollten wir am Arbeitsplatz nicht fähig sein, unsere Gefühle und Bedürfnisse so weit im Griff zu haben, dass wir rational und verlässlich unsere Arbeit verrichten? Sollten wir nicht, statt zu psychologisieren, funktionieren?

Wir glauben nein. Wir verstehen unter Professionalität einen bestimmten Grad an fachlicher und menschlicher Reife. Menschliche Reife bedeutet, dass ich mich selbst reflektiere und bemüht bin, die mich umgebende Komplexität und die unweigerlich damit einhergehende Spannung insgesamt besser in mir zu halten und zu verarbeiten. Dass ich meine Aufmerksamkeit in unterschiedlichsten Bereichen ausweiten kann und den Radius dessen, was mir sowohl auf der sachlich-fachlichen Ebene als auch in Form von Gefühlen, Bedürfnissen und Spannungen begegnet, stetig vergrößere. Es ist professionell, wenn wir in der Lage sind, Denken und Fühlen zusammenzubringen. Die Vorstellung, wir müssten um der Professionalität willen unser Fühlen ausblenden, ist eine Pathologie unserer

Gesellschaft. Weil es vielen von uns schwerfällt, unsere Empfindungen, Gefühle und Bedürfnisse wahrzunehmen, exkludieren wir sie am Arbeitsplatz und erklären dann die Fähigkeit, sie auszuschließen, als Kompetenz. Verständlich, aber unprofessionell.

Historisch ist der hohe Stellenwert, den wir Rationalität zuschreiben, nachvollziehbar. Die in Europa mit der Aufklärung einhergehende Aufwertung des Verstands hat uns vor willkürlicher und missbräuchlicher Macht, vor Kirche und Despoten, teilweise geschützt. Doch heute ist Rationalität allein nicht mehr der höchstmögliche Verständnisstandard. Um den aktuellen Herausforderungen einer höchst komplexen Welt gerecht zu werden, brauchen wir ganzheitliche Innovationen und damit auch eine neue Definition von Professionalität. Für uns ist es professionell, wenn wir rational-fachliche UND emotional-menschliche Kompetenzen in die Arbeit einbeziehen, das Denken und Fühlen ernst nehmen und weiterentwickeln.

Aus diesem Blickwinkel erweisen sich sehr viele moderne Unternehmen als höchst unprofessionell, wenn sie die innere Dimension des Lebens ausklammern. Eine zentrale Wurzel dieses Ungleichgewichts liegt in unseren Familien und im Bildungssystem. Eigentlich sollten wir in unseren Elternhäusern und in unseren Kindergärten, Schulen und höheren Ausbildungsinstitutionen Kinder, Jugendliche und junge Erwachsene darin begleiten, sich als ganze Menschen und als soziale Wesen kennenzulernen und die damit verbundenen inneren Kompetenzen zu erlernen. Da dies nicht oder nur sehr ungenügend geschieht, fällt diese Aufgabe jetzt auf einmal den Unternehmen zu. Die wiederum fühlen sich zu Recht damit überfordert, ihre Mitarbeiter:innen in diesem Nachreifungsprozess adäquat zu unterstützen. Unternehmen müssen sich gut überlegen, welche Entwicklungsschritte und Lernsettings sie realistisch anbieten können und ab welcher Grenze andere Formen der Unterstützung, Therapien oder Führungscoachings angesagt sind.

Reflektierte Beziehungsräume gestalten

Ebenso wie in klassisch geführten Unternehmen gehen wir auch bei New Workern von einem bestimmten Grad menschlicher Reife aus. Dieser Grad variiert von Organisation zu Organisation – beinhaltet aber als Minimalstandard einen wertschätzenden und respektvollen Umgang miteinander, frei von körperlicher, emotionaler oder verbaler Gewalt. Sollten Mitarbeiter:innen diesen Standard nicht halten, müssen Unternehmen Konsequenzen ziehen. Das mag selbstverständlich klingen, wird aber in der Praxis vielfach nicht eingehalten. Dafür reicht ein Blick auf die vielfältigen strukturellen Diskriminierungen, die Frauen, Ältere, Menschen mit Behinderungen oder BIPOC (Schwarze, Indigene und People of Colour) im Arbeitsleben erfahren. Denn die Maßstäbe dessen, was als wertschätzender und respektvoller Umgang gilt, werden maßgeblich durch die mächtigste Bevölkerungsgruppe bestimmt und sind damit auch von deren unbewussten Anteilen geprägt.

Was ein weißer, ethnisch deutscher CEO mittleren Alters als wertschätzend empfindet, muss nicht mit den Vorstellungen einer jungen Projektmitarbeiter:in übereinstimmen, deren Eltern aus Italien nach Deutschland eingewandert sind. Beide können die gleiche Situation aufgrund ihres Status, Geschlechts, Alters und kultureller Zugehörigkeit sehr unterschiedlich erleben. Solange der CEO davon ausgeht, dass seine Sicht auf die Welt „normal" ist und nicht subjektiv konstruiert, wird er sein Erleben zum Maßstab für alle machen und andere Wahrnehmungen und Perspektiven exkludieren.

Wie unterschiedlich die Realität in Organisationen wahrgenommen wird, zeigt sich beispielsweise daran, wie männliche und weibliche Teams jeweils die Rolle von Macht einschätzen. Auf die Frage, ob Macht ein Thema sei, zucken die meisten Männer mit den Schultern und sagen: „Nein, wieso denn? Passt für uns!" Weibliche Teams dagegen bejahen die Frage und können meist eine Reihe von Beispielen nennen, in denen sich Machtverhältnisse negativ auf sie ausgewirkt haben.

Beide Wahrnehmungen sind auf einer Ebene wahr. Gleichzeitig wird deutlich, dass die männliche Gruppe sich mit den bestehenden Machtverhältnissen sicher und orientiert fühlt, während die weibliche eher unsicher ist und eine Diskrepanz zwischen dem Status quo und ihren eigenen Bedürfnissen spürt. Darin spiegeln sich die jeweiligen Privilegien der Gruppen: Wer die Macht hat, Strukturen aufzubauen, kann viel freier in ihnen agieren und es sich erlauben, subtile Machtdynamiken zu ignorieren. Weniger privilegierte Gruppenmitglieder, in unserem Beispiel Frauen, müssen sich an Strukturen anpassen, die sie meist nicht selbst geschaffen haben. Machtdynamiken sind für sie viel offensichtlicher, da sie sich oft an ihnen reiben. Wenn nun das männliche Team einen Transformationsprozess im Unternehmen anleitet, wird es das Thema Macht im Zweifel ausblenden, da es in seinem Erleben unwichtig ist. Damit wird der Change-Prozess aber dem Erleben und den Bedürfnissen der weniger privilegierten Gruppe nicht gerecht und zementiert zudem den Status quo.

Während in diesem Beispiel die unterschiedlichen Perspektiven offensichtlich sind, gibt es viele subtilere Situationen. So hatten wir Autorinnen vor Kurzem ein Meeting mit einer uns unbekannten Projektpartner:in. Da sie einen deutschen Namen trägt, waren wir beide unabhängig voneinander erst einmal ziemlich überrascht, dass unsere Gesprächspartner:in Schwarz war. Bei dem Namen hatten wir damit gerechnet, einem Menschen gegenüber zu sitzen, der so aussah wie wir selbst. Auch wenn die Überraschung subtil war, so beeinflusste sie die Atmosphäre und unseren Beziehungsraum. Doch während wir, die zur privilegierten Mehrheit gehörenden Autorinnen, über die kurze Irritation schnell hinwegsehen und sie als „interessantes Erlebnis“ abbuchen konnten, so gestaltete sich die Interaktion für unsere Projektpartner:in anders. Sie erzählte uns im Nachgespräch, wie sehr kleine Erlebnisse, in diesem Fall unsere Überraschungssekunde, ihr Gefühl von Zugehörigkeit beeinflussten. Wie sie gelernt hatte, sich zu wappnen, da sie sich nicht selbstverständlich zugehörig fühlte. So kam es, dass wir Autorinnen aufgrund unserer eigenen Prägung eine strukturelle Diskriminierung wiederholten. Und obwohl die in diesem Meeting gewechselten Worte respektvoll und wertschätzend waren, stand die Differenz zwischen „wir“ und „der anderen“ spürbar im Raum.

Die beiden Beispiele zeigen, dass wir in Bezug auf gemeinsame Mindeststandards an menschlicher Reife und respektvollem Umgang miteinander noch viel mehr zu lernen haben, als den meisten von uns bewusst ist. In New-Work-Organisationen haben wir darüber hinaus den Anspruch, einen reflektierten Beziehungsraum zu gestalten und transparent miteinander zu kommunizieren. Für manche Mitarbeiter:innen geht dies weit über ihre eigene Kompetenz- und Komfortzone hinaus. Sie fangen an, sich an dem Zusammenarbeitsmodell zu reiben, mitunter dagegen zu rebellieren. Viele derartige Spannungen können in Teams mittelfristig ausreichend gut abgefedert werden. Bettina hat allerdings die Erfahrung gemacht, dass meist irgendwann ein Punkt erreicht ist, an dem die rebellierende Mitarbeiter:in oder der Rest des Teams die Spannung als so destruktiv erleben, dass sie überlegen, sich zu trennen. Solche Trennungen fallen vielen Teams schwer: Sie erleben den Verlust von Mitarbeiter:innen im Kulturwandelprozess als Scheitern des Prozesses an sich. Aber New Work bedeutet nicht, alle Mitarbeiter:innen mitzunehmen. Es muss immer auch eine Option sein, dass jemand das Team verlässt oder entlassen wird. Hier gilt das Prinzip guter Organisationsentwicklung: Innen und Außen müssen zusammenpassen. Wenn dies nicht der Fall ist, können wir dies anerkennen und dementsprechend handeln.

Beziehungskompetenzen im Alltag aufbauen

All diese hier beschriebenen Beziehungskompetenzen lassen sich in den Arbeitsalltag eines Unternehmens einbauen, wie die folgenden Beispiele zeigen.

Im Hamburger Start-up *Savings United* investieren einige Teams ganz bewusst ihre Arbeitszeit darin, sich als ganze Menschen kennenzulernen. Sie tauschen sich dazu aus, was sie in ihren Jobs motiviert, aber auch was sie im Leben allgemein interessiert. Welche Ziele sie verfolgen und wo sie an eigene Grenzen stoßen. Das Team liest und diskutiert gemeinsam Bücher. In designierten Austauschrunden reflektieren Mitarbeiter:innen ihren eigenen Entwicklungsweg inklusive Problemen und Herausforderungen. Durch diese kontinuierlichen Dialogforen und -formate vertiefen sie ihren vertrauensvollen Bezug zueinander und gewinnen zugleich einen guten Überblick zu den im Team vorhandenen Kompetenzen und Lernfeldern, der es ihnen ermöglicht, Aufgaben und Rollen unabhängig vom Team-Lead kompetenzbasiert zu verteilen. Impulse für den Beziehungsaufbau im Team findet Ihr im Anhang, → S. 267.

In Unternehmen, die kompetenzbasierte Hierarchien aufbauen, nimmt der Überblick über die im Team vorhandenen und benötigten Kompetenzen einen zentralen Platz ein. Zugleich müssen Mitarbeiter:innen in der Lage sein, sich offen und konstruktiv über ihre Kompetenzen auszutauschen und einander Feedback zu geben. Damit Teams sich in solchen Gesprächen sicher fühlen, brauchen sie Orientierungspunkte. Eine Möglichkeit ist es, in einem Workshop eine Kompetenzlandkarte zu erstellen.

Die Karte hat zwei Schwerpunkte: Sie verortet Fachkompetenzen wie Produktdesign, Projektmanagement oder Programmiersprachen ebenso wie die für das Zusammenarbeitsmodell essenziellen sozialen und inneren Kompetenzen: Selbstkontakt und Selbstreflexion, transparente Kommunikation, Multiperspektivität etc. Am besten erstellen Teammitglieder die Landkarte zusammen und einigen sich auf eine Reihe von z. B. 12 Fachkompetenzen und 12 inneren Kompetenzen, die den gemeinsamen Referenzrahmen bilden. Kataloge, die über 24 Kompetenzen hinausgehen, sind unserer Erfahrung nach nicht praktikabel.

In einem nächsten Schritt werden die Kompetenzen genauer definiert und konkretisiert. Da jede Kompetenz unterschiedlich ausgeprägt sein kann, ist es wichtig, sie mit einer Skala zu versehen. Diese hilft, präzise zu beschreiben, welche Anforderungen jeweils mit den verschiedenen Levels – z. B. Basislevel, mittleres und hohes Niveau – einhergehen. Mitarbeiter:innen sollten in der Lage sein nachzuvollziehen, wie sich die jeweiligen Kompetenzen subjektiv anfühlen (Innen) und welches Verhalten (Außen) mit ihnen verbunden ist.

Das Berliner Unternehmen *Einhorn* hat für sein selbstorganisiertes Team einen fein abgestimmten Katalog mit insgesamt 16 sozialen und inneren Kompetenzen entwickelt, darunter „zielführendes Arbeiten", „Verantwortung", „Impuls geben" und „Empathie-Radar". Die Kompetenz „Empathie-Radar" beispielsweise wird definiert als „einen guten Riecher für die Charaktere und Stimmungen im Team [...] haben und mit den anderen Teammitgliedern Verbindungen herstellen [...] können." Die einzelnen Elemente wie „guter Riecher", „Charaktere und Stimmungen" sowie „Verbindungen herstellen" werden dann nochmals definiert und konkretisiert, indem passende Verhaltensweisen und Haltungen beschrieben werden. Der Katalog dient nicht dazu, dass alle Teammitglieder sämtliche Kompetenzen erfüllen müssen, sondern dass sie sich in Bezug auf die Kompetenzen selbst reflektieren und verorten können. Sie stellen sich Fragen wie: Was kann ich schon? Was möchte und muss ich lernen?

Zweimal jährlich verabreden sich *Einhorn*-Mitarbeiter:innen in unterschiedlichen Konstellationen miteinander, um sich anhand des Kompetenzkatalogs Feedback zu geben und den eigenen Lernprozess zu gestalten. Zusätzlich dient der Katalog als Basis fürs alltägliche Feedback.

Die Kompetenzlandkarte als Basis für Feedback

Bevor Teams ihre eigene Kompetenzlandkarte erstellen, können sie sich dem Thema annähern und einen gemeinsamen Referenzrahmen erarbeiten, indem sie einen der vielen Kompetenztests machen, z. B. das (kostenpflichtige) *CliftonStrengths Assessment* oder den (kostenlosen) *Red Bull Wingfinder*. In einem ersten Schritt macht jedes Teammitglied den Test für sich. Danach verabreden sich die Teammitglieder untereinander zu Zweier-Treffen, um sich gegenseitig ihre Ergebnisse zu präsentieren und ihre Testergebnisse zu reflektieren. So sagt eine Kolleg:in beispielsweise:

„Bei ‚Kooperationsbereitschaft' habe ich 8 von 10 Punkten erreicht. Das hat mich sehr gefreut, denn ich selbst erlebe mich auch offen und neugierig und zu allem bereit." Danach geben sich die Kolleg:innen wechselseitig Feedback. Um bei unserem Beispiel zu bleiben, bemerkt dann vielleicht ihre Kolleg:in: „Ich höre, dass das Testergebnis Dich in Bezug auf Deine Kooperationsbereitschaft bestätigt hat. Mich überrascht das. Denn in unserer Zusammenarbeit erlebe ich oft, dass Du neue Vorschläge oder Ideen erst einmal abschmetterst. Wenn ich an die letzten drei Monate zurückdenke, hast Du den meisten meiner Vorschläge eine Absage erteilt. Ich musste wirklich insistieren, bevor Du Dich mit ihnen auseinandergesetzt hast."

Wie dieses Beispiel zeigt, geht es bei dieser Übung weniger um die Testergebnisse an sich, als darum, Selbst- und Fremdwahrnehmung zwischen zwei Personen abzugleichen. Der Test (als empirisches Instrument) hilft uns, uns zu orientieren und stellt einen sicheren Rahmen dar, innerhalb dessen uns der ungewohnt offene Austausch leichter fällt.

Kompetenztests und Landkarten bilden die Grundlage für Feedbackgespräche zwischen Peers im Alltag und in der Gruppe. Über den bilateralen Austausch schaffen sich Teams einen stabilen psychologischen Rahmen, in dem sie realistisch über Kompetenzen diskutieren können. Unserer Erfahrung nach ist es vor allem am Anfang hilfreich, wenn solche Gespräche moderiert werden, entweder von einem kompetenten Teammitglied oder von einer externen Begleitung. Dabei achtet die Moderator:in darauf, dass Mitarbeiter:innen zugleich durchaus direkt, ehrlich und kritisch UND aufeinander bezogen sind. Das heißt, dass sie Kritik üben können und den gemeinsamen Beziehungsraum aufrechterhalten. So kann eine Kolleg:in zwar klare Kritik üben und sagen: „Ich für meinen Teil glaube nicht, dass Du die Fähigkeit hast, dieses große Projekt erfolgreich durchzuführen, weil ich erlebt habe, wie Du in Projekt XY zu wenig Finanzkompetenz / technologischen Überblick / diplomatisches Fingerspitzengefühl hattest". Dadurch, dass sie dies aber auf eine zugewandte Weise sagt und ihr Gegenüber fühlend auf dem Schirm hat, wird daraus eine konstruktive Diskussion und keine Bedrohung.

Kompetenzbasiert bedeutet kompetenzreflektiert

Wenn Teams solche Gespräche führen können, sind sie in der Lage, kompetenzbasiert zu arbeiten, das heißt, neue Rollen und Aufgaben schnell und verantwortungsvoll untereinander zu verteilen. Bei allen Gesprächen versuchen wir, den 4-Sync mit einzubeziehen.

Dazu eine Geschichte aus der Praxis: In einem unserer Workshops beobachteten wir ein Feedbackgespräch zwischen einem Ex-Chef und einer Mitarbeiterin. Das Unternehmen war gerade dabei, sich selbstorganisiert neu aufzustellen und der ehemalige Chef war jetzt ein Kollege geworden. Aber es war deutlich, dass die Mitarbeiterin sich dem ehemaligen Chef gegenüber noch nicht als gleichberechtigt empfand. Das Feedbackgespräch fing damit an, dass der ehemalige Chef sehr vorsichtig Kritik übte. Sobald er sprach, war deutlich zu spüren, wie unangenehm das Gesagte für die Kollegin war. Sie verteidigte sich und erklärte atemlos und etwas unzusammenhängend, wieso sie sich in der beschriebenen Situation so verhalten hatte. Der Ex-Chef bemerkte ihren Stress und versuchte sie zu beruhigen. Seine Kritik sei nicht hart gemeint gewesen und er würde wirklich gerne ihre Perspektive hören. Beide kommunizierten vorwiegend auf der mentalen Ebene miteinander, und obwohl der Ex-Chef sichtlich bemüht war, nett und verständnisvoll zu sein, drehte sich das Gespräch im Kreis.

In einer zweiten Runde baten wir die Beiden, sich zu trauen, ihre Gefühle und Körperwahrnehmungen mit ins Gespräch einzubeziehen. Die Veränderung war offensichtlich. Nachdem sie ihr Feedback erhalten hatte, beschrieb die Kollegin ihre inneren Empfindungen. Sie fühlte sich körperlich wie „an die Wand gedrückt“ und total angespannt. Gefühle habe sie keine, alles sei verschwommen und diffus. Sie hätte den Ex-Chef zwar verbal gehört, aber nicht richtig verstanden und nur irgendetwas erwidert, weil das von ihr erwartet werden würde. Nun ist Diffusität eine beliebte Strategie des Körpers, sich vor zu viel Angst zu schützen. Es war also offenbar, dass das durchaus freundliche Feedback von ihr als bedrohlich und gefährlich empfunden wurde. In dieser Situation war es für die Kollegin natürlich unmöglich, ein konstruktives Gespräch mit ihrem Ex-Chef zu führen, von Augenhöhe ganz zu schweigen. Doch sobald sie die Erlaubnis hatte, ihre eigenen Wahrnehmungen und Gefühle zu verbalisieren, veränderte sich die Atmosphäre deutlich. Der Körper der Mitarbeiterin entspannte sich und sie konnte sich und ihr Gegenüber wieder klar sehen. Auch der Feedbackgeber sank mehr in seinen Körper hinein und sprach langsamer und bezogener. War der erste Kontakt sehr mental und zweidimensional, so verwandelte er sich in der zweiten Runde deutlich wahrnehmbar in eine entspannte und dreidimensionale Beziehung.

Wenn Mitarbeiter:innen regelmäßig die Erfahrung machen, wie sehr sich rein intellektuelle Gespräche von ganzheitlichen Begegnungen unterscheiden und wie viel sicherer, kreativer und auch konfliktbereiter Letztere sind, werden sie diese Qualität mehr und mehr in ihre Kultur einfließen lassen.

Gemeinsam lernen mit Spannung umzugehen

Eine schöne Möglichkeit in Teams subtile Wahrnehmung zu üben und die Angst vor Konflikten sukzessive abzubauen, ist die sogenannte Energiewächter:in. Dabei bestimmen Teams vor dem Beginn eines Meetings eine Person, deren Aufgabe es ist, die Atmosphäre und Energie im Raum zu beobachten und auf für das Meeting abträgliche Veränderungen, Spannungen und latente Konflikte hinzuweisen. Dazu gehören spürbar aufgeladene und spannungsreiche Momente ebenso wie ungewöhnlich stille, taube oder unbeteiligte Stimmungen. Die Energiewächter:in stoppt das Meeting und teilt ihre Wahrnehmung (ohne zu interpretieren oder zu urteilen). Sie fragt, ob die anderen das Gleiche beobachten. Ist dies der Fall, überlegt die Gruppe, was es braucht, damit das Meeting wieder produktiv wird. Die Teilnehmer:innen können sich zum Beispiel reihum dazu äußern, was ein nächster Schritt sein könne und was sie selbst dazu beitragen können. Die Bandbreite der Vorschläge kann groß sein. Von „Lass uns eine kurze Pause machen, damit jeder Zeit hat, seine Dinge zu erledigen und wir danach wieder ganz bei der Sache sein können“ über „Lass uns die Agenda stoppen und die Spannung im Raum erforschen. Ich bringe mich dabei ehrlich und direkt ein“ bis „Wir bitten Personen A und B sich im Anschluss an das Meeting ihrem Konflikt zu widmen und unserer Gruppe den Ausgang des Gesprächs mitzuteilen. Falls sie Unterstützung brauchen, stehe ich dafür gerne zur Verfügung“. Auf diese Weise werden Störungen zum einen als normale Bestandteile des Arbeitsalltags anerkannt statt tabuisiert. Zum anderen können unterschwellige und auch den meisten Anwesenden unbewusste Signale in der Gruppe thematisiert und bearbeitet werden. Der Energiewächter:in kommt dabei die

Funktion zu, die Anwesenden auf mögliche Bedürfnisse und Herausforderungen aufmerksam zu machen. In die Lösungssuche an sich sind wiederum alle Teilnehmer:innen einbezogen. Sie müssen sich in solchen Situationen mit ihren Reflexionskompetenzen einbringen und Mut zeigen, unbequeme oder tabuisierte Themen anzusprechen.

Werte pflegen

Um die Werte im Team lebendig zu halten, aber auch um besser zu verstehen, wie unterschiedliche Teammitglieder ihre Arbeitswelt erleben, hat das *betterplace lab* eine weitere Praxis entwickelt: die wöchentliche Diskussion um die „Lab-Werte“. Nach dem Check-in im wöchentlichen Team-Meeting betrachten alle Anwesenden eine Grafik mit den acht Leitwerten der Organisation. Jedes Teammitglied ist aufgefordert, sich zu überlegen, welche Werte er oder sie in der letzten Woche aktiv erlebt hat. Die Kolleg:innen berichten von ihren Erlebnissen im Team, mit Kunden oder anderen Stakeholdern, die sie mit diesen Werten verbinden. Es können genauso gut aber auch Geschichten sein, wo diese Werte verletzt wurden und die Kolleg:innen sich bewusst geworden sind, wie viel der Wert ihnen bedeutet. Obwohl diese Reflexionsübung nur wenige Minuten dauert, führt sie dazu, dass sich das Team regelmäßig auf sehr lebendige und persönliche Art mit den festgelegten Unternehmenswerten beschäftigt.

Innen und Außen bewusster navigieren

Mit der Zeit sammeln Teams immer mehr Erfahrungen, wie sehr ihre Innenwelten ihr Verhalten und damit auch die Umsetzung von Strukturen und Prozessen beeinflussen. Sie lernen Neues über sich und ihre Kolleg:innen ebenso wie über Zusammenarbeit und über Führung an sich. So verstehen sie, dass Strukturen und Prozesse allein noch nicht für Klarheit und Orientierung sorgen. Denn wir alle leben äußere Strukturen gemäß unseren unterschiedlichen Innenwelten unterschiedlich aus. Wenn Teams dagegen lernen, sich auf Basis der vorhandenen Prozesse und Strukturen einen sicheren und stabilen Beziehungsraum zu gestalten, können sie ihr gemeinsames Potenzial entfalten. Dazu gehört, dass sie Spannungen als wichtige Hinweisschilder für die Teamdynamik wahrnehmen und diese bearbeiten. Teams, die mit Bettina arbeiten, lernen das Prinzip „Spannungen haben

Vorrang“ aus der Themenzentrierten Interaktion (TZI) und können es bei Bedarf einsetzen. Hilfreich können sogenannte Clear the Air Meetings sein (nach Georg Tarne von *Soulbottles*). In diesem Format treffen sich Teams, um bewusst Spannungen anzusprechen und zu bearbeiten. Am Anfang lassen sie sich dabei gegebenenfalls von einer Moderator:in begleiten. Ebenso wie ein klar strukturierter Feedbackprozess helfen fest verabredete Formate dabei, Spannungen zeitnah zu bearbeiten und robuste Konfliktkompetenz aufzubauen.

Innere Kompetenzen sind eine Voraussetzung für New Work – ohne sie können wir nicht kompetenzbasiert zusammenarbeiten. Gleichzeitig beeinflussen sie maßgeblich die Qualität jedes Zusammenarbeitsmodells. Auch Ministerien funktionieren besser, wenn ihre Mitarbeiter:innen klar und empathisch miteinander kommunizieren können.

Beziehungskompetenzen ermöglichen bessere Lösungen

Die hier beschriebenen Beziehungskompetenzen ermöglichen auch eine ganz neue Form der inhaltlichen Exzellenz. Bei Teamarbeit unterscheiden wir zwischen Kollaboration und Kooperation. Unserer Erfahrung nach kooperieren die meisten Teams miteinander. Das heißt, Mitarbeiter:innen kommen zusammen, um ein Projekt oder eine Aufgabe umzusetzen. Sie verteilen die Aufgaben untereinander und arbeiten diese, oft nebeneinander, ab. Wenn sich Aufgabenfelder oder Rollen ins Gehege kommen, versuchen Mitarbeiter:innen ihre jeweiligen Mandate untereinander auszuhandeln. Kooperative Teams verfolgen ein gemeinsames Ziel, ohne dabei eine gemeinsame Perspektive auf das größere Ganze, den übergeordneten Kontext, zu entwickeln. Sie identifizieren sich mit einer Teilaufgabe oder der Rolle, die sie innerhalb eines größeren Projekts übernehmen. Wenn es eine designierte Projektleiter:in gibt, erwarten sie von ihr, dass sie den Gesamtüberblick hält, Spannungen moderiert und bei Konflikten eine Entscheidung trifft. Aber auch unabhängig davon, ob es eine Projektleiter:in gibt, entstehen in den wenigsten kooperativen Prozessen co-kreative Dialoge, in denen alle Beteiligten sich mit ihrer Perspektive und Kreativität im Sinne des großen Ganzen einbringen.

Kollaboration dagegen zeichnet sich durch die sogenannte Co-Kreativität aus. Darunter verstehen wir die Fähigkeit von Teams, einen offenen, von Neugier und Experimentierfreudigkeit geprägten Dialog zu führen.

Statt eigene Ideen zu verteidigen oder diese für sich zu beanspruchen, sind Teammitglieder daran interessiert, das höchste Potenzial der Gruppe in Bezug auf die gemeinsame Aufgabe zu entfalten und bringen sich dementsprechend großzügig mit ihren jeweiligen Kompetenzen in den Prozess ein. Co-Kreativität ist damit vor allem eine Frage der Haltung und des Beziehungsraums zwischen den Beteiligten. Haltung ist entscheidend, weil diese Form des Austausches nur denjenigen sinnvoll erscheinen wird, die sich von Potenzialentfaltung motivieren lassen. Der Beziehungsraum wiederum ist so essenziell, weil wir uns nur dann neugierig und offen begegnen können, wenn wir uns ausreichend sicher fühlen.

Um einen solchen sicheren Beziehungsraum miteinander zu gestalten, braucht es Inner Work. Nur wenn Menschen sich als ganze Menschen, authentisch und ehrlich, begegnen, wenn sie sich selbst reflektieren und empathisch aufeinander beziehen, entstehen Sicherheit und Vertrauen. Co-kreative Gruppen müssen nicht harmonisch sein. Im Gegenteil: Aufeinander bezogene Menschen können auch mit Spannungen und Differenzen umgehen. Sie können sich so akzeptieren, wie sie gerade sind. Auch wenn die Kolleg:in gerade nervt und sie „schwierig" ist, fühlen sie sich mit ihr verbunden.

Trotz Spannung in Beziehung zu bleiben, fällt den meisten schwer. Spannung stresst uns. Und da wir nicht gelernt haben, innere Spannungen zu halten, entlasten wir uns gewohnheitsmäßig dadurch, dass wir den Kontakt zu unserem „schwierigen" Gegenüber abbrechen. Doch wenn wir uns im Konfliktfall voneinander abwenden, entfernen wir uns nicht nur immer weiter von co-kreativen, tragfähigen Lösungen. Wir zementieren dadurch auch eine Kommunikationskultur, in der Spannungen und Konflikte als gefährlich angesehen und systematisch umgangen werden.

Inner Work ermöglicht es uns, Spannung einzubeziehen oder sie gemeinsam zu halten, anstatt vor ihr zu flüchten. So können wir auch in kontroversen Situationen miteinander verbunden bleiben.

Stell Dir vor, Du hast eine enge Beziehung zu einer Kollegin und bist Dir ganz sicher, dass sie – ganz egal was Ihr Euch sagt – den Kontakt mit Dir als Mensch nicht abbrechen wird. Du kannst ihr ehrlich sagen, was Dich bewegt, was Du denkst und brauchst. Wenn Ihr nun miteinander einen Konflikt habt, zum Beispiel weil sie findet, dass Du mit einer Kund:in viel zu nachgiebig gewesen bist, jagt Dir ihre Kritik keinen Schrecken ein. Im Gegenteil, Du fühlst den Vertrauensraum noch deutlicher als sonst und die Chance, die darin steckt, dass Du Dich ihr gegenüber noch mehr öffnen kannst. Dass Du ganz Du selbst sein kannst, nichts vor ihr verstecken musst, weil Du ihr auf der Beziehungsebene nah und verbunden bist.

Nun erleben die wenigsten Menschen die Beziehung zu ihren Kolleg:innen so stabil und bezogen. Das muss auch nicht sein. In einem Team reicht es, wenn individuelle Mitglieder insgesamt eine ausreichend sichere Basis miteinander haben und sich aufeinander als Menschen (und nicht nur als Funktionsträger:innen) beziehen können. Der Gruppencontainer ermöglicht es dann auch den Teammitgliedern, die keine so sichere Beziehung zueinander haben, kritische Situationen anzusprechen. Mit wachsendem Vertrauen sind immer mehr co-kreative Diskussionen möglich und Teams beginnen zu kollaborieren statt zu kooperieren.

Kollaborative Teamarbeit ist unabhängig vom Zusammenarbeitsmodell notwendig, um der Komplexität der Welt zu begegnen und adäquate Antworten auf die überwältigenden Stapelkrisen zu entwickeln. Menschen, die sich nur in ihren funktionalen Rollen und mit ihrer rationalen Seite begegnen, sind unfähig, das Potenzial ihrer kollektiven Intelligenz so zu entwickeln, wie es für die nächste Phase der Menschheit erforderlich ist. Wir brauchen stabile Beziehungsräume, in denen wir uns als ganze Menschen entfalten, um die BANI-Welt (brüchig, ängstlich, nicht-linear und unverständlich) zu meistern.

Leitfragen

? Wähle eine bedeutsame Beziehungssituation der letzten Monate aus und reflektiere die folgenden drei Ebenen des Beziehungsraums:
- Wie hast Du Dich in der Situation gefühlt und was hast Du nicht wahrgenommen?
- Wie hast Du Dein Gegenüber gefühlt und was hast Du nicht wahrgenommen?
- Was glaubst Du ist in Deinem Gegenüber vorgegangen? Wie hat Dein Gegenüber Dich wahrgenommen und welche Aspekte hat es von Dir gefühlt?

? Nutze ein nächstes Gespräch, um folgende Fragen zu reflektieren:
- Wie höre ich zu und wie spreche ich?
- Wie bezogen, offen und neugierig bin ich?
- Aus welchen Ebenen meines 4-Syncs spreche ich? Welche Informationen exkludiere ich während des Sprechens und Zuhörens?

? Reflektiere für Dich, welche Qualitäten in Beziehungsräumen Dir guttun.

- Wann fühlst Du Dich sicher und zugehörig?
- Welche Qualitäten ermöglichen es Dir, in Beziehung frei und autonom zu sein?
- Was findest Du in Beziehungen schwierig? Und wie gehst Du damit um?

? Ergibt die Unterscheidung zwischen Kooperation und Kollaboration für Dich Sinn? Wie erlebst Du Dich selbst, wenn Du kooperierst, wie wenn Du kollaborativ arbeitest? Wo bist Du jeweils in Deiner Komfortzone? Was ist für Dich herausfordernd?

Kapitel 7

Feldkompetenzen: Ein Deep Dive

The view in the valley floor is good, but if you never climb, you will not know that there are many other valleys, and mountain ranges nearby, which are not only beautiful in themselves, but which help you see why good work needs to be done in the valley at all.

Iain McGilchrist

Die dritte Gruppe von inneren Kompetenzen ist die anspruchsvollste und bislang am wenigsten erforschte. Zugleich ist sie für uns das spannendste Lernfeld. Wir nennen die Fähigkeiten, die uns befähigen, die Welt multiperspektivisch zu erleben, Komplexität zu navigieren und wirklich Neues in die Welt zu bringen, Feldkompetenzen. Feldkompetenzen bauen auf den individuellen Kompetenzen und den Beziehungskompetenzen auf, gehen aber weit über sie hinaus. Sie verlangen von uns eine subtilere Wahrnehmung und einen größeren Innenraum, mit dem wir große, multidimensionale Bewegungen wahrnehmen können. Sie befähigen uns, ein Prozessbewusstsein zu entwickeln, das heißt, deutlich wahrzunehmen, was wir wie und warum tun. Indem wir lernen, Muster und Bewegungen zu sehen, die über unsere individuelle Perspektive hinausragen, gelingt es uns, subtile Informationen im Zwischenraum, zwischen dem schon konkret manifesten und dem sich emergent anbahnenden, zu entdecken.

Hier möchten wir auf drei dieser Kompetenzen genauer eingehen: Multiperspektivität, Metareflexion und den Umgang mit Potenzialität. Letzterer hängt eng mit Purpose zusammen, dem wir ein eigenes Kapitel (Kapitel 10) widmen.

Wieso braucht es Feldkompetenzen?

In einer globalisierten Welt treffen immer mehr unterschiedliche Menschen mit divergierenden Haltungen aufeinander. Viele Unterschiede und Wahrheitsansprüche scheinen sich dabei gegenseitig auszuschließen. Wenn ich Recht habe, dann muss eine andere, davon abweichende Meinung falsch sein. So polarisieren wir uns immer mehr und die Kluft zwischen unterschiedlichen Gruppen erscheint unüberbrückbar. Das ist besonders alarmierend, weil wir angesichts der brennenden Metakrisen in Bereichen wie Klima, mentale Gesundheit oder digitale Überwachung dringend Lösungen brauchen, die von vielen Menschen mitgetragen werden. Neue Lösungen – im großen gesellschaftlichen Maßstab ebenso wie im Rahmen vieler Produktentwicklungen – werden aber nur dann entstehen, wenn wir unsere eigene Meinung und Wahrnehmung nicht als die einzige Wahrheit ansehen, sondern sie als EINE kontextgebundene Perspektive von vielen auf Realität ansehen. Es geht darum, gleichzeitig verschiedene Perspektiven in sich abbilden zu können und die innerliche Spannung zu halten, die die meisten dabei erfahren werden. Menschen, die sich selbst gut fühlen können und gelernt haben, ihre Filter und Prägungen mehr und mehr realistisch zu sehen, erleben die Außenwelt differenzierter. In ihrem Innenraum tauchen viele verschiedene Facetten des Lebens gleichzeitig auf. Indem sie aus ihren Mindset-Silos ausbrechen, können sie Teil von verfeinerten und ausgereiften Lösungen für komplexe Probleme sein. Die Kompetenz der Multiperspektivität ist für unsere Kollaborationsfähigkeit unabdingbar und eröffnet einen neuen Raum, in dem auch sehr diverse und konträr gegenüberstehende Haltungen und Verhaltensweisen auf einer übergeordneten Ebene bearbeitet werden können.

Ebenso wie Multiperspektivität von Menschen fordert, dass sie sich gleichzeitig aus ihrer unmittelbaren Identifikation lösen, das heißt, herauszoomen können und ihrem Gegenüber sensibel nahekommen, so ist es auch mit der Metareflexion. In dem Moment, in dem Unternehmen Führung breiter verteilen, müssen mehr Menschen einen übergeordneten Blick für die Prozessebene und das „große Ganze" entwickeln. Denn anders als in herkömmlichen hierarchischen Unternehmen treffen nicht mehr nur die Chef:innen an der Spitze weitreichende Entscheidungen, sondern viel mehr Mitarbeiter:innen. Diese müssen dann auch breitere Ausschnitte der Unternehmung auf dem Schirm haben – von der Organisation als solcher, über das Marktgeschehen bis hin zu technologischen Trends oder regulatorischen Entwicklungen. Für Mitarbeiter:innen, die bislang nur für einen überschaubaren Bereich im Unternehmen verantwortlich waren, jetzt aber strategische Entscheidungen fällen sollen, die das ganze Unternehmen betreffen, ist dies meist ziemlich herausfordernd. Sie müssen an ihrer Fähigkeit arbeiten, den Blick zu weiten und Komplexität zu navigieren, statt von ihr überwältigt zu sein.

Dazu gehört auch, Potenziale erfassen zu können und sich vom Unbekannten nicht einschüchtern zu lassen. In unserer gegenwärtigen Zwischenzeit, einer Epoche, in der das dominante industrielle Paradigma von einem noch undeutlich erkennbaren digitalen Paradigma abgelöst wird, geht es in vielen Lebensbereichen nicht mehr darum, ein bisschen am Geschäftsmodell zu schrauben oder den Produktionsprozess ein paar Prozent effizienter zu machen. Bei dem aktuellen disruptiven Wandel steht viel auf dem Spiel, und wenn nicht sogar das Überleben der Menschheit als solches, so zumindest eine lebenswerte Umwelt und freiheitliche Gesellschaft. Umso wichtiger ist es, dass wir mutige und verantwortungsvolle Entscheidungen treffen und schnell aus Fehlern lernen. Wenn die Vergangenheit kein adäquater Leitfaden für die Zukunft ist, brauchen wir neue Kompetenzen, um „aus der Zukunft zu führen" (Scharmer, 2017). Diese erfordern ein tiefes Verständnis des Innovationsprozesses und Kapazitäten wie Intuition, Inspiration und Sensemaking.

Multiperspektivität – Verschiedene Erfahrungen gleichzeitig wahrnehmen

Multiperspektivität erscheint auf den ersten Blick eng an Empathie gekoppelt, geht jedoch über sie hinaus. Bei einer empathischen Begegnung schwinge ich mit meinem Gegenüber mit. Ich kann ihn fühlen und verstehen, da mir sein Erleben und seine Emotionen zugänglich sind. Eine Kolleg:in hat lange an einem Deal gearbeitet, doch kurz vor dem Abschluss zieht sich die Vertragspartner:in zurück. Ich sehe ihr die Enttäuschung nicht nur physisch an, ich kann sie unmittelbar nachempfinden. Ihre Verfassung ruft in mir ähnliche körperliche und emotionale Reaktionen hervor. Empathische Menschen können die Gedanken, Gefühle und Motive anderer Menschen wahrnehmen. Konfrontiert mit einer wütenden Kolleg:in denken sie nicht, dass sie fröhlich oder traurig ist.

Multiperspektivität unterscheidet sich dahingehend, dass es sich nicht „nur" um Resonanz, sondern um einen wirklichen Perspektivwechsel handelt. Dabei ist es mir möglich, in meinem Gegenüber nicht nur die inneren Vorgänge nachzuvollziehen, die ich aus eigener Erfahrung kenne. Sondern ich kann mich auch in Menschen mit ganz anderen Lebenserfahrungen hineinversetzen und aus deren Blickwinkel empfinden. Der Grad meiner Multiperspektivität wiederum basiert auf meiner Fähigkeit, Unsicherheit, Vieldeutigkeit und Paradoxien zur Kenntnis zu nehmen und mit ihnen umgehen zu können. Diese Ambiguitätstoleranz befähigt mich, unterschiedliche (auch widersprüchliche) Informationen gleichzeitig in mir wahrzunehmen, ohne sie bewerten oder verändern zu müssen. Wenn mir das gelingt, kann ich die Welt multiperspektivisch erfahren und auch in komplexen Situationen sicher navigieren.

Um die Welt multiperspektivisch wahrzunehmen, mache ich mich innerlich möglichst leer und öffne mich für die Informationen, die mein

Gegenüber aussendet. Dies ist ein überwiegend intuitiver Prozess, bei dem sich mein Nervensystem von dem Nervensystem des anderen informieren lässt und dabei auch Informationen empfängt, die ich aus meinem eigenen Leben so nicht kenne und die über meinen inneren Resonanzraum hinausgehen. Ich kann wahrnehmen, wieso die Kandidat:in im Vorstellungsgespräch gerade so unter Stress kommt oder eine Kolleg:in eine Meinung vertritt, die meiner diametral entgegengesetzt ist.

Die Coronapandemie bot hierfür ein ideales Lernfeld. Wir Autorinnen wurden in den letzten Jahren jedenfalls immer wieder an die Grenzen unserer Multiperspektivität getrieben, wenn wir mit Menschen zusammentrafen, die ganz andere Haltungen zu Corona und den politischen Maßnahmen rund um die Pandemie vertraten. Wir konnten unsere Trigger wahrnehmen, die uns veranlassten, die andere Meinung spontan abzuwehren. Wenn es uns dann gelang, ganz bei uns zu bleiben und unsere Reaktionen zu beobachten, traten interessante Erkenntnisse zutage.

Joana merkte, wie sich ihr Brustkorb zusammenzog und sie den gefühlten Kontakt zu ihrer Gesprächspartner:in intuitiv abbrach. Hinter diesem Reflex lag Unsicherheit: um sich selbst sicher zu fühlen, musste sie mit ihrer Corona-Haltung „recht" haben, während der andere „falsch" war. Diese Erkenntnis ermöglichte es ihr, sich wieder selbst zu regulieren, sich mehr zu entspannen und ihre Gesprächspartner:in als ganzen Menschen wahrzunehmen und sie in ihrem Empfinden ernst zu nehmen. Sie stellte sich dann innerlich Fragen wie: Welche Lebenserfahrung hat dieser Mensch gemacht, dass er der Politik und Wissenschaft so misstraut? Was erlebe ich in mir in diesem Moment? Beim Einstimmen auf ihre eigene Reaktion und den Kontakt mit dem anderen erweiterte sich der Beziehungsraum und sie konnte ihrem Gegenüber nicht nur tiefer zuhören, sondern gleichzeitig seine Haltung und Reaktion auch klarer in sich selbst auftauchen lassen.

Während wir in Empathie den Anderen und sein Erleben ausgehend von uns selbst mitfühlen, erlaubt uns Multiperspektivität ein Verständnis auch jenseits grundsätzlich unterschiedlicher Lebenserfahrungen und ideologischer Gräben. Die Welt des anderen kann mehr und mehr unabhängig von unseren eigenen Gefühlen, Prägungen und Filtern in uns auftauchen. Multiperspektivität bedeutet allerdings nicht, dass man alles hinnimmt.

Im Gegenteil. Ohne impulsiv zu reagieren, ist es möglich, deutliche und klare Grenzen zu setzen. Ich nehme Dich und Deine Perspektive wahr, ich beziehe mich auf Dich und ich bin ganz und gar anderer Meinung. Multiperspektivität ist Gleichzeitigkeit und in ihr transformiert sich unsere Welt von „Ja, aber“ zu „Nein, und“. Wir verlassen eine Welt, in der wir weite Teile der Realität ausschließen müssen, um uns sicher und stabil zu fühlen und betreten eine Welt, in der wir gemeinsam die Spannung von widersprüchlichen Perspektiven, Situationen und Interaktionen halten können. Erst aus diesem Raum heraus ist es möglich, gemeinsam wirklich neue Lösungen für die aktuellen Herausforderungen zu entwickeln.

Gerade in Teams mit Mitarbeiter:innen, die sich aufgrund von Klassenzugehörigkeit, Herkunft, Hautfarbe oder anderer Identität prägender Merkmale stark voneinander unterscheiden, ist Multiperspektivität eine Voraussetzung für respektvolle, konstruktive Zusammenarbeit. (Mit diesem Thema werden wir uns in Kapitel 9 noch ausführlicher beschäftigen). In einer Welt, in der viele Themen stark politisiert sind, werden Perspektivwechsel immer wichtiger und lenken unsere Aufmerksamkeit darauf, wie unterschiedlich Menschen die gleichen Erfahrungen und Situationen einschätzen können.

Dazu ein Beispiel aus den USA. Als Colin Kaepernick, damals Quarterback der *San Francisco 49ers*, 2016 während des Abspielens der Nationalhymne im Stadion auf die Knie ging, sahen darin manche eine respektvolle Geste, ein Zeichen friedlichen Protests gegen Rassismus und Polizeigewalt. Am anderen Ende des politischen Spektrums wurde der Kniefall als eine groteske Beleidigung des Landes interpretiert, als feindlicher Stunt eines Football-Spielers, der den Kulturkrieg mitten in einen der wenigen Bereiche der amerikanischen Gesellschaft hinein brachte, der noch nicht ideologisch gespalten war. Wie bei einem Rorschachtest sahen die Menschen zwar dasselbe, verstanden es aber auf sehr unterschiedliche Weise.

Multiperspektivität und Exklusion

Multiperspektivität ist dementsprechend unsere Fähigkeit, hinter die Fassade zu blicken und den spezifischen Kontext eines Verhaltens, einer Äußerung oder einer Reaktion miteinzubeziehen. Ein wichtiger Teil dieser multiperspektivischen Kontextualisierung ist unsere Fähigkeit, die strukturellen Dimensionen von Exklusion immer präziser und bewusster wahrzunehmen. Und insbesondere zu sehen, wie wir selbst bewusst oder unbewusst zu ihnen beitragen.

Bettina erlebt immer wieder, dass Teams davon überzeugt sind, sie würden auf Augenhöhe miteinander sprechen. Aber dies ist nur selten wirklich der Fall. In vielen Teams bestehen Machtunterschiede auch dann noch, wenn die formale Hierarchie aufgelöst wurde. Sie sind vielleicht subtiler als vorher, beeinflussen aber dennoch das Verhalten der Beschäftigten. Zudem finden wir in allen Unternehmen die Abdrücke struktureller Diskriminierungen, die unsere Gesamtgesellschaft prägen. Selbst in vermeintlich homogenen Teams – in denen die Mitarbeiter:innen einen ähnlichen Bildungshintergrund haben und zur weißen Mainstream-Gesellschaft gehören – finden wir implizite Machthierarchien. Sie drücken sich darin aus, dass manche Menschen sich in ihrer Person und Rolle sicherer fühlen als andere. Einige fühlen sich zugehörig, während andere ständig das Gefühl haben, sich beweisen zu müssen. Dies kann mit persönlichen Lebensumständen zu tun haben, ist aber auch Ausdruck struktureller Ungleichheiten. Teams, die es schaffen, solche Machtdynamiken miteinander zu besprechen und sich multiperspektivisch aufeinander zu beziehen, können aus den vorgezeichneten Pfaden struktureller Ungerechtigkeiten heraustreten und flüssiger zusammenarbeiten. Darüber hinaus sind sie viel menschlicher.

Metareflexion – Die Tanzfläche vom Balkon aus wahrnehmen

Perspektivwechsel basieren auf der Fähigkeit, genügend Abstand zwischen sich und dem Erleben der Welt zu haben, sodass andere Menschen und Haltungen in einem selbst auftauchen können. Und zwar ohne dass wir sie abwerten, beurteilen oder anderweitig interpretieren. Diesen Abstand bezeichnen wir in diesem Buch als inneren „Raum“. Das Gleiche gilt für die Fähigkeit zur Metareflexion. In *New Work needs Inner Work* beschreiben wir diese Kompetenz anhand des Gleichnisses von der Tanzfläche und dem Balkon von Ronald Heifetz (2009). Dieser verwendet das Bild des Balkons, von dem wir auf die Tanzfläche schauen, auf der wir uns zuvor getummelt haben, um die geistige Aktivität des Zurücktretens vom Geschehen zu beschreiben. Erst aus der Distanz des Balkons können wir größere Zusammenhänge verstehen und die Frage „Was ist hier wirklich los?“ beantworten.

Metareflexion bezieht sich auf die Fähigkeit, den Fokus der Wahrnehmung flüssig zwischen Tanzfläche und Balkon hin- und herzubewegen:

Mitarbeiter:innen, die dazu in der Lage sind, können sowohl ihre eigene Meinung in einem Meeting vertreten, als auch aus dem direkten Geschehen herauszoomen und die Dynamik unter den teilnehmenden Kolleg:innen aus der Vogelperspektive, eben „vom Balkon aus", beobachten. Metareflexion geht mit einem Bewusstsein für den Prozess als solchen beziehungsweise für die Bewegungen innerhalb eines Feldes einher. Wir bezeichnen damit die Fähigkeit, unsere eigenen kollektiven, kulturellen und mentalen Modelle und damit die Filter, durch die wir Realität sehen, wahrzunehmen. Viele Aspekte unserer Arbeit, aber natürlich auch der gesellschaftlichen Entwicklung als Ganzes können wir nur adäquat verstehen und gestalten, wenn wir aus dem aktuellen Geschehen heraustreten. Hören wir wirklich innovativen Menschen zu, Mathematikern und Naturwissenschaftlern ebenso wie Künstlern, so sprechen sie von Mustern und Bewegungen, die sie im Moment der Inspiration wahrgenommen haben. Muster und Bewegungen können wir aber nur wahrnehmen, wenn wir aus dem engen Spezialistentum heraustreten. Wenn wir uns, so Iain McGilchrist, über das Loch, das wir gerade graben, erheben. In Kapitel 11 kommen wir auf den schottischen Neurowissenschaftler und Philosoph ausführlicher zurück.

Um die eigenen Dynamiken besser zu verstehen, ist dieser umfassendere Blick wichtig. Gillian Tett, Sozialanthropologin und Redakteurin der *Financial Times*, beschreibt in ihrem Buch *Anthro-Vision: How Anthropology can Explain Business and Life* (2021) wie Konflikte innerhalb eines Innovationsteams beim US-Automobilhersteller General Motors erst gelöst werden konnten, nachdem sich die verschiedenen Gruppen ihrer jeweiligen Arbeitskulturen bewusst wurden.

Das Team bestand aus drei verschiedenen Gruppen, deutschen Ingenieur:innen in Rüsselsheim und amerikanischen Kolleg:innen in Detroit und Tennessee. Vordergründig erklärten sich die Beteiligten ihre Konflikte damit, dass hier deutsche und amerikanische Kulturen aufeinandertrafen. Aber dies erwies sich als falsch, denn auch die beiden amerikanischen Teams agierten grundverschieden. Der Schlüssel für die Lösung des Konflikts lag darin zu erkennen, dass alle drei Teams sehr unterschiedliche Erwartungen an Meetings hatten. Für die Deutschen in Rüsselsheim galten Meetings nicht als „richtige" Arbeit. Kurz und gut vorbereitet waren sie das Forum, in dem der Projektleiter seine Entscheidungen fällte. Im Gegensatz dazu waren Meetings für die Detroiter Kolleg:innen integraler Bestandteil ihrer Arbeitszeit, in denen sie ausgiebig und ohne einschränkende Agenda ihre Ideen zusammentragen und Mehrheitsentscheidungen fällen konnten. Die Gruppe in Tennessee wiederum wollte, wie die Rüsselsheimer, Meetings möglichst knapp halten, lehnte aber hierarchische Entscheidungen ab und bestand auf einer Zweidrittelmehrheit. Jede der drei Gruppen ging davon aus, dass alle die gleichen Vorstellungen von „Meetings" hatten. Erst aus der Vogelperspektive konnten sie sehen, wie ihre unterschiedlichen Annahmen in Form von Konflikten kollidierten und das Projekt über viele Monate lahmlegten.

Der metareflexive Blick ist aber noch aus einem anderen Grund für eine entfaltete Organisation unersetzlich. Erst aus der Gesamtschau können wir verstehen, was wir zum Leben beitragen, welchen Sinn unsere Aktivitäten haben. Aus der Metaperspektive ergeben sich neue Fragen und Antworten. Nicht nur: Was machen wir in unserem Unternehmen und wie können wir es besser, sprich effizienter machen? Sondern auch: Wer sind wir? Und wieso tun wir, was wir tun? Was ist der größere Sinn und Effekt unserer Arbeit? Wenn wir mit unseren Unternehmungen zu etwas Größerem beitragen wollen, kommen wir also nicht umhin, den Blick zu erweitern, um unsere Rolle und unseren Beitrag zur Welt einzuschätzen. Der Neurowissenschaftler und Philosoph Iain McGilchrist schreibt dazu: „The view in the valley floor is good, but if you never climb, you will not know that there are many other valleys, and mountain ranges nearby, which are not only beautiful in themselves, but which help you see why good work needs to be done in the valley at all" (2021, S. 504).

Fundamentale Probleme können nie durch einfache technische Lösungsansätze innerhalb des gleichen Paradigmas beantwortet werden. Tieferes Verständnis entsteht aus einer höheren Perspektive. Wir haben an dieser Stelle nicht den Platz (und das fundierte Wissen), um auf die wichtigen Erkenntnisse der Systemtheorie und Komplexitätswissenschaften der letzten Jahrzehnte einzugehen. Aber es ist einleuchtend, dass wir je nach Bildausschnitt, den wir in der Welt wahrnehmen, sehr unterschiedliche Einsichten gewinnen. Wenn wir uns von der Metapher der Welt als Maschine verabschieden, die aus einzelnen, klar voneinander abgrenzbaren Einzelteilen besteht und stattdessen die Welt als Systeme verstehen, in denen Ursachen sowohl verteilt als auch wechselseitig sind, und diese Systeme ihrerseits in anderen, größeren Systemen verschachtelt sind, ergibt sich ein ganz anderes Bild. Ein Bild, in dem Beziehungen und Austausch, Bewegung und Entwicklung, Prozesse und Emergenz in den Vordergrund treten. Wir werden auf dieses Thema im Kapitel 11 nochmals zurückkommen.

Bewegung wahrnehmen und begleiten

Metareflexion verlangt von Menschen, dass sie Gruppen als eigene Entitäten wahrnehmen können – nicht nur als Individuen. Aus dieser Perspektive ist, bildlich gesprochen, die Gruppe als Feld wahrnehmbar. Dieses Feld ist mehr als die Summe seiner Individuen und in ständiger Bewegung. Um das Bewusstsein für Felder zu stärken, beschäftigen sich die von Bettina begleiteten Teams explizit mit dem Gruppenfeld. Mitarbeiter:innen reflektieren, wie sie als Teams zusammenarbeiten, welche kollektiven Muster sie wahrnehmen, welche impliziten Annahmen die Dynamik in der Gruppe leiten. Sie erforschen, welche Aspekte im Gruppenfeld einbezogen oder ausgeblendet werden. Und sie versuchen, die Stellen zu erahnen, an denen unbewusste Flecken sitzen.

Strukturelle Diskriminierung ist so ein unbewusster Fleck, insbesondere für diejenigen unter uns, die wie wir Autorinnen wenig darunter zu leiden hatten. Jede Gruppe exkludiert bestimmte Informationen, Werte, Gefühle und Menschengruppen und gestaltet so ihre spezifische Kultur. Je mehr Mitarbeiter:innen sich ihrer eigenen Exklusionsmuster bewusst werden, desto multiperspektivischer werden sie.

Dieser Blick auf das Gruppenfeld analysiert auf der einen Seite sichtbare Verhaltens- und Kommunikationsmuster. Er beinhaltet auf der anderen Seite aber auch – auf einer höheren Kompetenzstufe – eine Reihe subtiler Wahrnehmungen, die weniger sichtbar als fühlbar sind. Wenn Bettina mit Gruppen arbeitet, dann versucht sie vor allem die weitgehend unsichtbaren und den Teilnehmern selbst meist nicht bewussten Informationen mitzubekommen, um den Teamprozess passgenau steuern zu können. Diese Art von „emergenter Facilitation" arbeitet nicht entlang vorher festgelegter Workshop-Abläufe, sondern versucht ganz nah entlang der Gruppenbewegung Interventionen, Übungen und Themen einzubringen. Die emergente Facilitator:in behält zwar das mit der Gruppe vereinbarte Ziel, zum Beispiel eine Strategie zu entwickeln oder einen Konflikt zu lösen, auf dem Radar, sie oszilliert aber dynamisch zwischen diesem Ziel und der Dynamik der Gruppe. Denn die Dynamik der Gruppe gibt vor, welche Lernschritte stattfinden können und welche nicht.

Bettina beschreibt dies so: Mit einer Gruppe konfrontiert, sieht sie nicht nur die Summe aller anwesenden Individuen, sondern stimmt sich auf eine zusätzliche Feldebene ein und versucht, deren Information abzulesen. So beobachtet sie beispielsweise während des Check-ins zu Beginn eines Trainings, ob alle Teilnehmer:innen sehr mit Denken beschäftigt sind oder Einzelne tiefer in sich absinken, sich entspannen und auch körperlich und emotional präsent sind. Typische Anzeichen für eine solche ganzheitliche Präsenz sind langsames Sprechen und die Fähigkeit, auch stille Momente in der Gruppe gut zu halten. Ebenso versucht Bettina herauszufinden, ob die Teilnehmer:innen sehr mit sich selbst beschäftigt sind oder sich mit ihren Kolleg:innen verbunden fühlen, das heißt, einen gemeinsamen Beziehungsraum teilen.

Subtil geübte Menschen stimmen die Arbeitsabläufe auf solche Wahrnehmungen ab. So ist es sinnlos, einen co-kreativen Prozess anzuleiten, wenn Teammitglieder völlig mit sich selbst beschäftigt sind und gar keinen Raum in sich haben, sich auf andere Menschen zu beziehen. Denn ein Visionsworkshop braucht einen verbundenen Gruppencontainer, in dem Teilnehmer:innen sich sicher genug fühlen, um eigene Ideen zu äußern. Eine Facilitator:in kann den Gruppenprozess aber auch verändern, beispielsweise indem sie die Teilnehmer:innen bittet, sich auf die Gruppe einzustimmen und ein Gespräch darüber zu führen, wie jeder die Gruppe wahrnimmt. Bettina fragt dann: „Wie fühlt sich die Gruppe gerade für Euch an? Sind wir „nur" die Summe aller Teilnehmer:innen, oder ist da noch etwas anderes? Ist unsere Gruppe ein eigener Organismus?" Nachdem die Teilnehmer:innen ihre Aufmerksamkeit auf die Gruppe gelenkt haben, verändert sich oft schon die Atmosphäre und ist für einen co-kreativen Prozess besser geeignet als zuvor.

Feldwahrnehmungen und emergente Facilitation sind Fähigkeiten, die die Menschheit gerade erst entwickelt. Wir selbst befinden uns in einem aufregenden Lernprozess und versuchen eine Sprache zu entwickeln, die es uns ermöglicht, uns über subtil gefühlte Bewegungen auch intersubjektiv austauschen zu können. Für emergente Facilitator:innen ist es dabei unabdingbar, sich selbst realistisch einzuschätzen und anzuerkennen, was in ihnen oder der Gruppe gerade stattfindet. Wenn Bettina merkt, dass sie selbst verschlossen und überfordert ist, dann versucht sie, sich nicht krampfhaft zu verändern, sondern die Situation so anzuerkennen, wie sie gerade ist. Oftmals verändert diese Präsenz in diesem Moment schon die Energetik und eröffnet einen neuen Wahrnehmungsraum.

Je mehr subtile Informationen in unsere Arbeitsabläufe einfließen können, umso ganzheitlicher können wir Zusammenarbeit und Führung gestalten. Subtile Wahrnehmung erlaubt es uns, neue Informationen zu bekommen, die zwischen den sichtbaren Dingen auftauchen. Oftmals sind es „Ahnungen“, auf den ersten Blick nicht-rationale Wahrnehmungen, die neue Lösungsräume eröffnen oder festgefahrene Situationen auflösen.

Potenzialität – Die Zukunft subtil wahrnehmen

Noch eine dritte Feldkompetenz möchten wir hier beschreiben: die Wahrnehmung von Potenzialität. Da wir in der gegenwärtigen Zwischenzeit die Zukunft nicht aus der Verlängerung der Vergangenheit entwickeln können, wird es für Unternehmen umso wichtiger, das Potenzial von radikal neuen Produkten und Dienstleistungen, aber auch Unternehmensformen, Geschäftsbeziehungen und Wirtschaftsentwicklungen zu erkennen. Komplex-adaptive Systeme sind ständig in Bewegung und folgen oft non-linearen Prinzipien wie Kipppunkten oder Rückkopplungsschleifen. Damit umzugehen erfordert neue Kompetenzen, die wir ebenfalls nur rudimentär kennen. Dazu zählen ein präziserer Umgang mit Intuition und Inspiration. In vielen Situationen werden wir lernen müssen, unbekanntes Terrain zu erforschen und ohne ausreichendes Wissen gute Entscheidungen zu treffen.

Das alles mag für Dich jetzt sehr abstrakt klingen. Deshalb hier zwei konkrete Beispiele, die zeigen, wie wichtig der Umgang mit Potenzialität ist: So basiert der Erfolg der Spendenplattform *betterplace.org* darauf, dass Joana und ihre Mitgründer die Chancen digitaler Technologien für gemeinwohlorientierte Organisationen früher als andere identifizierten.

Es ist nicht einfach, den konkreten Innovationsprozess hier zu beschreiben, weil er zum großen Teil nicht linear und nicht mental ist. Deshalb hier der Versuch einer Annäherung. Die erste konkrete Idee zu der Plattform, die *betterplace* werden sollte, hatte Stephan, Joanas Mann, 2006. Als Juraprofessor hatte er sich seit den frühen 1990er Jahren mit dem Einfluss der Digitalisierung insbesondere auf Recht beschäftigt und eine Reihe von Innovationen entwickelt, die wir heute Legal Tech nennen, die damals ihrer Zeit aber viele Jahre voraus waren. Vor dem Hintergrund dieses Interesses dachte er eines Tages auch über den allgemeinen Trend der Plattformisierung nach. Plattformen wie *eBay* brachten Verkäufer:innen und Käufer:innen ohne die etablierten Mittelsmänner (Läden, Zwischenhändler:innen, Kleinanzeigen in Zeitschriften etc.) direkt zusammen. Er las vom sogenannten „Long Tail“, dem zufolge digitale Technologien dafür geeignet sind, kleinen und mittelgroßen Produkten oder Akteur:innen eine ganz neue Form von Sichtbarkeit zu verschaffen.

Während er über diese Entwicklung nachdachte, tauchte in ihm plötzlich das Bild einer Plattform auf, die soziale Projekte mit Spendern zusammenbrachte. Dieses Bild war nicht das Ergebnis konkreten Denkens. Stephan beschreibt den Innovationsprozess so, dass in ihm innerlich auf der Basis seines Wissens in einem Themenbereich eine Frage entsteht, die ihn tief interessiert. In diesem Fall war es die Frage: „Wie wird sich unsere Welt verändern, wenn mehr und mehr ‚Märkte' auf eine neue Art und Weise funktionieren, indem unterschiedliche Marktteilnehmer:innen direkt aufeinander treffen?" An einem gewissen Punkt des Nachdenkens verlässt er die intellektuelle Ebene und öffnet sich einem größeren Vorstellungsraum, in dem Gedanken und Empfindungen freier zirkulieren. In diesem Raum können Bilder und Ahnungen auftauchen, die sich zu konkreten Ideen verdichten. In diesem Fall entstand das Bild eines *„eBay für Hilfe"*. Vor seinem inneren Auge entstand ein weltweites Netzwerk solidarischer Hilfe. Menschen, die sich vor Ort für bessere Bildung, Gesundheit, Gleichberechtigung und andere Themen einsetzten, könnten in ihrer eigenen Arbeit von anderen mit Geld und Expertise unterstützt werden. Er sah das Potenzial des Trends der Plattformisierung für Graswurzelorganisationen, NGOs und engagierte Einzelpersonen. Eine Plattform konnte diesen eine neue Bühne für kostengünstiges Fundraising und Austausch bieten.

Ein Jahr später wurde die Spendenplattform *betterplace.org* in Berlin gegründet. Zu diesem Zeitpunkt hatten sich Joana und Stephan mit einer anderen Gruppe rund um Till Behnke zusammengetan. Till hatte einen ähnlichen Innovationsprozess hinter sich. Auch er folgte weniger rationalen Überlegungen und Kalkulationen als vielmehr seiner Intuition und Neugier. Zusammen hatten sie das Gefühl, eine Spendenplattform „läge in der Luft". Sie folgten einem Potenzial, das sie noch nicht konkret erkennen konnten, dass sich aber schon andeutete. Auf der Basis dieser ersten Ideen bauten sie einen Prototypen und entwickelten diesen stetig weiter bis zu Deutschlands größter Spendenplattform, die *betterplace* heute ist.

Wie in vielen Fällen von Innovation lebt auch dieser davon, dass vorhandene Ideen oft aus unterschiedlichen Disziplinen und Empfindlichkeiten miteinander kombiniert und zu etwas Neuem zusammengefügt werden. Die gleichen Prinzipien greifen ebenfalls bei Ideen, die noch weniger Vorbilder in der Gegenwart haben.

Menschen mit einem guten Riecher für Potenzialität fühlen sich meist dem Status quo nicht sehr verbunden. Sie gehen davon aus, dass die Welt auch ganz anders sein kann. Sie klammern sich nicht an Vorstellungen wie „Das haben wir immer schon so gemacht“ oder „Das haben wir mal versucht und es hat nicht funktioniert – das wird auch jetzt nicht gelingen“. Stattdessen fühlen sie sich sicher genug, den inneren Vorstellungsraum weit zu öffnen und ohne Grenzen zu denken. Sie vertrauen ihrem eigenen Instinkt, dem inneren Innovationsprozess. Es fällt ihnen leicht, die Technologiekurve mitzudenken, infolge derer viele heute noch kostspieligen Technologien in ein paar Jahren wahrscheinlich sehr erschwinglich sein werden. So kennen wir Solar-Unternehmer, die in den 1990er Jahren in Photovoltaik investierten, als die Kilowattstunde 1 DM kostete und die sich schon damals vorstellen konnten, dass der Preis auf heute 3–7 Cent fallen würde.

Mit dem gleichen „Riecher“ für Potenzialität steht oder fällt heute die ganze Start-up-Branche. Wagniskapital-Investoren wie *Sequoia Capital* oder *Holtzbrinck Ventures* schließen Wetten auf Unternehmen ab, deren Wert man nicht mit den herkömmlichen Bewertungsmaßstäben bemessen kann. Traditionelle Analysewerkzeuge im Fremd- und Eigenkapitalmarkt orientierten sich an materiellen Vermögenswerten (Maschinenbestand, qualifizierte Mitarbeiter:innen, Marktanteile, Profitabilität etc.), während die meisten digitalen Start-ups in den ersten Phasen nichts dergleichen haben und häufig über viele Jahre unprofitabel sind, bevor sie dann – vielleicht – riesige Netzwerkeffekte erzielen und Marktmonopole besetzen. Investor:innen und M&A (Mergers and Acquisitions) Abteilungen von traditionellen Unternehmen müssen sich explizit mit Potenzialität beschäftigen.

Viele Investoren setzen auf das Potenzial des „Teams“ eines Start-ups, denn sie finden es einfacher, Talente zu bewerten als zukünftige Geschäftsideen und Märkte. Gleichzeitig geht es natürlich um viel mehr: Auf welche Zukunftsvision läuft ein Start-up hinaus? Welche mittelfristigen Trends sehen wir in der Welt, von denen dieses Start-up profitieren könnte? Gefordert ist hier die „capacity to aspire“ (Appadurai, 2004), die Fähigkeit sich verschiedenste Zukunftsszenarien vorzustellen, zu sehen, wie die Welt, ob Konsument:innen, gesellschaftliche Strukturen oder Technologien sich weiterentwickeln könnten. Die gegenwärtige technologische Entwicklung ist dabei oft nicht linear, sondern disruptiv, das heißt, sie bricht ganz bewusst mit geltendem Recht (wie *Uber*), pilotiert ganz neue Formen der Kommunikation (*iPhone*), des Wissensaustauschs (*Wikipedia*), der Arbeit (*Upwork*) oder der Partnersuche (*Tinder*). Menschen, die lediglich die Vergangenheit linear weiterdenken, werden in diesem Wirtschaftssystem nicht reüssieren.

Um Zukunft zu gestalten, braucht es neben tiefer Sachkenntnis in einzelnen Themenbereichen subtile Wahrnehmungskompetenzen und ein Gespür für eine gefühlte Verbindung mit der Zukunft selbst. Menschen, die Felder intuitiv erfassen können, sind fähig, latente Bedürfnisse und Möglichkeiten früher als andere zu identifizieren. Sie folgen ihrem Instinkt und werden von Neuem angezogen wie von einem Magneten. Sie haben einen großen Inspirationshorizont und sehen keine Begrenzungen um sich herum. Oft hängen sie nicht an dem Status quo – das heißt, ihre existenzielle Sicherheit ist unabhängig von der Zugehörigkeit zu einer Gruppe –, denn ansonsten wären sie nicht in der Lage, wirklich außerhalb der Norm zu denken.

Wie können wir Feldkompetenzen stärken?

Wie können sich Teams diese Feldkompetenzen aneignen? Zuerst einmal gilt, dass sie auf den beschriebenen individuellen Kompetenzen und Beziehungskompetenzen aufbauen. Feldkompetenzen basieren auf einem guten Selbstkontakt der Beteiligten sowie der Fähigkeit, sich aufeinander zu beziehen und miteinander einen psychologisch sicheren und präsenten Raum zu gestalten. Feldkompetenzen spiegeln damit viele der Qualitäten und Kompetenzen wider, die wir bereits in Kapitel 6 in Bezug auf Co-Kreativität und kollaborative Teamarbeit beschrieben haben. Gleichzeitig gehen sie noch darüber hinaus.

Gemeinsam multiperspektivisch metareflektieren

Um sich in einem Gruppenfeld zu orientieren, ist es wichtig, dass wir lernen, verschiedene Perspektiven – eines einzelnen Gegenübers ebenso wie einer Gruppe von Menschen – wahrzunehmen. Diese Fähigkeit nennen wir Multiperspektivität. Die Perspektive eines anderen Menschen kann nur in mir auftauchen, wenn ich genügend Freiraum in mir habe. Freiraum entsteht dadurch, dass ich mit meiner Erfahrung verbunden bleibe, präsent und geerdet bin. Dies gelingt relativ leicht, wenn wir entspannt und ruhig sind. Viel schwerer ist es, bei Situationen, die wir als intensiv, verwirrend oder beängstigend erleben, nicht überfordert zu sein, sondern weiterhin mit sich verbunden und präsent zu bleiben. Dies kann mir nur gelingen, wenn ich auch in Zeiten wachsender Anspannung den Selbstkontakt halten und mich selbst reflektieren kann – all das sind Kompetenzen, die wir bereits im Kapitel 5 ausführlich beschrieben haben.

Mit ausreichend Freiraum ausgestattet, kann ich mich auf meine Teammitglieder zuerst empathisch einstellen. Ich nehme den Beziehungsraum zwischen uns und die Signale meines Gegenübers wahr und schwinge mit ihnen mit. Dadurch fühlt sich meine Gesprächspartner:in sicher und gesehen. Multiperspektivität geht noch einen Schritt weiter als Empathie. Statt „nur" mit einem anderen Menschen mitzuschwingen, öffnen wir uns dafür, die Erlebniswelt der anderen Person parallel zu der eigenen möglichst vollständig in uns auftauchen zu lassen. Wir pendeln dann nicht mehr zwischen der Wahrnehmung unseres eigenen Selbst und der Erlebniswelt des anderen und sind auch nicht nur über die Teile unserer Beziehung verbunden, die miteinander in Resonanz gehen können. Wir können vielmehr zwei verschiedene Perspektiven gleichzeitig in unserem freien Innenraum beheimaten. Und zwar auch, wenn diese im Widerspruch zueinander stehen, beispielsweise, weil wir sehr unterschiedliche Haltungen zu bestimmten Themen haben.

Allerdings werden wir gerade am Anfang, wenn wir uns in diesem Perspektivwechsel üben, immer wieder die Erfahrung machen, dass es schwerfällt, sich in Multiperspektivität zu stabilisieren. Wenn die Diskrepanz zwischen unseren Blickwinkeln groß ist, werde ich zuerst die Multiperspektivität und dann auch meine Fähigkeit, mit dem Gegenüber empathisch mitzuschwingen, verlieren, schlichtweg, weil ich die Spannung in mir nicht halten kann. Jeder kennt stressige Situationen, die sich wie ein Tunnel anfühlen, in dem wir nichts anderes wahrnehmen können als unsere eigenen Emotionen. Teams, die eine multiperspektive Kultur aufbauen wollen, müssen also zuerst den in Kapitel 5 und 6 beschriebenen Kulturwandel und Kompetenzaufbau durchlaufen.

Um Multiperspektivität stärker zu verankern, empfehlen sich im weiteren Verlauf sowohl bestimmte Übungen als auch reguläre Formate, in denen Teams diese Kompetenz gemeinsam vertiefen können. Für eine Übergangsphase hat es sich in Bettinas Praxis bewährt, dass Teams zuerst lernen, Empathie deutlicher von Multiperspektivität zu unterscheiden. Sie nutzt dazu eine Reihe von Formaten, in denen Mitarbeiter:innen nicht nur lernen, was es bedeutet, sich in die „Schuhe des anderen" zu stellen und sich in ihn hineinzuversetzen. Sie lernen auch, wie sie die Fähigkeit des tiefen Zuhörens und emergenten Sprechens (Kapitel 6) um Perspektivwechsel erweitern können. Sobald Teams durch die Übungen ein ausreichend gutes Verständnis erworben haben, können sie ihre Standardformate im Arbeitsalltag (Meetings, Feedback etc.) um eine multiperspektivische Dimension erweitern.

Metareflexion

Das bringt uns zur nächsten Feldkompetenz, der Metareflexion.

Multiperspektivität und Metareflexion sind eng miteinander verknüpft. Ohne Multiperspektivität ist keine wahre Metareflexion möglich. Metareflexion ist die Fähigkeit eines Teams, „auf den Balkon zu gehen" und aus der Distanz von oben das Gesamtbild zu betrachten und daraus Informationen und Erkenntnisse abzuleiten. Jedes Teammitglied bemüht sich dabei, möglichst multiperspektivisch zu sein, das heißt, die eigene Erlebniswelt und die der anderen auf dem Schirm zu haben.

Dazu eignen sich eine Reihe von verschiedenen Formaten, beispielsweise Retroflexionen. Retroflexionen verbinden das geläufige Format der Retrospektive mit dem Ansatz der Metareflexion. So stellt sich das *betterplace lab*-Team am Ende längerer Meetings diese Fragen: „Was können wir aus dem heutigen Meeting über unsere Zusammenarbeit lernen?", „Welche Dynamiken haben das Meeting geprägt?", „Was wollen wir beim nächsten Mal anders machen?"

Neben den Dynamiken ihrer Zusammenarbeit können Teams auch spezifische Themen „metareflektieren". Diese Vorgehensweise ist sinnvoll, wenn Mitarbeiter:innen sich regelmäßig mit der strategischen Umsetzung ihrer Unternehmung auseinandersetzen. Dafür tauschen sich Teammitglieder darüber aus, wie ihre individuellen Arbeiten zu den strategischen Zielen beitragen, um dann gemeinsam „vom Balkon aus" das strategische Gesamtbild zu betrachten. Sie stellen sich dann Fragen wie: „Welche Dynamiken und Bewegungen sehen wir in Bezug auf die strategische Umsetzung?", „Wo haben sich Muster eingeschlichen?", „Wo kommen wir gut voran?", „Wo drehen wir uns im Kreis?"

Je multiperspektivischer das Team, desto erkenntnisreicher sind die Diskussionen. Wenn wir im ursprünglichen Bild von Ronald Heifetz bleiben, können wir bestimmte Abstufungen wahrnehmen: Manche

Teammitglieder werden, auch wenn sie auf dem „Balkon stehen", die gesamte „Tanzfläche" eher aus ihrer individuellen Perspektive oder Rolle sehen und interpretieren. Anderen wird es möglich sein, ihren Reflexionsradius zu erweitern und mehr zu sehen, als nur ihre direkten Schnittstellen. Zugleich werden sie die Muster und Dynamiken immer noch auf ihre eigene Rolle und ihre individuellen Bedürfnisse referenzieren. Am anderen Ende der Skala können Mitarbeiter:innen das Gesamtbild wirklich multiperspektivisch wahrnehmen, Informationen sehen und Fragen stellen, die über ihre individuellen Rollen weit hinausreichen.

Das Gleiche gilt für Retrospektiven. Dieses Format dient in agilen Teams dazu, Arbeitsergebnisse gemeinsam zu reflektieren und daraus zu lernen: entweder den aktuellen Prozess anzupassen oder etwas im nächsten Projekt besser zu machen. Im Anhang findet Ihr eine Anleitung für die Retrospektive, → S. 265.

Die gleichen Abstufungen, die wir weiter oben in Bezug auf die Fähigkeit zur Multiperspektivität beschrieben haben, können auch die Retrospektiven prägen. Wenn ein Team gemeinsam nicht ausreichend multiperspektivisch ist, da einige Mitglieder vorrangig nur aus der Perspektive ihrer eigenen Rolle beitragen, statt die Unternehmung als Ganzes auf dem Schirm zu haben, müssen andere Teammitglieder – oft die Führungskräfte – diesen größeren Blick übernehmen. Sie werden dann beispielsweise am Ende der Retrospektive die Einzelteile zu einem großen Erzählbogen zusammenfügen und daraus Maßnahmen ableiten und Entscheidungen treffen. Für Teams, die rollenbasiert zusammenarbeiten, ist dies durchaus eine Option. In Teams, die kompetenzbasiert zusammenarbeiten wollen, müssen jedoch alle Mitarbeiter:innen einen ausreichend hohen Grad an Multiperspektivität entwickeln, denn Entscheidungen werden jetzt nicht mehr durch die Rolleninhaber:innen getroffen, sondern von den dafür kompetentesten Mitarbeiter:innen.

Den Perspektivwechsel immer im Gepäck haben

Neben größeren Formaten zur Schärfung der Reflexionskompetenz können Teams auch eine Reihe von kleineren Interventionen in ihren Arbeitsalltag einbauen. So stellen manche Teams in Meetings einen leeren Stuhl hin, der das Unternehmen als Ganzes repräsentiert. Während des Meetings können sich verschiedene Mitarbeiter:innen auf diesen Stuhl setzen und aus der Metaperspektive zur Diskussion beitragen. „Wie sieht das Unternehmen diese Fragestellung?“ oder „Wie geht es der Organisation mit dieser Entscheidung?“ Der räumliche Ortswechsel unterstützt die Mitarbeiter:innen dabei, ihre eigene Perspektive zu verlassen und sich besser vom Balkon aus auf die Gesamtschau einzustellen und ihre Wahrnehmung zu teilen. Das Instrument des leeren Stuhls lässt sich unkompliziert in alle möglichen Fragestellungen, vom Check-in bis hin zu strategischen Grundsatzdiskussionen, einbinden.

Neben den Fragestellungen, die das gesamte Unternehmen und sein Umfeld betreffen, bereichern multiperspektivische Metareflexionen alle im Kapitel 6 beschriebenen Formate. Wenn Mitarbeiter:innen diese Informationsebene in Feedbacks oder Konflikte einbeziehen können, erweitern sie ihren Lösungsradius beträchtlich. Sie verlassen den relativ beschränkten Radius ihrer individuellen Wahrnehmungen zugunsten einer größeren Perspektive, innerhalb derer sie co-kreativ nach nächsten Schritten und Maßnahmen suchen können.

Subtile Wahrnehmung als neue Kernkompetenz

Wenn ein Team gelernt hat, co-kreativ zusammenzuarbeiten, ist es zugleich fähig, Potenziale besser zu identifizieren und sich auf Unbekanntes einzulassen. Der Schlüssel für diese Fähigkeiten ist die sogenannte „subtile Wahrnehmung“. In Teams, die sich sicher und bezogen anfühlen, fällt es der einzelnen Mitarbeiter:in leicht, offen und neugierig zu sein und sich mit der eigenen Kreativität frei und spielerisch einzubringen. Die offene Atmosphäre erlaubt es, dass Menschen sowohl sachlich-fachlich als auch emotional-intuitiv beitragen. Die Übergänge zwischen beiden können auch fließend sein: Ich kann sachlich argumentieren und mich zugleich auf meine emotionale Intelligenz berufen, indem ich zum Beispiel bemerke, dass sich eine Lösung „stimmig“ oder „unstimmig“ anfühlt.

In solchen Settings fällt es Mitarbeiter:innen leichter, bestimmte subtile Wahrnehmungen in Form von „Ahnungen“, „Ideen“ und „Inspirationen“ zu teilen, die auf Potenziale hinweisen, denn diese sind noch nicht sachlich-fachlich manifest, sondern nur latent und angedeutet. Um subtile Signale zu empfangen, müssen Mitarbeiter:innen – genau wie bei der Multiperspektivität – genügend inneren Freiraum haben. Wenn wir nämlich gestresst sind, versuchen wir vor allem dem eigenen Druck zu entkommen, indem wir mental nach Lösungen suchen. Unser emotionaler Innenraum ist so mit Stressbewältigung beschäftigt, dass wir unsere Wahrnehmung aus dem Körper herausziehen und in den Kopf verlagern. Von dort aus können wir das Leben jedoch nur denken, nicht subtil wahrnehmen.

Subtile Wahrnehmung entsteht im Zusammenspiel zwischen der eigenen inneren Raumhaftigkeit und unserem Denken und Fühlen. Wir spannen einen inneren Raum auf in dem Moment, in dem wir uns nicht völlig mit unserem direkten Erleben identifizieren, sondern Aspekte der eigenen Wahrnehmung beobachten, als wären sie Objekte und Bewegungen. In diesem Raum können wir subtile Bewegungen und Informationen beobachten. Im Englischen bezeichnen wir subtile Wahrnehmung auch als „Sensing". Sensing ist erst dann möglich, wenn wir alle bisher beschriebenen Kompetenzen und Qualitäten in einem ausreichenden Maße entwickelt haben. Derart entwickelte Teams können Diskussionen führen, in denen mehr und mehr subtile Informationen auftauchen, die nicht empirisch belegt oder rational abgeleitet werden können.

Teams, die aktiv mit Potenzialität arbeiten wollen, können und sollten ihre subtilen Wahrnehmungskompetenzen üben. Wie jede andere Fähigkeit ist auch diese eine, die wie ein Muskel trainiert werden kann. Eine schöne Übung dazu ist der „Dialog mit der Zukunft", die wir im Anhang [→ S. 264] beschreiben.

In dieser Übung ermöglichen wir es Teilnehmer:innen, sich in die Gegenwart und Zukunft hineinzuversetzen, indem wir sie im Raum zwischen unterschiedlichen Plätzen hin- und herwechseln lassen. An jedem Standort erforscht die Teilnehmer:in, angelehnt an den 4-Sync, ihre Wahrnehmung. Wie fühle ich mich am Platz meiner Gegenwart, wie am Platz meiner Zukunft? Welche Qualitäten tauchen an diesen Plätzen auf? Wie betrachte ich aus der Zukunft meine Gegenwart? Was möchte ich mir aus der Zukunft für heute mitgeben? Begleitet wird der Prozess von 1–2 Personen, die ihn bezeugen und ihre eigenen subtilen Wahrnehmungen teilen.

Für viele Teilnehmer:innen wirken Übungen, in denen wir subtile Wahrnehmungen trainieren, zuerst einmal irritierend und esoterisch. Laden sie nicht zu wilden Spekulationen ein? Denken wir uns da nicht nur etwas aus? Wie können die so gewonnenen Informationen belegt werden? Nun, in der Tat sind subtile Informationen nicht im klassischen

Sinne nachweisbar, da sie nur als Impulse, Gefühle und Ideen existieren und sich noch nicht als konkrete Formen materialisiert haben. Unsere Skepsis ist auch durchaus angebracht, denn die Menschheit schaut auf eine lange Tradition des Machtmissbrauchs, auf Jahrtausende, in denen wir den subjektiven Ideen mächtiger Menschen und Institutionen weitgehend schutzlos ausgeliefert waren. Die im Zuge der Aufklärung entwickelten wissenschaftlichen Maxime – empirische Beweisführung und rationale Herleitung – halfen unseren Vorfahren, sich aus diesen prärationalen Fesseln zu befreien. Aber Verstand und Empirie, so wertvoll sie sind, bilden nicht das ganze Leben ab. Wir müssen sie UND unsere subtilen Wahrnehmungsfähigkeiten nutzen. Gerade in komplexen und chaotischen Situationen ist es wichtig, dass wir Unbekanntes und noch Ungeformtes wahrnehmen können.

Der im Anhang ausführlich beschriebene „Dialog mit der Zukunft" funktioniert nach einem ähnlichen Prinzip wie die repräsentierende Wahrnehmung in Systemaufstellungen (Bauer, 2019; Rosner, 2007). In Systemaufstellungen ist es üblich, dass fremde Menschen als Stellvertreter:innen für andere Personen agieren und für diese Informationen, Empfindungen und Gefühle wahrnehmen und verbalisieren. Diese Methode erlaubt es, innere Beziehungsmuster – zum Beispiel innerhalb einer Familie – explizit im Außen sichtbar zu machen und mit ihnen zu arbeiten. Dass fremde Menschen sich zu diesen Beziehungsmustern stellvertretend mitteilen können, liegt an ihrer Fähigkeit, auch subtile Informationen wahrnehmen zu können.

Aus der Zukunft heraus gestalten

Ob Teams sich mit den hier beschriebenen Kompetenzen – Co-Kreativität, Potenzialität und subtile Wahrnehmung – beschäftigen, liegt vor allem an ihrer Haltung. Für viele Unternehmen sind diese Themen weit außerhalb ihrer Komfortzone und ihres Vorstellungshorizonts. Sie sind zu weit von ihrem eigenen Realitätsverständnis entfernt. In anderen Organisationen wiederum sind die Mitarbeiter:innen genau für diese Art von Forschung offen und neugierig, denn sie passen zu ihrer eigenen Weltsicht. Der Impuls, sich mit subtilen Kompetenzen am Arbeitsplatz zu beschäftigen, muss deshalb aus dem jeweiligen Team kommen. Wenn diese Themen für Dich keinen Sinn ergeben und keine Neugierde wecken, dann ist das so.

Zugleich erlebt Bettina immer wieder, dass Teams, sobald sie eine bestimmte Kommunikationsreife und Beziehungsqualität entwickelt haben, sich auch solchen Feldkompetenzen öffnen, die sie früher als uninteressant empfunden oder sogar abgelehnt haben. Denn alle in den Kapiteln 5 und 6 beschriebenen Inner-Work-Kompetenzen tragen zu diesen komplexeren Fähigkeiten bei. Das heißt, je länger ein Team nach diesen Prinzipien zusammenarbeitet, desto selbstverständlicher werden subtile Informationen neben den grobstofflichen mentalen, emotionalen und physischen Wahrnehmungen in ihrem Arbeitsalltag auftauchen.

Von dieser organischen Dynamik abgesehen, gibt es noch andere wichtige Treiber für subtile Wahrnehmung: der aktuelle Innovationsdruck und die Stapelkrisen. Viele Unternehmen ringen damit, wirklich neue Lösungen zu entwickeln, die über inkrementelle Verbesserungen oder die Rekombination von Bekanntem hinausgehen. Sie merken, dass der Lösungsraum der Ansätze, die sich primär auf das Mentale, Konkrete und Anfassbare beziehen, zu klein ist und interessieren sich deshalb für subtile Methoden.

Eine dieser Methoden ist die Theory U nach Otto Scharmer. Scharmer schreibt: „In dem Ausmaß, in dem es uns gelingt, unsere [innere] Aufmerksamkeitsstruktur und ihre Quelle zu sehen, können wir das [äußere] System verändern.“ (2020, S. 72) In seiner Theory U ist „Presencing“ ein zentrales Konzept. „Presencing“ besteht aus den Wörtern „Präsenz“ und dem von uns bereits mehrmals erwähnten „Sensing“. Wir würden an dieser Stelle noch ergänzen, dass es sich um einen Zustand gesteigerter Aufmerksamkeit handelt, in dem wir einen guten Selbstkontakt und einen ausreichenden inneren Freiraum haben. Otto Scharmer beschreibt, wie Individuen und Gruppen durch „Presencing“ ihre innere Wahrnehmung so verändern können, dass ein neuer Möglichkeitsraum auftaucht, der ihr Fühlen, Denken und Handeln informiert. Indem wir uns diesen Raum erschließen, können wir neue, ganzheitliche Lösungen entwickeln.

Damit der Theory-U-Prozess gelingen kann, müssen die Teammitglieder einen ausreichend guten Selbstkontakt und vertrauensvolle Beziehungen zueinander haben. Da das Modell so präzise und stringent beschrieben ist, fühlen sich auch sehr rational ausgerichtete Menschen von ihm angezogen und versuchen, die Übung primär mental umzusetzen. Doch damit lässt sich das eigentliche Potenzial nicht erschließen. Presencing ebenso wie Co-Kreativität und subtile Wahrnehmung erfordern unsere gesamte menschliche Sensorik: Körper, Emotionen, Verstand und Inspirationsraum. Inner Work ist unser Eingangstor dazu.

Wir sind jetzt am Ende unseres Deep Dives zu den Inner-Work-Kompetenzen angelangt. Im nächsten Kapitel erforschen wir, welche Rolle diese Kompetenzen in den verschiedenen Zusammenarbeitsmodellen spielen.

Leitfragen

- ? Wie vertraut bist Du mit Multiperspektivität? Wann kannst Du verschiedene Perspektiven gleichzeitig in Dir auftauchen lassen? Wie erlebst Du die damit verbundenen Spannungen und wie gehst Du mit ihnen um? In welchen Situationen ist Multiperspektivität besonders hilfreich?
- ? Reflektierst Du Alltagssituationen oft auf der Metaebene? Was fällt Dir daran schwer, was leicht? Welchen Mehrwert erlebst Du?
- ? Wie ist Dein Verhältnis zu subtiler Wahrnehmung? Was für Erfahrungen hast Du mit Intuition, Inspiration und subtilen Impulsen? Wie leicht oder wie schwer fällt es Dir, diese wahrzunehmen?
- ? Wie ausgeprägt ist Deine Vorstellungskraft („capacity to aspire“)? Wie gut kannst Du Dich mit Zukunftsszenarien verbinden und Dich dabei vom Status quo befreien?

Kapitel 8

Bausteine einer Transformation zu einer entfalteten Organisation

Potentials become realities in part because we recognise them and act upon them.

Hanzi Freinacht

Bis hierhin haben wir die wichtigsten Schritte und Elemente beschrieben, die Organisationen auf ihrem Weg zu einer ganzheitlichen und wirksamen Zusammenarbeit durchlaufen. Zuerst beschäftigten wir uns mit der Funktion von Führung (Kapitel 3) und wie diese sich in den unterschiedlichen Arbeitsmodellen verändert. Dann lernten wir eine Reihe unterschiedlicher Organisationsmodelle kennen und beschrieben ihr Zusammenspiel mit verschiedenen Weltbildern und Haltungen (Kapitel 4). In den letzten drei Kapiteln (5–7) fächerten wir die für New Work notwendigen inneren Kompetenzen auf. Und in diesem Kapitel verknüpfen wir all diese Elemente zu einem Modell. Dieses Modell der entfalteten Organisation ist komplex, denn wir fügen verschiedene Aspekte und Ebenen zu einem multidimensionalen Bild zusammen: die inneren und äußeren Dimensionen sowie die unterschiedlichen Entwicklungsstufen oder Reifegrade. Wir sind überzeugt davon, dass diese Differenzierungen notwendig sind. Das Modell ist so einfach wie möglich und so komplex wie nötig.

Bis hierher haben wir eine ganze Reihe von Prinzipien und Dynamiken kennengelernt, die Teams helfen, ihre Zusammenarbeit und Führung ganzheitlich zu transformieren. Zudem haben Teams, die mit Bettina arbeiten bzw. Leser:innen, die bis hierher gelesen haben, folgende Kompetenzen erworben, um innerhalb dieser Prinzipien und Dynamiken ausreichend sicher zu navigieren:

- Sie können zwischen äußeren und inneren Dimensionen unterscheiden. Sie wissen es nicht nur intellektuell, sondern sie haben ein Gespür dafür, wie beide Dimensionen zusammenspielen.
- Sie verstehen Führung als Funktion und können bestimmen, wie sich die Unterfunktionen von Führung in den verschiedenen Zusammenarbeitsmodellen unterscheiden.
- Sie kennen die Balance zwischen Selbst-, Fremd- und Mitarbeiter:innenführung und können diese gezielt steuern.
- Sie kennen die (inneren) Leitwerte und Voraussetzungen der verschiedenen Zusammenarbeitsmodelle und können diese im Team zuordnen und besprechen.

- Sie verstehen die Unterschiede zwischen vertikaler und horizontaler Entwicklung und wissen, welchen nächsten Entwicklungsschritt das eigene Unternehmen gehen muss.
- Sie verstehen die Inner-Work-Kompetenzen und ihre Wirkung und können einschätzen, welchen Grad an Inner Work sie für ihr spezifisches Organisationsmodell brauchen.

In Unternehmen wirken die verschiedenen hier angesprochenen Dynamiken und Kompetenzen zusammen. Da wir sie selten analytisch trennen, vermischen wir oft Ursachen und Auswirkungen und ignorieren zentrale Stellschrauben. Wenn wir unsere Organisationen jedoch besser verstehen und vor allem herausfinden wollen, wieso Dinge nicht rund laufen, müssen wir uns die Mühe machen, sie präziser zu entflechten.

Genau darum geht es in diesem Kapitel. Nachdem Teams ein grundlegendes Verständnis der oben beschriebenen Prinzipien erworben haben, können sie sich den nächsten Schritten zuwenden. Diese helfen ihnen, die Unternehmung systematisch zu analysieren und präzise auszurichten.

Du wirst sehen, dass wir in diesem Kapitel einige Aussagen aus vorherigen Kapiteln wiederholen. Wir hoffen, dass dies für Dich hilfreich ist. Denn in der Zusammenschau entsteht ein neues Modell, welches Dir und Deinem Team als Grundlage für die gesamte Transformation dienen kann.

Innen und Außen besser verstehen

Vielen Menschen leuchtet die Unterscheidung zwischen einer äußeren und einer inneren Dimension des Lebens auf den ersten Blick theoretisch ein. Zugleich fällt es ihnen schwer, klar zu erkennen, wie Innen und Außen konkret zusammenspielen. Die Schwierigkeit fängt schon bei uns selbst an. Die meisten Menschen sind so mit ihrer Weltsicht identifiziert, dass sie keinen freien Blick darauf haben, wie ihre Filter und Haltungen ihr Verhalten prägen beziehungsweise wie umgekehrt Erfahrungen im Außen einen Haltungswandel im Inneren bewirken.

Wenn wir nun anfangen, die Zusammenhänge und Wechselwirkungen zwischen Teamkultur, der Haltung einzelner Mitarbeiter:innen und organisatorischen Strukturen und Prozessen zu durchdringen, erscheint uns dies zu Recht noch komplexer. Da unsere Gesellschaft einen Schwerpunkt auf äußere Strukturen legt, kommen uns diese vorrangig und maßgeblich vor, während Haltungen und Kultur eher wie sekundäre

Bereiche erscheinen, die wir durch äußere Maßnahmen gestalten und organisieren. Doch das stimmt nicht. Das Innen hat immer entscheidenden Einfluss darauf, wie wir unsere Außenwelt gestalten, auch wenn wir uns dessen selten bewusst sind.

In ihrer Arbeit mit Unternehmen nähert sich Bettina dem Zusammenspiel zwischen Innen und Außen schrittweise. Sie hilft den Teams, drei grundlegende Dynamiken zu unterscheiden.

1. **Wie passen die individuellen Mindsets (Haltungen, Filter, Werte etc.) unserer Teammitglieder zueinander?**
2. **Wie erleben und interpretieren wir die äußeren Strukturen und Prozesse unserer Organisation?**
3. **Wie passen Innen und Außen im großen Ganzen zusammen?**

Teams, die gelernt haben, diese drei Dynamiken zu benennen und damit zu arbeiten, können auftretende Probleme und Spannungen viel leichter identifizieren und auflösen. Lass uns die Team-Dynamiken der Reihe nach durchgehen.

① Wie passen die individuellen Mindsets (Haltungen, Filter, Werte etc.) unserer Teammitglieder zueinander?

Überall, wo viele Menschen zusammenarbeiten, treffen verschiedene Weltanschauungen, Werte, Bedürfnisse, Verhaltensweisen und Kompetenzen aufeinander. Manche fügen sich – wie Teile eines Puzzles – gut ineinander. Andere passen weniger gut zusammen, sie überlagern und reiben sich oder stoßen einander sogar ab. In diesem Wechselspiel entsteht ganz automatisch eine Zusammenarbeitskultur. Doch da wir nicht gewohnt sind, diesen Vorgang explizit und genau zu betrachten, erfahren wir meistens nur seine Auswirkungen: Die Zusammenarbeit erscheint „irgendwie" leicht und flüssig, träge oder spannungsreich.

Betrachten wir ein kleines Unternehmen, das sich im Chaos verheddert hat. Die 20 Mitarbeiter:innen sind desorientiert und von Konflikten zermürbt und erschöpft. Ihre Chefin, so beklagen sie, ist unorganisiert und willkürlich. Statt von ihr geführt zu werden, kommt es ihnen so vor, als müssten sie die Chefin anleiten. Diese wiederum kann die Vorwürfe nicht nachvollziehen und beschreibt ihren Führungsstil als ermächtigend, kompetenzbasiert und kollaborativ. Die Gespräche zwischen den Beteiligten drehen sich im Kreis. Alle reden aneinander vorbei.

In den ersten Workshops mit Bettina wird eine grundlegende Dynamik im Team sichtbar. Die Chefin beschreibt sich so: „Ich bin ein kreativer und flexibler Mensch. Veränderungen spornen mich an und machen mir Spaß. Im Gegensatz dazu fällt es mir deutlich schwerer, Strukturen zu schaffen, die Stabilität und Orientierung herstellen. Genau um diese Lücke zu schließen, habe ich einige von euch, die ich als strukturstark erlebe, eingestellt. War euch das denn gar nicht bewusst?"

Das Team ist von dieser Aussage völlig überrascht. Ja klar, sie wissen, dass ihre Chefin oft interessante Ideen hat, spontan und flexibel ist. Zugleich aber empfinden sie ihre Unfähigkeit, verlässliche Prozesse und Strukturen zu etablieren, als offensichtliches Defizit. Die meisten Kolleg:innen haben von ihrem eigenen strukturaffinen Mindset auf die Chefin geschlossen und einen dementsprechenden Führungsstil erwartet. Implizit und ohne dies jemals miteinander zu besprechen, waren sie davon ausgegangen, dass eine gute Führung auf der gleichen Balance zwischen Struktur und Flexibilität basiert, die ihren eigenen Bedürfnissen entspricht. Die Chefin wiederum hatte angenommen, dass diese Unterschiede dem Team bewusst waren. Statt eines Mankos sah sie darin einen Vorteil, denn so konnten sie sich gegenseitig ergänzen und gemeinsam einen kollaborativen Führungsstil entwickeln. Nachdem diese unterschiedlichen Annahmen und Erwartungen explizit herausgearbeitet waren, war das Team viel besser in der Lage, angemessene Lösungen für die angespannte Arbeitssituation zu finden.

Heterogene Gruppen können nur dann wirkungsvoll zusammenarbeiten, wenn Teammitglieder ihre Unterschiedlichkeiten bewusst wahrnehmen können. Wenn sie anerkennen, dass die Prokurist:in oder die Scrum Master:in die Welt anders erlebt als sie selbst. Erst auf der Basis von Empathie und Multiperspektivität können Mitarbeiter:innen klar und orientiert ihre Zusammenarbeit gestalten. Andernfalls werden sie Unterschiede als unproduktive Reibung empfinden, voneinander irritiert und verärgert sein. Um Spannungen aufzulösen, werden sie entweder versuchen, das Verhalten ihrer Kolleg:innen zu verändern, oder neue Strukturen und Prozesse aufsetzen, die die Reibungen ausgleichen sollen. Aber diese Maßnahmen werden nicht wirken, da sie nicht dort ansetzen, wo die Spannung auftaucht: in der Heterogenität der Mindsets.

② Wie erleben und interpretieren wir die äußeren Strukturen und Prozesse unserer Organisation?

Während wir die inneren Dynamiken selten präzise analysieren, geschweige denn bewusst gestalten, haben wir einen ausreichend guten Überblick über die äußeren Strukturen und Prozesse unserer Organisation und können sie benennen. Teammitglieder sagen beispielsweise „Wir sind ein Team mit funktionalen Rollen", „Es gibt einen Teamlead", „Das Management erteilt Budgetfreigaben", „Wir sind alle gleichberechtigt und entscheiden kompetenzbasiert".

Strukturen helfen Mitarbeiter:innen sich zu verorten und vermitteln ein Gefühl der Klarheit, da sie suggerieren, dass alle Teammitglieder Aussagen wie „Wir sind alle gleichberechtigt und treffen kompetenzbasierte Entscheidungen" ähnlich verstehen. Doch oft handelt es sich dabei um eine Pseudo-Klarheit, denn ein gleiches Verständnis würde voraussetzen, dass alle im Team ähnliche Prägungen, Werte und Bedürfnisse mitbringen. Das ist in der Praxis meist nicht der Fall. Jedes Unternehmen beschäftigt Menschen mit einer großen Bandbreite an Weltanschauungen und Vorerfahrungen, die dazu führen, dass die Beteiligten die gleichen Strukturen und Prozesse sehr unterschiedlich interpretieren. Wenn Mitarbeiter nicht in der Lage sind, diese Unterschiede und Gemeinsamkeiten im Team explizit anzusprechen, steht das vermeintlich sichere äußere Fundament auf tönernen Füßen.

Ein typisches Beispiel für diese Pseudo-Klarheit sind Rollendefinitionen. Rollen sind wichtige Instrumente, um Verantwortungs- und Aufgabenbereiche sowie Schnittstellen zwischen ihnen zu bestimmen. Sie legen fest, in welchem Rahmen jemand allein entscheiden kann oder er jemand anderen hinzuholen, sich beraten lassen oder eine Freigabe einholen muss. Rollendefinitionen können sehr detailliert sein oder nur grundsätzliche Befugnisse und Interaktionsregeln vorgeben. Wie Mitarbeiter:innen die Rollen interpretieren, hängt von ihrer Denkweise und Haltung ab. Ein Teammitglied, welches sich einen großen Gestaltungsraum wünscht und zutraut, wird auch eine ausführliche RACI-Matrix mehr wie einen Leitfaden als ein festes Regelwerk betrachten. Diese Matrix ist ein Tool aus dem Projektmanagement, wobei RACI für Responsible, Accountable, Consulted, Informed steht. Das Teammitglied wird annehmen, dass die Organisation von ihr erwartet, dass sie flexibel auf Situationen reagiert, auch wenn sie damit von der vereinbarten Rollendefinition abweicht. Eine Kolleg:in, die aus klaren Absprachen und Regeln psychologische Sicherheit bezieht, wird sich dagegen viel genauer an die RACI-Matrix halten. Von einer unscharfen Rollendefinition überfordert, wüsste sie nicht, wie sie ihre Arbeit korrekt ausführen sollte.

Genau wie zuvor beschrieben, müssen Teams sich über diese tieferen Ebenen ihrer Persönlichkeiten austauschen können. Nur wenn Mitarbeiter:innen ihre eigenen (meist impliziten) Annahmen über Führung und Zusammenarbeit kennen und diese mit denen ihrer Kolleg:innen abgleichen, können sie ein gemeinsames Verständnis für ihre Organisation entwickeln. Sie lernen, welche Interpretationen übereinstimmen und welche auseinanderklaffen. Im ersten Fall verstehen sie, wieso ihnen die Zusammenarbeit als harmonisch, sicher und motivierend erscheint. Im zweiten Fall dagegen können sie die Ursache für Spannungen identifizieren und an der richtigen Stelle nach wirksamen Lösungen suchen.

Zusammengefasst: Wenn Teams ihren Arbeitsalltag als schwierig, ineffizient oder unproduktiv erleben, kann es daran liegen, dass sie Führung, Zusammenarbeit, Strukturen und Prozesse unterschiedlich interpretieren und nicht dafür sensibilisiert sind, diese Dimension zu analysieren und miteinander zu besprechen.

③ Wie passen Innen und Außen im großen Ganzen zusammen?

Aber selbst wenn wir eine Sprache und Kultur entwickelt haben, die es uns ermöglicht, unterschiedliche Interpretationen äußerer Vorgaben konstruktiv miteinander zu bearbeiten, oder wir ein ungewöhnlich homogenes Team sind, sodass an dieser Stelle keine Reibungen entstehen, kann es sein, dass unsere innere Verfassung – unsere Weltanschauung, Werte, Bedürfnisse, Verhaltensweisen und Kompetenzen – nicht zu dem gewählten Zusammenarbeitsmodell passt. Dann entsteht die Spannung nicht infolge von unterschiedlichen Interpretationen äußerer Strukturen, sondern dadurch, dass Innen und Außen nicht zusammen passen.

Jedes Organisationsmodell gehört zu einem bestimmten Weltbild (Kapitel 4) und entwickelt eine spezifische Balance zwischen Selbstführung und Fremdführung (Kapitel 3). Darüber hinaus verwendet es auch unterschiedliche Instrumente, Prozesse und Strukturen, um die fünf Unterfunktionen von Führung umzusetzen (Kapitel 3). Je nachdem, wie gut das Organisationsmodell eines Unternehmens mit dem eigenen Verständnis von Führung und Zusammenarbeit zusammenpasst, erleben Menschen ihren Arbeitsalltag entweder flüssig und entspannt oder irritierend und aufreibend.

Wenn Innen und Außen sich reiben

Es gibt zwei typische Ungleichgewichte, die für Reibung und Spannung sorgen: Möchte ich mehr Führung und Gestaltung übernehmen, als im Arbeitsmodell vorgesehen ist, werde ich frustriert und demotiviert. Verlangt die Organisation von mir mehr selbstständiges und flexibleres Arbeiten, als ich mir zutraue, bin ich überfordert und verunsichert. Zwischen beiden Fällen liegen unendlich viele Graustufen, die sich im Arbeitsalltag in den verschiedensten Symptomen niederschlagen.

Dazu ein Beispiel: Ein Unternehmen mit einem klassisch funktional-hierarchischen Modell möchte agile Methoden und Prozesse einführen. Am Punkt der Veränderung treffen zwei Führungsverständnisse aufeinander. Im bestehenden klassischen Modell orientieren sich Mitarbeiter:innen an Rollen, Funktionen, Aufgabenbereichen und linearen Prozessen – und an einer führenden Vorgesetzten. Das agile Modell dagegen verlangt von Mitarbeiter:innen, dass sie sich anhand von Zielen selbst führen, eigene Entscheidungen treffen, Fehler machen, daraus lernen und iterativ voranschreiten.

Im Übergang zwischen den beiden Modellen entstehen leicht Spannungen. Die ehemals klaren Vereinbarungen und definierten Abläufe gelten jetzt nicht mehr. Das Team reagiert darauf verunsichert und abwehrend. Die Kolleg:innen, die qua Prägung strukturelle Klarheit und Sicherheit im Außen brauchen, fühlen sich von dem neuen Freiraum und der Anforderung, Prozesse zielorientiert selbst zu gestalten, latent überfordert. Damit der Wechsel zu einer agilen Zusammenarbeit erfolgreich gelingen kann, müsste sich das Team mit seinen Prägungen, Bedürfnissen und Erwartungen auseinandersetzen. Nur so können sie herausfinden, was jede Einzelne braucht, um sich auf die neue Form der Zusammenarbeit einzulassen.

Führung und Zusammenarbeit sind also immer dann am wirksamsten und flüssigsten, wenn unsere inneren Haltungen, Bedürfnisse und Kompetenzen mit den äußeren Instrumenten, Strukturen und Prozessen ausreichend gut abgestimmt sind; wenn Inner Work und Outer Work gut ineinandergreifen, da sie Ausdruck eines ähnlichen Wertesystems sind.

Die ganzheitliche Transformation zur entfalteten Organisation

Was können Teams nun machen, um die verschiedensten Elemente stimmig aufeinander abzustimmen und eine ganzheitliche Transformation zu gestalten?

Wie schon in *New Work needs Inner Work* beschrieben, ist der erste Schritt einer ganzheitlichen Transformation eine Standortbestimmung. Wir brauchen ein gemeinsames Verständnis folgender Fragen: Wie gestalten wir aktuell Zusammenarbeit und Führung? Wo entstehen Spannung und Reibung? Was gelingt uns bereits gut und wo hakt es? Was sind die Ursachen?

Erst wenn wir klare Antworten auf diese Fragen haben, machen wir den nächsten Schritt und fragen: Wohin wollen wir uns entwickeln? Was ist unser Zielbild oder Zielhorizont?

Diese Fragen behandelten wir auch schon im früheren Buch. Doch in den letzten Jahren haben wir diesen Prozess weiter verfeinert. Denn so sehr sich das Vier-Quadranten-Modell dafür eignet, Teams ein erstes Verständnis für die grundsätzliche Unterscheidung zwischen Innen und Außen zu vermitteln, so erwies es sich als zu abstrakt und komplex für den nächsten Schritt, die Analyse des aktuellen Status quo oder einer spezifischen Herausforderung. Deshalb gliedert Bettina heute den Organisationsentwicklungsprozess in einzelne Schritte, die einfacher nachzuvollziehen sind.

Das hier präsentierte Modell ist, wenn auch konkreter als das Vier-Quadranten-Modell, immer noch komplex. Wir sind jedoch davon überzeugt, dass der Grad an Komplexität nicht nur sinnvoll, sondern notwendig ist, um wirklich gute Unternehmen zu bauen. Zugleich möchten wir Dich, liebe Leser:in, beruhigen. Es handelt sich um ein Idealbild und niemand verlangt von Dir, es in Reinform umzusetzen. Wir beide sind große Fans des Prinzips „ausreichend gut“. Als junge Mutter entspannte es Joana, von dem britischen Psychoanalytiker Donald Winnicott zu erfahren, dass es ausreichte, eine „good enough mother“ zu sein. Ebenso strebt Bettina in ihrer Arbeit mit Unternehmen keine perfekten Zustände an, keine Teams, die reibungslos ineinandergreifen. Sie erinnert Teams immer wieder daran, dass Spannungen natürliche Aspekte des Lebens sind. Denn Leben ist eine kontinuierliche Bewegung, ein unentwegter kreativer Prozess und beinhaltet somit immer auch einen gewissen Grad an Spannung.

Störungen haben Vorrang

Wichtig ist, dass wir zwischen konstruktiver und destruktiver Spannung unterscheiden lernen. Spannung wird dann destruktiv, wenn wir zu wenig Ressourcen haben, um sie zu verarbeiten. Wenn der Druck so groß wird, dass er uns lähmt oder zu reaktiv agieren lässt. Dann wird Spannung zur Störung und „Störungen haben Vorrang" – ein Mantra, das jedes mit Bettina arbeitende Team kennt. In diesem Fall müssen Teams sich ihnen dezidiert zuwenden und versuchen, die Ursachen aufzudecken. Reife Teams zeichnen sich dadurch aus, dass sie zwischen den verschiedenen Formen der Spannung unterscheiden können. Um dahin zu gelangen, hilft es, wenn Mitarbeiter:innen sich in einem ersten Schritt mit ihrem eigenen Verhältnis zu Spannung auseinandersetzen (siehe auch Kapitel 6). Wie erleben sie Spannung, wie interpretieren sie sie und wie gehen sie damit um? Viele von uns haben gelernt, dass Spannungen per se schlecht sind und versuchen sie schon bei den ersten Anzeichen zu reduzieren oder zu umschiffen. Indem wir uns der eigenen Muster bewusst werden, können wir präziser unterscheiden, wann eine Situation „gut genug" ist und wann wir uns dezidiert um sie kümmern müssen.

Der Ablauf einer ganzheitlichen Transformation

Genau wie wir in *New Work needs Inner Work* bereits dargelegt haben, muss ein Team bereits einige Schritte gegangen sein, um den Prozess einer ganzheitlichen Transformation umsetzen zu können. Für ein gemeinsames Verständnis ihrer aktuellen Zusammenarbeit und Führungsform brauchen die Teammitglieder eine gemeinsame Sprache und methodische Orientierung, einen ausreichend psychologisch sicheren Raum und einen gewissen Grad an Selbstreflexion und Kommunikationskompetenz.

Teams, die mit Bettina arbeiten, haben all diese Schritte bereits durchlaufen, bevor sie sich dem eigentlichen Transformationsprozess zuwenden. Wenn Bettina mit großen Organisationen arbeitet, bildet sie repräsentative Gruppen aus einem Querschnitt der Mitarbeiterschaft, die dann stellvertretend diesen Prozess durchlaufen und den aktuellen Standort der Organisation bestimmen. Als Leser:in kennst Du sie auch schon, denn wir haben sie in den vorherigen Kapiteln ausführlich beschrieben: In den Kapiteln 3 und 4 hast Du Dir die notwendige Sprache und Methodik für unterschiedliche Zusammenarbeitsmodelle und ihre inneren Voraussetzungen angeeignet. In den Kapiteln 5–7 hast Du Dich mit den inneren Kompetenzen wie Selbstreflexion, transparente Kommunikation und Metareflexion beschäftigt und gelernt, wie man einen ausreichend sicheren psychologischen Raum herstellt.

Es folgt nun der Ablauf einer ganzheitlichen Transformation in einzelnen Schritten. Die genaue Reihenfolge und Ausgestaltung unterscheiden sich natürlich je nach Unternehmen. Bettina folgt auch hier dem „Ausreichend-gut-Prinzip“. Wenn ein Schritt gut genug umgesetzt wurde, widmet sie sich dem nächsten. Wenn im nächsten Schritt dann ein Aspekt auftaucht, der zu der vorherigen Phase gehört, erlaubt sie es sich auch wieder, einen Schritt zurückzugehen. So entsteht ein iterativer Prozess, der immer mehr an Tiefe gewinnt.

In den ersten drei Schritten geht es darum, explizit herauszuarbeiten und besprechbar zu machen, wie Innen und Außen in der aktuellen Unternehmung zusammenspielen – eine Standortbestimmung des aktuellen Status quo. Die Analyse betrifft sowohl jede einzelne Mitarbeiter:in als auch das Kollektiv, also das jeweilige Team, die Abteilung oder Organisation als Ganzes. Sie macht sowohl die Spannungen als auch die gut funktionierenden Aspekte sichtbar. In den weiteren Schritten bearbeiten Coach und Team dann die identifizierten Arbeitshypothesen und Herausforderungen beziehungsweise entwickeln auf der Basis der vorhandenen positiven Visionen den nächsten Entwicklungsschritt für die Organisation.

Im Folgenden beschreiben wir die einzelnen Schritte einer ganzheitlichen Transformation. Wenn Du professionell mit Teams zu diesen Themen arbeitest oder selbst als Führungskraft oder Mitarbeiter:in in einen Change-Prozess eingebunden bist, wirst Du auf den nächsten Seiten viele wertvolle Informationen und Inspirationen finden. Solltest Du eher an Grundprinzipien interessiert sein und die Ausführungen zu detailliert finden, raten wir Dir, die nächsten Abschnitte auszulassen und bei dem Unterkapitel zu Push- und Pull-Faktoren wieder einzusteigen. [→ S. 189]

Standortbestimmung des aktuellen Status quo

Schritt 1

Einführung in die Methodik und Selbstreflexion der Beteiligten

Bevor der eigentliche Prozess startet, stellt Bettina den Teilnehmer:innen einige der oben beschriebenen Modelle und Methoden vor und ermöglicht den Teammitgliedern, diese auf sich und die eigene Organisation anzuwenden. Diese Einführung beinhaltet meistens einen Überblick über das Vier-Quadranten-Modell und eine Einführung in ein Werte-Modell wie Spiral Dynamics. Sie macht mit dem Team erste Übungen, in denen die Teilnehmer:innen Selbstkontakt und Selbstreflexion üben. Zudem stellt sie einige kommunikative Grundregeln als Basis für die gemeinsame Arbeit auf.

In diesen ersten Diskussionen werden meist schon Spannungen oder Konflikte innerhalb der Gruppe deutlich. Je nach Intensität müssen sie bearbeitet werden, bevor das Team sich auf seinen weiteren Weg macht. Denn jeder Entwicklungsschritt braucht einen dafür ausreichend sicheren Raum. Bettina stellt diesen her, indem sie relevante Störungen zeitnah adressiert und der Gruppe ausreichend Zeit und Raum gibt, ihren eigenen Rhythmus für einen Prozess zu entwickeln, in dem Inner Work mindestens die Hälfte der Arbeit ausmacht.

Die meisten Teams sind es nicht gewohnt, sich so viel Zeit für sich selbst und ihre Gruppendynamik zu nehmen. Sie werden ungeduldig und sagen Sätze wie „Jetzt haben wir aber genug geredet. Lasst uns endlich zur eigentlichen Arbeit kommen“. Oder beschweren sich, dass „je mehr wir darüber reden, umso schwieriger wird es. Ich glaube, es ist besser, wenn wir jetzt einfach weitermachen“. Doch genau diese Dynamiken sind wichtiger Bestandteil des Veränderungsprozesses und der Inner-Work-Anteil braucht seine Zeit.

Wenn Teams sich darauf einlassen, kommt meist eine scheinbar endlose Welle von Themen, Wahrnehmungen und Befindlichkeiten hoch. Vieles, das sich in den letzten Jahren der Zusammenarbeit aufgestaut hat, darf jetzt zum ersten Mal systematisch besprochen werden. Je stärker der

Fokus des Teams auf äußeren Themen war, desto größer ist meist der Nachholbedarf, um Verdrängtes aufzuarbeiten. Was den Beteiligten in der Anfangsphase mitunter mühsam und unproduktiv erscheint, zahlt sich im Nachhinein in Form von Vertrauen, Sicherheit und geringeren Reibungsverlusten wieder aus.

Dazu ein Beispiel aus der Praxis. Ein Unternehmen bittet Bettina, es bei der Professionalisierung und dem Wachstum von 70 auf 110 Mitarbeiter:innen zu begleiten. Infolge eines Wechsels in der Geschäftsführung hat das Unternehmen zudem turbulente Zeiten hinter sich. Nach einem Erstgespräch mit einigen Führungskräften und einem Termin mit dem gesamten Team ist für Bettina klar, dass einige grundlegende Spannungen geklärt werden müssen, bevor die eigentliche Organisationsentwicklung starten kann. Wie lange diese Vorarbeiten dauern werden, ist zu diesem Zeitpunkt noch nicht abzuschätzen. Das Unternehmen und Bettina einigen sich auf einen Zeitrahmen von drei Monaten, um Konflikte zu klären und erste Methoden und Modelle innerhalb der Belegschaft einzuführen. Während dieser Zeit reflektieren die Beteiligten sich selbst und etablieren eine neue Kommunikationsbasis untereinander. Nach zwei Monaten sind die Spannungen so weit integriert, dass der nächste Entwicklungsschritt gegangen werden kann.

Schritt 2

Wie passen die individuellen Mindsets (Haltungen, Wahrnehmungsfilter, Werte etc.) unserer Teammitglieder zueinander?

Nach dieser ersten Orientierungsphase wendet Bettina sich der ersten zu Beginn dieses Kapitels beschriebenen Team-Dynamik zu: Wie verhalten sich unsere individuellen Mindsets zueinander?

Hierfür erforschen Teams die ganze Bandbreite ihrer unterschiedlichen Haltungen, Prägungen und Wahrnehmungsfilter. Wer bringt welches Mindset mit? Wer braucht was, um sich optimal in den Arbeitsprozess einzubringen? Wie passen die verschiedenen Haltungen zueinander? Wo fließt die Zusammenarbeit, wo stockt sie? Was verstehen einzelne Mitarbeiter:innen jeweils unter Führung? Welche Werte sind ihnen in der Zusammenarbeit wichtig? Welchen Stellenwert haben Strukturen, Prozesse und Regeln für sie? Wie viel Fremdführung und wie viel Selbstführung wünschen sie sich? Was brauchen sie an Sicherheit und an Autonomie?

In diesem Schritt geht es nur darum, sich selbst, die Kolleg:innen und die eigene Organisation besser zu verstehen und einen klaren Blick für Stärken und Herausforderungen zu entwickeln. Zugleich vertiefen Teams ihren Beziehungsraum und können, wenn es nicht zu viele Spannungen gibt, anfangen, mehr von sich selbst zu teilen, und dadurch den Lösungsraum vergrößern.

So möchte ein kleines Team von Expert:innen interdisziplinärer werden, das heißt, sie möchten besser über Fachbereiche und Projektvorhaben hinweg zusammenarbeiten. Die Teammitglieder verstehen sich als sehr eigenverantwortlich und selbstständig. Nachdem sie sich über ihre verschiedenen Mindsets ausgetauscht haben, wird jedoch deutlich, dass eine Mehrheit sich mehr Fremdführung wünscht. Doch um sich dies eingestehen zu können, müssten sie ihrem eigenen Narrativ – wir sind eigenverantwortlich und selbstständig – widersprechen. Die Reflexion hilft der Gruppe nicht nur zu verstehen, dass sie nicht so homogen sind, wie sie immer gedacht haben, sondern auch eine passendere, stimmigere Balance zwischen Fremd- und Selbstführung herzustellen.

Schritt 3

Wie gut passen Innen und Außen in unserem aktuellen Zusammenarbeitsmodell zusammen?

Im nächsten Schritt setzt sich das Team tiefer mit dem Zusammenspiel von Innen und Außen auseinander. Wie passen die Denkweisen und Haltungen einzelner Teammitglieder, aber auch des Teams als Ganzes zu den äußeren Organisationsstrukturen?

Um Teams zu helfen, die aktuellen Dynamiken zwischen Innen und Außen präzise zu beschreiben, geht Bettina wieder in zwei Schritten vor.

In einer ersten Übung skizzieren Mitarbeiter:innen auf Basis der unterschiedlichen Organisationstypen aus Kapitel 4, welche Strukturen und Prozesse sie aktuell benutzen. Parallel erarbeiten sie, welche Werte und Annahmen diesen zugrunde liegen. Auf den Skizzen steht dann beispielsweise:

„Unsere Organisation ist im Kern partizipativ. Unsere Hierarchien sind sehr flach. Viele unserer Prozesse basieren auf Gruppenentscheidungen. Es gibt wenige definierte Rollen und Rollen selbst können flexibel zwischen Personen wandern – auch jenseits der klassischen Mitarbeiter:innenentwicklung. Wir achten auf bedürfnisorientierte Kommunikation und nehmen uns für diese Zeit. Zugleich wollen und müssen wir effizient und leistungsorientiert sein. Elemente der funktionalen Hierarchie, wie Strukturen und Regeln, sind für uns primär Mittel zum Zweck. Wir nutzen sie da, wo wir sie brauchen und schaffen sie dort ab, wo sie unpassend sind. Zum Beispiel steuern wir unser Unternehmen über OKRs, beziehen aber in unsere Entscheidungsprozesse auch immer noch weitere Faktoren mit ein. Da steht der Mensch und sein Wellbeing im Zentrum, denn wir sind davon überzeugt, dass wir mehr leisten und wirken, wenn wir uns gleichberechtigt als Menschen einbringen können. Mitarbeiter:innen, die bei uns arbeiten, müssen Freude am Gestalten haben, sich selbstständig organisieren und führen, gut kommunizieren und Freude an Gruppenprozessen haben. Wir wissen, wie wichtig es ist, vertrauensvolle und sichere Beziehungsräume aufzubauen und investieren ganz bewusst in deren Gestaltung."

In einem zweiten Schritt reflektieren sich die Mitarbeiter:innen selbst und fragen: Wie passen ich und diese Skizze zusammen? Womit komme ich gut klar? Woran reibe ich mich? Wo habe ich während der vorherigen Diskussion festgestellt, dass ich bestimmte Strukturen und Prozesse anders interpretiere? Welche kulturellen Werte dominieren in unserem Team? Wie passen unsere Teamwerte, unser Innenraum, mit den Strukturen und Prozessen, dem Außen, zusammen?

Im Zuge dieser Exploration gewinnen Teams ein tieferes gemeinsames Verständnis ihres aktuellen Zusammenarbeitsmodells in den inneren und äußeren Dimensionen. Sie können erste Spannungsfelder identifizieren, die entstehen, weil Innen und Außen nicht gut zusammenpassen und haben eine gute Grundlage, um mögliche Lösungen zu finden.

Auch hierfür möchten wir Dir ein Beispiel geben. Ein Start-up, finanziert durch Risikokapital, möchte einen ganzen Sektor umkrempeln und muss, nachdem es auf 150 Mitarbeiter:innen angewachsen ist, ein neues Organisationsmodell entwickeln. Es ist inzwischen in ein destruktives Spannungsfeld geraten: Der Leistungsdruck der Investoren trifft auf den Entwicklungsdruck des Wachstums und auf die hohen Erwartungen der Mitarbeiter:innen, die die disruptive Unternehmensvision umsetzen wollen. Die meisten Mitarbeiter:innen haben sich das Start-up genau deshalb ausgewählt, weil sie sich mit dessen Vision und Werten identifizieren. Über die Hälfte der Belegschaft stammt aus der frühen Phase, in der die Investoren nur einen vernachlässigenswerten Einfluss ausübten. Den

Mitarbeiter:innen sind Werte wie Partizipation, Gleichberechtigung, Menschlichkeit, Inklusion, Respekt für Bedürfnisse, Bekämpfung struktureller Diskriminierung wichtig und sie erwarten, dass sich diese Werte auch in der Art der Zusammenarbeit und Führung widerspiegeln. Sie wünschen sich einen menschenorientierten Führungsstil, partizipative und inklusive Prozesse, eine – auch in Stresssituationen – respektvolle Kommunikation und eine gute Balance zwischen Leistungsorientierung und individuellem Wellbeing. Die Investoren haben andere Werte im Sinn: Für sie stehen Wachstum und Profitabilität an allererster Stelle. Für das Zusammenarbeitsmodell bedeutet dies effiziente und effektive Prozesse, die ständig optimiert werden. Mitarbeiter:innen sind hauptsächlich Leistungsträger:innen. Partizipation, Wellbeing und menschenorientierte Führung werden nur dann akzeptiert, wenn sie die rapide Skalierung nicht behindern.

Das aktuelle Organisationsmodell und die allgemeine Büroatmosphäre spiegeln dieses Spannungsfeld wider. Die Grundstruktur ist funktional, effizient, leistungsorientiert und damit in ständigem Konflikt mit den Mitarbeiter:innen, die vom Führungs- und Kommunikationsstil frustriert sind und die bestehenden Prozesse nach ihren Vorstellungen auslegen. Die Einstellungen der verschiedenen Stakeholdergruppen passen nicht zusammen, ebenso wenig wie die aktuellen Strukturen und Prozesse zu dem Gros der Mitarbeiter:innen.

Um diesen Konflikt aufzulösen, braucht es eine Grundsatzentscheidung in der Organisation: Welche Werte sind maßgeblich? In dem hier beschriebenen konkreten Fall setzten sich die Investoren durch. Strukturen und Prozesse wurden nochmals gestrafft und deutlich nach außen kommuniziert. Zugleich verließ fast ein Drittel der Mitarbeiter:innen das Unternehmen, da sie die jetzt klar postulierten Werte und damit verbundenen Strukturmaßnahmen nicht mittragen wollten. Unabhängig davon, wie wir persönlich diesen Schritt bewerten, stand das Unternehmen nach dieser Zäsur auf stabileren, da passender aufeinander abgestimmten Füßen.

Bisher haben Teams herausgearbeitet, wie Innen und Außen in ihrer Zusammenarbeit wirken und ihr Organisationsmodell beeinflussen. Sie haben unterschiedliche Spannungen und deren Auswirkungen identifiziert. Jetzt geht es darum, Ursachen und mögliche Lösungsmaßnahmen herauszuarbeiten.

Zu diesem Zeitpunkt bringt Bettina diverse Arbeitshypothesen ein, die sie und das Team während der ersten drei Schritte entwickelt haben. Eine

Arbeitshypothese kann so aussehen: „Unsere wichtigsten Werte in der Zusammenarbeit sind Effizienz und Wirksamkeit, Partizipation, Gerechtigkeit und bedürfnisorientierte Kommunikation. Unsere größten Spannungen entstehen dort, wo wir uns in endlosen Dialogen und konsensorientierten Prozessen verlieren. Entscheidungen brauchen zu lange und sind mitunter von schlechter Qualität, weil sie den kleinsten gemeinsamen Nenner zwischen uns repräsentieren. Unsere Arbeitshypothese ist, dass die meisten Teammitglieder Spannungen vermeiden wollen und es uns deshalb nicht gelingt, gleichzeitig effizient und wirksam sowie partizipativ und bedürfnisorientiert zu sein."

Daraufhin überlegen Teams, welche Maßnahmen ihnen helfen könnten, dieses Dilemma aufzuheben. Dafür müssen sie die Arbeitshypothese nochmals verfeinern. Für diesen Schritt nutzt Bettina nicht mehr das Vier-Quadranten-Modell, da es sich als zu abstrakt erwiesen hat, sondern das praxistauglichere Modell der entfalteten Organisation.

Die entfaltete Organisation – Eine Einführung

Im Modell der entfalteten Organisation ist „Führung als Funktion" (Kapitel 3) das zentrale Prinzip. Indem Unternehmen auf Basis bestimmter Werte spezifische Strukturen und Prozesse aufsetzen, legen sie fest, wer im Unternehmen welchen Anteil von Führung als Funktion übernimmt. Weil Führung ein sehr abstrakter Begriff ist, unter dem Verschiedenes zusammengefasst wird, haben wir ihn in fünf Unterfunktionen unterteilt:

1. **Führung sorgt für Orientierung.**
2. **Führung sorgt für Entscheidung und Umsetzung.**
3. **Führung sorgt für Reflexion, Austausch und Erkenntnis.**
4. **Führung bearbeitet Spannungen, Konflikte und zieht Konsequenzen.**
5. **Führung bietet Schutz und Sicherheit.**

Von diesen 5 Funktionen ist die zweite – Führung sorgt für Entscheidung und Umsetzung – die wichtigste. Die Fähigkeit, Entscheidungen zu treffen und diese auch umsetzen, bildet den Dreh- und Angelpunkt jeder Organisation. Damit werden die anderen Elemente zu Unterstützerfunktionen, die den Entscheidungs- und Umsetzungsprozess erst ermöglichen.

Was bedeutet das genau?

Um gute Entscheidungen zu treffen und Umsetzung zu gestalten, brauchen Menschen Orientierung (unsere erste Funktion von Führung). Sie müssen eine ganze Reihe von Fragen, Strukturen und Kompetenzen überblicken. Sie müssen verstehen, welche Ziele ihr Unternehmen oder ihre Abteilung verfolgt und das relevante Umfeld kennen. Sie müssen wissen, welche unternehmensinternen und externen Aspekte zu berücksichtigen sind und wo sich die notwendigen Informationen befinden. Um orientiert zu sein, bedarf es eines Überblicks der Strukturen und Prozesse, die in Entscheidungen mit einbezogen werden müssen. Zur Orientierung gehört auch, dass sie ihre eigene Rolle sowie die von anderen Stakeholdern verstanden haben und wissen, wie diese im Entscheidungsprozess interagieren. Und sie brauchen einen Überblick über die Fach- und Führungskompetenzen, die für den Entscheidungs- oder Umsetzungsprozess notwendig sind, welche Kolleg:innen über diese verfügen und welche nicht. Und schließlich müssen sie sich auch ihrer eigenen Grenzen selbstkritisch bewusst sein.

Um mittel- und langfristig wirksam zu sein, reicht eine gute Orientierung aber nicht aus. Denn Mitarbeiter:innen müssen auch in der Lage sein, das, was sie tun und getan haben, zu reflektieren. Das heißt, sie brauchen Reflexion, Erkenntnisgewinn und Austausch (die dritte Funktion von Führung) ebenso wie die Fähigkeit, mit Spannung und Konflikt umzugehen (die vierte Funktion). Und all dieses benötigt eine solide Basis – und die ist Schutz und Vertrauen (die fünfte Funktion).

Anhand des Modells können wir jedes Zusammenarbeitsmodell mit seinen jeweils unterschiedlich gewichteten Struktur- und Prozess-Bausteinen sowie Kompetenz-Anforderungen darstellen [Grafik, → S. 173].

In dem Modell sehen wir, dass Bürokratien ihre Mitarbeiter:innen orientieren, indem sie Rollenzuständigkeiten klar definieren und Prozessabläufe detailliert aufschlüsseln. Im Gegensatz dazu stellen funktionale Hierarchien Orientierung dadurch her, indem sie den Mitarbeiter:innen die Vision, Strategie und Ziele des Unternehmens vermitteln und Strukturen und Prozesse als Werkzeuge zu deren Erreichung anbieten. Als Werkzeuge können sie hinterfragt und kontinuierlich angepasst werden.

Indem in Bürokratien Rollendefinitionen und Prozesse die Arbeitsabläufe weitgehend vorgeben, benötigen Mitarbeiter:innen keine ausgeprägten Reflexions- und Kommunikationskompetenzen. Die funktionale Hierarchie dagegen hat einen inhärenten Antrieb, sich ständig zu verbessern. Deshalb wird von Mitarbeiter:innen auch erwartet, dass sie

Gesamtmodell der entfalteten Organisation

Breidenbach & Rollow CC BY-NC 2.0

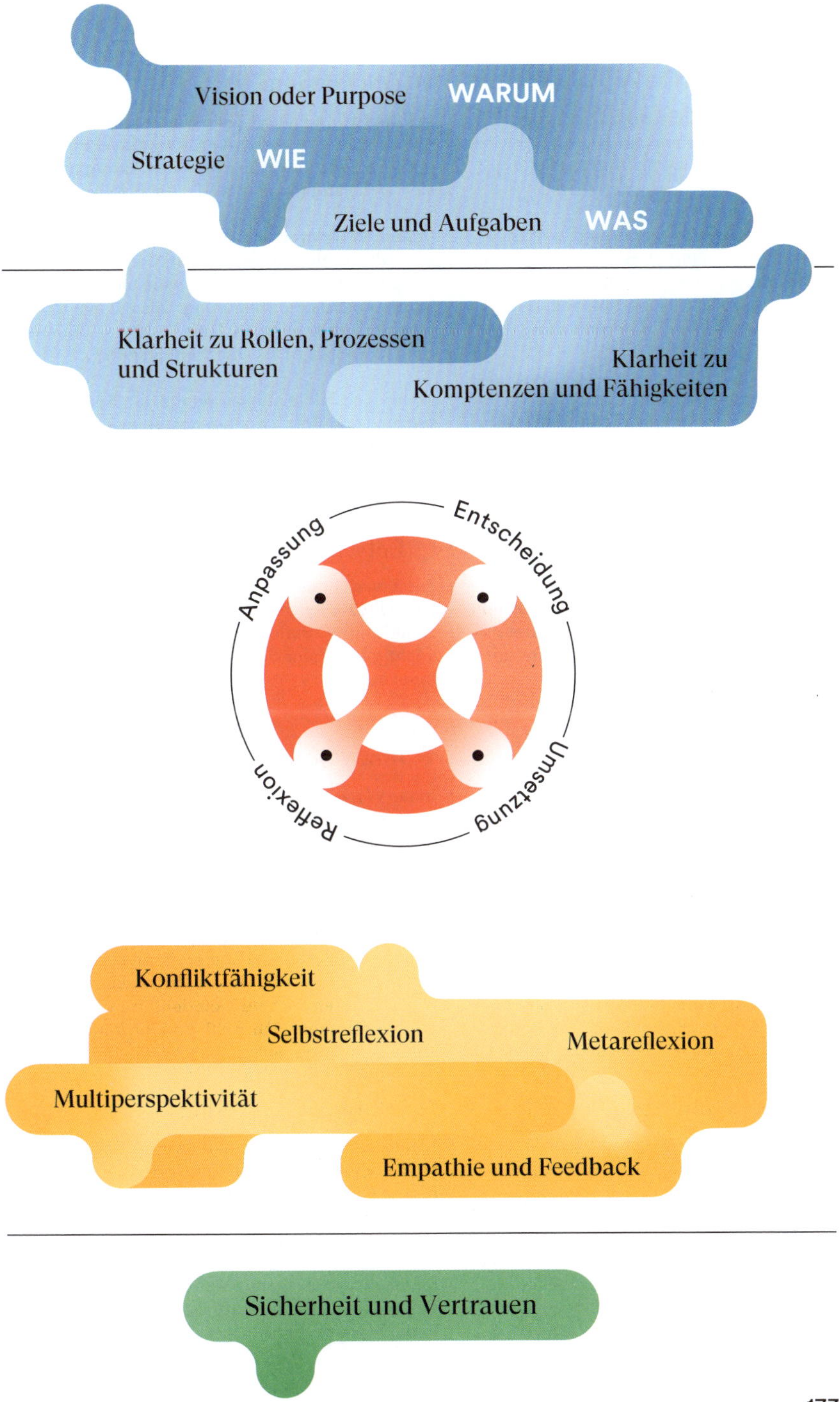

Beispiel Organisationsmodelle und ihre Elemente:

Bürokratische Strukturen & Prozesse

Orientierung

Vision, Strategie und Ziele werden von klar definierten Rollen innerhalb der Hierarchie vorgegeben. Erfolg misst sich an Pflichterfüllung, Loyalität und Präzision.

Rollen, Strukturen und Prozesse sind explizit und differenziert ausgearbeitet und vorgegeben. Das System ist durch seine Strukturstärke sehr stabil, gleichzeitig gibt es eine Tendenz, den Status quo zu bewahren und Veränderungen zu vermeiden.

Rollen sind auf Fachebene mit **Kompetenzen** verknüpft, wobei sich Kompetenzen primär auf Fachkompetenzen beziehen. Reflexion bezieht sich auf den Erfüllungsgrad der Aufgaben.

Entscheidung

Es gibt klar definierte **Entscheidungsprozesse**, in denen unterschiedlichen Rollen Verantwortung und Entscheidungsmandat zugeteilt werden. **Reflexion** und **Anpassung** sind nur bedingt vorgesehen.

Inner-Work-Kompetenzen

Inner-Work-Kompetenzen werden im Rahmen der Erfüllung der eigenen Rolle und primär auf fachlicher Ebene eingefordert. **Feedback** fließt nur da, wo es explizit vereinbart ist. **Konflikte** werden über die Hierarchie bzw. definierte Prozesse gelöst. Es gibt eine Tendenz, Konflikte auf der Beziehungsebene nicht zu adressieren. **Vertrauen** entsteht, indem wir uns alle gemeinsam an Regeln und Strukturen halten. **Sicherheit** und **Schutz** entstehen durch transparente und verlässliche Strukturen, Prozesse und Regeln und der Fähigkeit „Es richtig machen zu können".

Führungsverständnis

Die Betonung liegt auf Fremdführung. Selbstführung wird im Rahmen der Umsetzung der jeweiligen Rolle erwartet.

Innen & Außen

Die Betonung liegt auf Außen. Theoretisch kommt die Zusammenarbeit auch ohne Innen aus.

Funktionale Hierarchie

Orientierung

Vision, Strategie und Ziele werden innerhalb eines Prozesses und unter Mitarbeit verschiedener funktionaler Rollen erarbeitet. Erfolg misst sich an Leistung und materiellem Erfolg.

Rollen, Strukturen und Prozesse sind explizit und differenziert ausgearbeitet, der Fokus liegt auf der funktionalen Prozessebene und deren kontinuierlicher Optimierung. Das System ist effizient und anpassungsfähig. Leistungsoptimierung ist wichtiger als Ganzheitlichkeit.

Rollen sind mit leistungsorientierten **Kompetenzen** verknüpft. Letztere bestehen aus Fachkompetenzen sowie Soft Skills. Reflexion dient der Leistungssteigerung.

Entscheidung

Entscheidungen werden anhand von funktionalen Prozessen getroffen. Die Umsetzung erfolgt zielorientiert. **Reflexion** und **Anpassung** sind wichtig und dienen der Optimierung und Innovation.

Inner-Work-Kompetenzen

Inner-Work-Kompetenzen werden im Rahmen der Leistungsoptimierung eingefordert und akzeptiert. Spannung und **Konflikt** wird als produktiver Teil des Optimierungsprozesses bzw. als Lernmöglichkeit verstanden. Zielorientiertes **Feedback** ist Teil der Organisationskultur. Transparente und zuverlässige Prozesse bieten **Sicherheit** und **Schutz** und eröffnen auch den Raum, aus Fehlern zu lernen. **Vertrauen** entsteht durch die gemeinsame Zielorientierung und Selbstvertrauen: „Ich weiß, was ich kann. Ich will das Richtige tun".

Führungsverständnis

Fremd- und Selbstführung halten sich die Waage. Letztere wird positiv mit Selbstverantwortung, Mut und Risikobereitschaft verbunden.

Innen & Außen

Innen und Außen halten sich die Waage. Die Organisation braucht eine dazu passende Inner-Work-Kultur.

sich mit ihren eigenen Ideen einbringen und sich mit Kolleg:innen austauschen, wie die Arbeit noch optimaler organisiert werden kann. Damit Menschen motiviert sind, sich mutig zu zeigen (jeder eigene Vorschlag birgt ja das Risiko, abgelehnt zu werden), müssen funktionale Hierarchien transparentere, vertrauensvollere Arbeitsatmosphären herstellen als ihre bürokratischen Pendants [Tabelle, → S. 174].

Jede Organisation braucht alle Bausteine des Schaubilds. Aber ihre Ausprägung verändert sich, je nachdem, wie Entscheidungen in einem Unternehmen getroffen und umgesetzt werden. Das heißt, unterschiedliche Organisationsmodelle nutzen nicht nur andere Instrumente, um die fünf Unterfunktionen zu erfüllen. Sie unterscheiden sich auch darin, zu welchem Grad diese benötigt werden. Im Anhang, → S. 276, findet Ihr dazu einen Überblick zu den von uns beschriebenen Organisationsformen.

Bis hierher ist unser Modell zweidimensional. Es besteht aus unterschiedlichen Bausteinen, die aufeinander einwirken und die wir mit Inhalt füllen können. Wenn wir jetzt die Unterscheidung zwischen Innen und Außen dazunehmen, erweitern wir das Modell in den dreidimensionalen Raum. Wir können für jeden Baustein und jede Funktion definieren, zu welchem Grad wir sie über das Außen (Strukturen und Prozesse) umsetzen und zu welchem Grad über das Innen (Haltung, Kultur und Kommunikation).

Wenn wir uns beispielsweise „Führung sorgt für Orientierung" ansehen, dann gibt es dort den Baustein „Ziele und Aufgaben". Diese können wir über äußere Strukturen wie Zielvereinbarungen oder OKRs festlegen. Wir können aber auch nur minimale Strukturen und Prozesse festlegen und unsere Ziele mit Hilfe informeller Absprachen und flüssiger Kommunikation erreichen. Um diese letzteren Instrumente zu stärken, würden Unternehmen daran arbeiten, ihre inneren Kompetenzen zu vertiefen; beispielsweise indem sie die Dialogfähigkeit im Team schärfen, sodass Mitarbeiter:innen sich konstruktiv und kritisch über Ziele und deren Erfüllung verständigen können.

Je nachdem, wie sich die Balance zwischen Innen und Außen in jedem Baustein verhält, müssen Mitarbeiter:innen mehr oder weniger Informationen aus der inneren Dimension in ihr Zusammenarbeitsmodell explizit einbeziehen, damit es funktioniert [Grafik, → S. 176].

Hierzu befähigen sie die inneren Kompetenzen, die sich im unteren Teil des Modells befinden. Je mehr innere Führungselemente ein Organisationsmodell beinhaltet, desto ausgeprägter müssen die inneren Kompetenzen sein.

Gesamtmodell der entfalteten Organisation: Zusammenspiel zwischen Innen und Außen

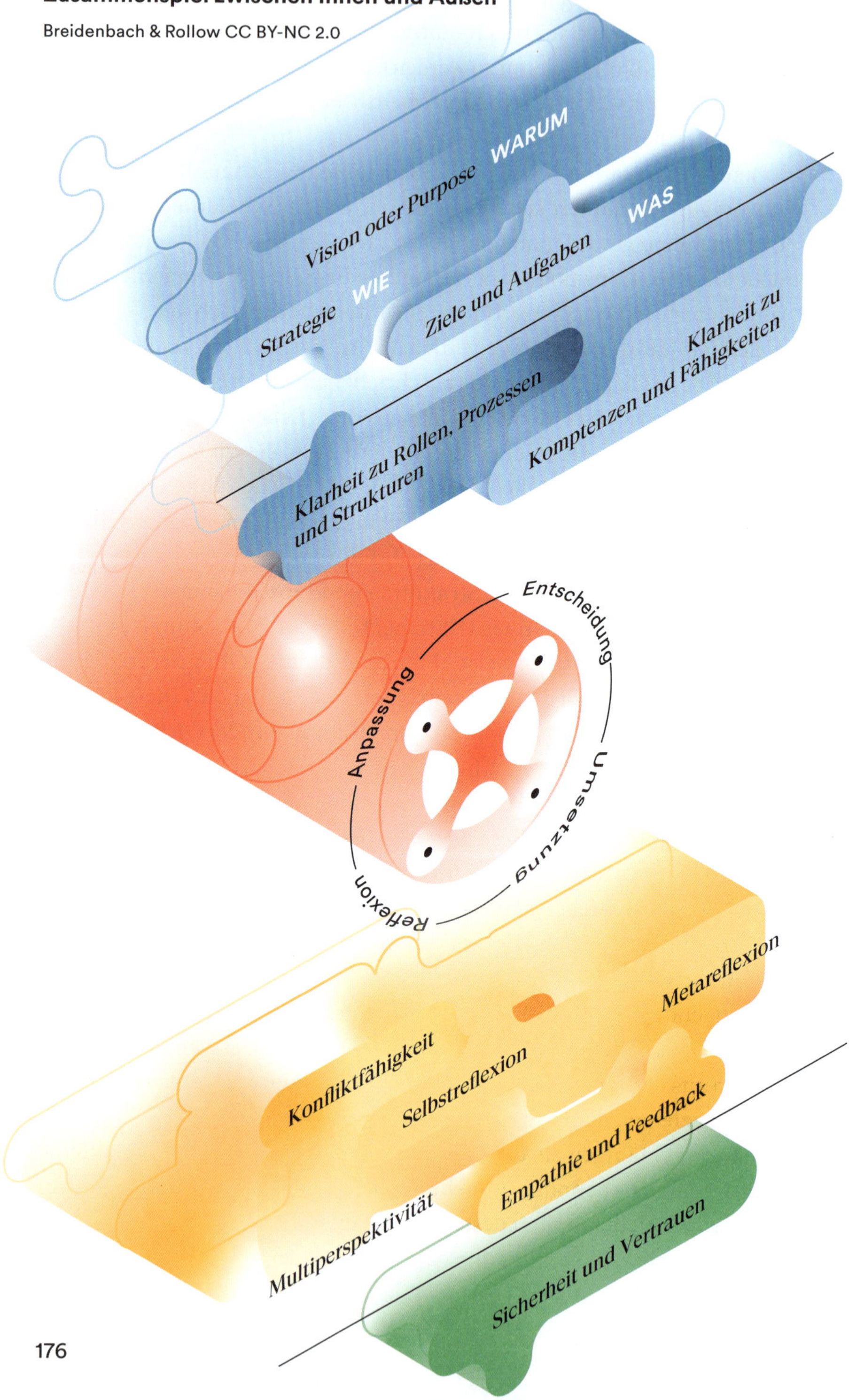

Anhand dieses Modells können sich Teams bewusst entscheiden, welche Bausteine sie in welcher Ausprägung für ihren Entscheidungs- und Umsetzungsprozess einsetzen möchten und welche Balance sie zwischen Innen und Außen anstreben.

Wir sind uns bewusst, wie komplex dieses Zusammenspiel Dir bei der ersten Beschäftigung damit erscheinen wird. Im Anhang, → S. 273, findest Du einen Fragenkatalog, der Dich dabei unterstützt, das Modell zu befüllen.

Zurück zur ganzheitlichen Transformation.

Arbeitshypothesen für eine ganzheitliche Transformation

Schritt 4

Unser Status quo als entfaltete Organisation

Ihr erinnert Euch: Bis hierher haben Teams auf der Metaebene ihr aktuelles Zusammenarbeitsmodell beschrieben und erste Spannungsfelder und Herausforderungen identifiziert. Nun verfeinern Teams ihre Standortanalyse und die Arbeitshypothesen mit Hilfe des Modells der entfalteten Organisation. Die einzelnen Fragen, die Bettina mit ihren Klient:innen durchgeht, stellen wir Euch anhand der partizipativen Organisation, → S. 169, die wir in Schritt 3 der Standortbestimmung einführten, vor.

Frage 1 Welche sind die primären Entscheidungs- und Umsetzungsprozesse in der Organisation und zu welchen Wertesystemen gehören sie? Oder um die Metapher der verschiedenen Fahrzeuge aufzugreifen: Ist das Fahrzeug in sich schlüssig konzipiert, also fahrtüchtig?

Als die Mitarbeiter:innen in unserem Beispiel das Modell ausfüllen, wird deutlich, dass sich in dem zentralen Baustein „Führung sorgt für Entscheidung und Umsetzung" zwei verschiedene Prozesse und damit Wertesysteme vermischen.

- Konsensentscheidung und partizipative Umsetzung: Alle Mitarbeiter:innen sind gleichberechtigt und dürfen sich beteiligen. Es gilt das Konsensprinzip [Partizipative Zusammenarbeitsmodelle, → S. 71].

- Ein für das Unternehmen individualisierter OKR-Prozess: Es wurden OKRs festgelegt, um die beschlossene Strategie zielorientiert umzusetzen. Jedes Team und seine Mitarbeiter:innen sind für spezifische OKRs und deren Umsetzung verantwortlich. Der Status der OKRs wird in regelmäßigen Roadmap Meetings besprochen und wenn notwendig angepasst. Bei diesem Prozess handelt es sich um eine agile Methodik [Agile Zusammenarbeit, → S. 73], die für das Unternehmen funktional abgewandelt wurde [Funktionale Hierarchien, → S. 69].

Immer wenn Teams Elemente aus verschiedenen Wertesystemen verwenden, brauchen sie Klarheit darüber, welcher Prozess mit welchen Werten in welcher Situation greift. Zudem müssen sie sich gewahr werden, ob sich die Prozesse widersprechen und dadurch Spannungen entstehen.

In diesem Fall sind beide Prozesse für sich genommen schlüssig. Aber gilt dies auch in der Kombination von beiden? Diese Frage muss das Team jetzt überprüfen.

Bettina stellt dafür folgende Arbeitshypothese auf:

- Die individuelle Verantwortung für ORKs auf der einen Seite und die Abhängigkeit von Gruppenentscheidungen, um die eigenen OKRs zu erfüllen, kann zu Konflikten führen. Es ist unklar, welche Entscheidungen partizipativ und welche Entscheidungen im Rahmen des OKR-Prozesses durch die verantwortlichen Rollen getroffen werden sollen.

Daraus ergibt sich folgendes To-do:

- Erstellen einer Vereinbarung, wie die beiden Prozesse miteinander zusammenhängen und was in Patt-Situationen geschieht.

Frage 2 Welche Instrumente nutzt die Organisation für die strategische Orientierung ihrer Mitarbeiter:innen? Wie werden sie über Vision, Mission, Strategie, Ziele und Aufgaben informiert? Was läuft derzeit über äußere Strukturen, was über innere Kompetenzen? Sind alle Teammitglieder gut genug informiert, um sich in die beiden unterschiedlichen Entscheidungsprozesse – partizipative Konsensentscheidung und eigenverantwortlicher OKR-Prozess – einzubringen?

In unserem Beispielunternehmen liegen alle Aufgaben rund um Vision und Strategieentwicklung bei einer kleinen Gruppe rund um die Unternehmensgründer:innen. Diese Gruppe weiß zu jedem Zeitpunkt, wo das

Gesamtunternehmen steht. Alle anderen Mitarbeiter:innen werden über OKRs – also äußere Strukturelemente – eingebunden. Die OKRs sorgen dafür, dass Mitarbeiter:innen in den einzelnen Teams ihre Aufgaben und Ziele gut kennen und ihre Meetings klar strukturiert und produktiv sind. Problematisch ist dagegen, dass die OKRs zwar in bestimmten Abständen besprochen und aktualisiert werden, es dabei aber oft eine Zeitverzögerung zur strategischen Weiterentwicklung gibt, die zu Ineffizienzen und Misskommunikation führt. Zudem hat sich in den letzten Monaten gezeigt, dass eine Reihe von relevanten Marktinformationen (Absatzzahlen, Marktindikatoren etc.) von der Organisation zu langsam erfasst und verarbeitet werden. So weit die äußeren Orientierungspfosten. Wenn wir uns nach Innen wenden, zeigt sich, dass breite Teile der Belegschaft darüber klagen, dass sie strategisch zu wenig informiert und orientiert sind. Sie haben das Gefühl, nie ganz auf dem Laufenden zu sein. Um ja keine falschen Entscheidungen zu treffen, beziehen Entscheidungsträger:innen zu viele Menschen ein. Meetings sind oft langwierig und kompliziert. Da viele verschiedene Personen teilnehmen, wechseln Gespräche oft zwischen strategischen, taktischen und operativen Ebenen hin und her, ohne dass dies explizit angesprochen wird. Infolge dieses Wirrwarrs fragen sich manche Mitarbeiter:innen, ob im Team ausreichend strategische Kompetenz vorhanden ist.

Bettina stellt mit dem Team einige Arbeitshypothesen auf:

- Im Unternehmen fehlt ein stringenter strategischer Prozess, der über das ganze Jahr hinweg für Orientierung sorgt und in dem die OKRs als Steuerungselemente einen festen Platz einnehmen. (Außen)
- Das Reporting – auch in Bezug auf das Marktumfeld – ist mangelhaft. (Außen)
- Dem Team fehlt es an strategischer Kompetenz. Spannungen, die dadurch entstehen, werden in ausufernde Gruppenprozesse verlagert, statt direkt angesprochen zu werden. (Innen)

Daraus ergeben sich folgende To-dos:

- Der OKR-Prozess muss engmaschiger mit einem transparenten ganzjährigen Strategieprozess verknüpft werden. (Außen)
- Das Team braucht einen Kompetenzaufbau rund um den strategischen Prozess (Innen), inklusive einer Anpassung der Meetings und Entscheidungen. (Außen)

- Um zeitnah festzustellen, welche Informationen fehlen, welche Personen in Prozesse einbezogen werden und auf welcher Flughöhe Diskussionen stattfinden sollen, muss das kollegiale Feedback gestärkt werden. (Innen)

Frage 3 Kennen alle Teammitglieder die für sie relevanten Prozesse, Strukturen, Regeln und Rollen? Was davon wird derzeit über äußere Strukturen, was über innere Kompetenzen abgebildet? Reicht der aktuelle Grad an Orientierung für die beiden Entscheidungsprozesse?

Unsere Beispielorganisation hat nur wenige feste Prozesse, Strukturen und Rollen und geht davon aus, dass die meisten von diesen äußeren Strukturmerkmalen von Kolleg:innen kommunikativ verhandelt und situativ gestaltet werden. An dieser Stelle entsteht jedoch immer wieder der oben beschriebene Wertekonflikt zwischen Partizipation und Gleichberechtigung auf der einen und Effizienz und Leistungsorientierung auf der anderen Seite. Mitarbeiter:innen wissen häufig nicht, was sie genau tun sollen und suchen Halt im Austausch miteinander. Nach dem Motto: Wir sind uns selbst nicht sicher, deshalb machen wir lieber alles zusammen. Dies ist nicht nur ineffizient, es behindert auch die Entfaltung der Einzelnen. Viele Kolleg:innen fühlen sich ohnmächtig bzw. haben Angst vor Spannungen und Konflikten, die entstehen könnten, wenn sie kompetenzbasiert die Führung übernehmen.

Arbeitshypothesen:

- Der Mangel an ausreichend vielen festen Strukturen, Prozessen und Rollen überfordert das Team. (Außen)
- Es fehlen wichtige innere Kompetenzen, die es dem Team ermöglichen, sich gegenseitig Sicherheit und Orientierung zu geben und gleichzeitig auch spannungsvollere Gespräche zu führen. (Innen)

Daraus ergeben sich folgende To-dos:

- Das Team muss einen neuen Grad an festen Strukturen, Prozessen und Rollen definieren, der es ihm ermöglicht, die beiden Entscheidungsprozesse wirksam umzusetzen. (Außen)
- Gleichzeitig braucht es einen Kompetenzaufbau im Team hinsichtlich des Feedbacks und des Konfliktmanagements. (Innen)
- Beide To-dos müssen so umgesetzt werden, dass Innen und Außen zusammenpassen.

Frage 4 Hat das Team einen geteilten Überblick, welche Kompetenzen es in welcher Ausprägung für seine Arbeit braucht? Gibt es einen formellen äußeren Rahmen, z. B. eine Kompetenzmatrix und Regelmeetings, in denen Mitarbeiter:innen sich über Kompetenzen austauschen (Außen), oder besprechen sie Kompetenzen situativ und informell (Innen)? Reicht der aktuelle Grad an Orientierung für die beiden Entscheidungsprozesse?

Ähnlich wie bei Frage 3 vertraut die Organisation hauptsächlich darauf, dass Mitarbeiter:innen sich über die für ihre Arbeit notwendigen Kompetenzen informell austauschen, statt dass diese explizit definiert wurden und es angeleitete Reflexionsformate gibt. Als wichtigstes Instrument nutzen sie kollegiales Feedback. Im Gespräch wird deutlich, dass Mitarbeiter:innen sehr verunsichert und frustriert sind und sich wünschen, dass Kompetenzen klar definiert und mit Rollen verknüpft werden. Sie finden es schwer, offene Feedbackgespräche zu führen und berichten, dass diese selten stattfinden und wenn doch, sie sich gegenseitig meistens loben. Vor kritischen Rückmeldungen schrecken sie aus Angst vor Konflikten zurück. Ihre Unfähigkeit, wirklich zu verstehen, welche Kompetenzen in welcher Qualität jeder Einzelne braucht, wirkt sich direkt negativ auf Entscheidungsprozesse aus. In vielen Prozessen sind die dafür relevanten, wirklich kompetenten Kolleg:innen gar nicht beteiligt. Zugleich fällt es Mitarbeiter:innen schwer, die Grenze gegenüber Kolleg:innen zu ziehen, die nicht gebraucht werden. Niemand traut sich zu sagen: „Für dieses Thema bringst Du nicht die relevante Kompetenz mit und deshalb musst Du an diesem Meeting nicht teilnehmen“. All diese konfliktvermeidenden Dynamiken führen dazu, dass Gruppenprozesse diffus und ineffektiv sind.

Arbeitshypothese:

- In der Organisation gibt es keinen Überblick darüber, welche Kompetenzen für effektive und qualitativ gute Entscheidungen im Sinne der beiden Entscheidungsprozesse notwendig sind.

Daraus ergeben sich folgende To-dos:

- Das Team muss die von Mitarbeiter:innen erwarteten Kompetenzen festlegen und definieren. (Außen)
- Es braucht eine Übersicht dazu, welche Kompetenzen für welche Rollen wichtig sind. (Außen)
- Insgesamt muss die Selbstreflexion gestärkt werden. (Innen)

Übersicht Inner-Work-Kompetenzen

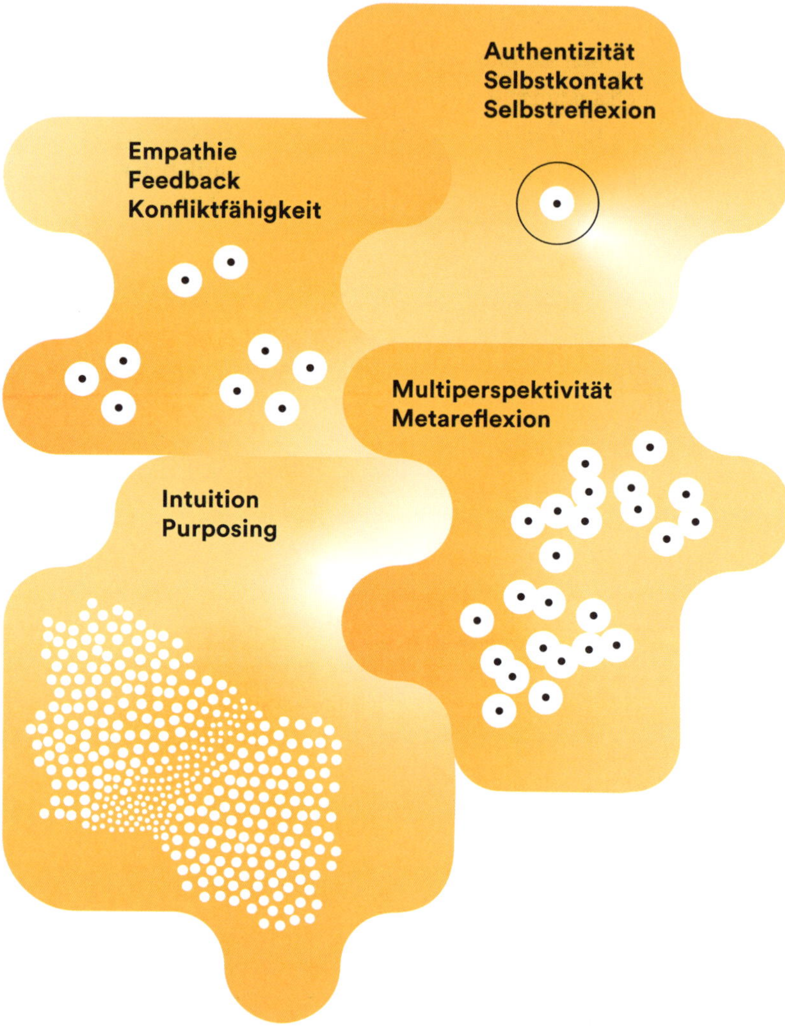

- Es werden Maßnahmen eingeführt, um das kollegiale Feedback zu stärken, sodass auch schwierige Themen angesprochen werden können. (Innen)

An dieser Stelle zieht Bettina mit dem Team ein Zwischenfazit ihrer gemeinsamen Arbeit. Welche Dynamiken und möglichen Ursachen konnten wir herausarbeiten? Was sind unsere wichtigsten Arbeitshypothesen? Was braucht das Team im Außen und was im Innen? Ist unser Fahrzeug fahrtüchtig?

Im Zuge der hier beschriebenen Standortanalyse hat das Team gelernt, dass es für beide Entscheidungsprozesse – die partizipativen und die OKR-getriebenen – unzureichend aufgestellt ist, da es ihnen sowohl an Orientierung im Außen als auch an Kompetenzen im Inneren fehlt.

Sie verstehen ihr lähmendes Muster: Immer wenn sie unsicher sind und Angst vor Konflikten haben, flüchten sie in den Konsens. Um dies zu durchbrechen, brauchen sie an ausgewählten Stellen mehr vordefinierte Prozesse, Strukturen und Rollen. Gleichzeitig muss das Team eine Reihe von Kompetenzen in den Bereichen strategisches Denken, Konfliktmanagement und Kommunikation stärken. Da diese beiden Handlungsfelder sich gegenseitig beeinflussen, muss das Team eine stimmige Balance zwischen Innen und Außen finden und keine der beiden Seiten im nächsten Schritt überbetonen.

Im nächsten Teil der Standortbestimmung wenden wir uns nun detaillierter den Inner-Work-Kompetenzen zu [Grafik, → S. 182].

Frage 5 Welche Inner-Work-Kompetenzen in welcher Ausprägung braucht das Team, um Entscheidungsprozesse gut umzusetzen? Welche äußeren Strukturelemente können helfen, diese inneren Kompetenzen im Arbeitsalltag zu verankern? Wo muss jedes Individuum für sich einen inneren Kompetenzaufbau durchlaufen?

Bettina bricht diesen Fragenkomplex in drei Schritte auf:

1. Welche Inner-Work-Kompetenzen haben wir bereits identifiziert? Wie hängen diese miteinander zusammen? Das heißt, welche Kompetenzen bilden die Grundlage für andere?
2. Welche zusätzlichen Inner-Work-Kompetenzen brauchen wir – und in welcher Ausprägung – für unser Zusammenarbeitsmodell?
3. Wie sicher und vertrauensvoll muss unser Beziehungsraum sein, damit wir die relevanten Inner-Work-Kompetenzen praktizieren können?

In den Kapiteln 5–7 haben wir ausführlich beschrieben, wie die einzelnen Inner-Work-Kompetenzen miteinander zusammenhängen. Eine exemplarische Übersicht zu den verschiedenen Organisationsmodellen und den dazugehörigen Inner-Work-Kompetenzen und ihren Ausprägungen findest Du im Anhang [→ S. 276].

Die hier beschriebenen Fragen und Reflexionen bauen auf der zwischenzeitlich erworbenen Fähigkeit des Teams auf, Zusammenhänge zwischen den inneren und äußeren Dimensionen wahrzunehmen und zu verkörpern. An dieser Stelle ist es wichtig, zwischen verschiedenen Formen der Wahrnehmung zu unterscheiden. Natürlich kannst Du die inneren Kompetenzen und ihr Zusammenwirken mit der Außenwelt bis zu einem bestimmten Grad mental erfassen. Du kannst die in diesem Buch beschriebenen inneren Kompetenzen wie eine Checkliste durchgehen und so einen Überblick gewinnen. Für ein tieferes Verständnis reicht das allerdings nicht aus. Wir beschreiben hier keinen intellektuellen Lernprozess, sondern einen psychologischen Reifungsprozess, infolgedessen Du die Welt tiefer wahrnehmen und fühlen lernst. Keine rein mentalen Instrumente werden zu demselben Ergebnis führen. Wenn sich also herauskristallisieren sollte, dass ein Team sich auf einen solchen tieferen Prozess nicht einlassen möchte, ist es wichtig, dies explizit zu benennen und die richtigen Konsequenzen daraus zu ziehen. Denn Teams, die nur einen geringen Grad an Inner Work betreiben, müssen im Umkehrschluss mehr äußere Strukturen etablieren, um gut zusammenarbeiten zu können. Dies ist immer möglich, geht aber mit Begrenzungen einher. Denn es zeigt sich immer wieder, dass Komplexitätsbewältigung, Innovationsfähigkeit und Krisenmanagement sowie alle selbstorganisierten Zusammenarbeitsmodelle primär auf Inner Work und nur zu einem wesentlich kleineren Teil auf äußeren Strukturmaßnahmen beruhen.

Insbesondere für Frage 5 ist eine externe Begleitung für viele Teams hilfreich und in manchen Fällen auch notwendig. Denn die hier erforderlichen Reflexionen brauchen eine gewisse Vorarbeit und profitieren von einem Blick von außen. Teams werden entlastet, wenn eine externe Begleitung den Raum hält, den Prozess strukturiert und sich mit Expertise rund um Inner Work einbringt.

Wenden wir uns wieder unser Beispielorganisation zu. Wir wissen bereits, dass die Organisation lernen muss, direkter und transparenter miteinander zu kommunizieren und auch Konflikte besser zu halten, damit die beiden Entscheidungsprozesse, der OKR-basierte Prozess und die partizipativen Verfahren, gut funktionieren. Transparente, direkte Kommunikation und ein guter Umgang mit Spannung basieren wiederum auf einer Reihe anderer Kompetenzen wie Selbstkontakt, Selbstreflexion, Empathie und Feedback. Um in der Lage zu sein, die OKRs in ihrem Kontext zu reflektieren und den partizipativen Gruppenprozess zielorientiert zu steuern, brauchen Mitarbeiter:innen zusätzlich einen bestimmten Grad an Multiperspektivität und Metareflexion.

Nachdem die Teammitglieder herausgearbeitet haben, welche Anforderungen sie erfüllen müssen, gleichen sie diese mit dem Status quo ab. Welche Kompetenzen sind bereits vorhanden, welche fehlen noch?

Nachdem sich das Team einen Überblick zu seinem aktuellen Status quo als entfaltete Organisation verschafft hat, widmet sich Bettina im sechsten und zugleich letzten Schritt zwei weiteren Fragen.

Frage 6 Passen die Fahrer:innen (also Mitarbeiter:innen) zum Fahrzeugtyp (Organisationstyp)? Passt das Zusammenarbeitsmodell zu den Zielen der Unternehmung? Das heißt, passt es zu dem Marktumfeld?

Unsere Beispielorganisation beantwortete beide Fragen positiv. Mitarbeiter:innen waren davon überzeugt, dass sowohl die Belegschaft mit dem Organisationstyp kompatibel war, als auch das Zusammenarbeitsmodell zu den Zielen passte. Zugleich waren sie motiviert, individuell und im Team zu wachsen, um die identifizierten Herausforderungen anzugehen.

Maßnahmen festlegen und Zukunft gestalten

Im nächsten Schritt führt Bettina alle Ergebnisse zusammen und legt mit dem Team Maßnahmen fest. Diese versucht sie, dem Lernrhythmus des Teams anzupassen. Dabei spielen eine ganze Reihe von Faktoren eine Rolle, darunter der Grad an Homo- und Heterogenität, der Grad an struktureller Diskriminierung (ausführlicher dazu Kapitel 9), historische und aktuelle Konflikte oder das Motivationsniveau für Veränderungen. In jedem tiefergreifenden Veränderungsprozess gilt es, Rhythmen zu respektieren und sich zugleich auch ehrlich einzugestehen, wenn eine Grenze erreicht wurde. Dann können Teams sich fragen, ob die Ziele zu ehrgeizig waren, es einfach noch mehr Zeit braucht oder ob der Prozess für einzelne Teammitglieder nicht passt und sie das Unternehmen verlassen. Change-Prozesse sind dann erfolgreich, wenn Teams eine möglichst breite Palette an Handlungsoptionen in Betracht ziehen und sich die richtigen Metareflexionsfragen stellen.

Dasselbe gilt für die Umsetzung der Maßnahmen. Um diese zu verfolgen, vereinbart Bettina regelmäßige Treffen, um routinemäßig eine Reihe von Fragen zu besprechen: Sind wir auf dem richtigen Weg? Was funktioniert? Was funktioniert nicht? Was müssen wir ändern? Wovon müssen wir uns ganz verabschieden?

Um unser Beispiel abzuschließen: Die Organisation setzte in den darauffolgenden sechs Monaten folgenden Maßnahmen um:

- Aufstellung und Verzahnung eines fortlaufenden Strategieprozesses mit dem bereits bestehenden OKR-Prozess, neue Meetingstruktur, Definition von relevanten Rollen und den dazugehörigen Kompetenzen.
- Definition relevanter Inner-Work-Kompetenzen und deren Ausprägungsgrade, Stärkung des kollegialen Feedback-Prozesses für die Selbst- und Fremdverortung zu diesen Kompetenzen sowie dem Sicherheits- und Vertrauensraum im Team. Jedes Team bekam die Aufgabe, für sich festzulegen, mit welchen Kompetenzen es sich in den nächsten 12 Monaten gezielt beschäftigen will. Für die Umsetzung der Maßnahmen stand ein Budget zur Verfügung.
- Kompetenzaufbau zu Konfliktfähigkeit sowie Einführung extern moderierter Clear the Air Meetings, in denen Konflikte gezielt bearbeitet werden.
- Neudefinition der partizipativen Entscheidungsprozesse unter folgenden Gesichtspunkten: Wann wollen bzw. müssen wir partizipativ Entscheidungen treffen? Wie stellen wir fest, wer dabei sein muss? Wie balancieren wir Raum für Dialog mit Zielorientierung und Zeiteffizienz?
- Einführung regelmäßiger Retroflexionen, in denen die Zusammenarbeit überprüft wird.

Durch die regelmäßigen Retroflexionen entwickelt sich der Prozess von selbst weiter. Alle Themen, die ausreichend gut bearbeitet wurden, werden abgeschlossen. Zugleich tauchen organisch immer wieder neue Themen auf. Das ist kein Problem, sondern ein Qualitätsmerkmal. Eine Organisation, die Bedürfnisse und Herausforderungen zeitnah identifizieren und auf diese reagieren kann, ist resilient und zukunftsfähig. Sie kann mit Veränderung umgehen, Komplexität navigieren, kontinuierlich lernen und sich im Innen wie im Außen entfalten – sie ist eine entfaltete Organisation.

Die Rolle von Fremd- und Selbstführung im Modell der entfalteten Organisation

Das Modell der entfalteten Organisation lässt sich noch um ein weiteres Instrument erweitern: eine Reflexion zu Selbst-, Fremd- und Mitarbeiter:innenführung. Dazu beantworten Teams alle fünf Fragen der Standortbestimmung unter dem Aspekt, welche Anteile die drei Führungsformen jeweils einnehmen.

Exemplarisch können wir die erste Frage nehmen – Was sind die primären Entscheidungs- und Umsetzungsprozesse und zu welchen Wertesystemen gehören sie? – und sie für unsere Beispielorganisation beantworten. Für das Team entstanden dadurch eine Reihe zusätzlicher Informationen.

- Konsensentscheidung und partizipative Umsetzung: Alle Mitarbeiter:innen sind gleichberechtigt und dürfen sich beteiligen. Entscheidungen entstehen durch Konsens.
  Zusätzliche Information: Der Anteil an Selbstführung ist hoch, denn jeder ist für den Prozess und die gefällte Entscheidung mitverantwortlich. Wir können nicht sicherstellen, dass die partizipative Führung notwendigerweise die unternehmerischen Ziele unterstützt, da sie sich primär auf Zugehörigkeits- und Sicherheitsgefühle in der Gruppe bezieht.
- OKR-Prozess: In der hier vorhandenen Version eine Mischung zwischen Leistungsorientierung und Agilität; jeder ist für seine OKRs selbstverantwortlich und muss zielorientiert vorgehen, kollegiales Feedback zum Fortschritt sowie notwendige Anspassungen der OKRs werden im Roadmapmeeting besprochen.
  Zusätzliche Information: Der Anteil an Selbstführung ist durch den engeren Prozessrahmen beschränkt. Die Roadmapmeetings bilden eine Plattform für Entscheidungen. Es ist nicht eindeutig geklärt, was durch die OKR-Verantwortlichen selbstverantwortlich und was durch die Gruppe entschieden wird. Die Balance zwischen Selbstführung und partizipativer Führung ist unklar.

Die Reflexion verdeutlicht ein weiteres Mal, dass die beiden Entscheidungsprozesse unterschiedliche Ansprüche in Bezug auf Selbst-, Fremd- und Mitarbeiter:innenführung stellen. Wie sonst auch, geht es hier mehr darum, dass den Teams klar ist, welche Prozesse und Werte in welchen Situationen angewendet werden, als dass diese vereinheitlicht werden. Explizit vereinbart und abgestimmt, können Teams unterschiedliche Entscheidungsprozesse gleichzeitig und erfolgreich umsetzen.

Die Reflexion der Balance zwischen Selbst- und Fremdführung hängt individuell vom Rhythmus des Transformationsprozesses ab. Je nach Organisation findet sie zu einem früheren oder späteren Zeitpunkt statt.

Push- versus Pull-Faktoren

Teams, die mit dem Modell der entfalteten Organisation arbeiten, stellen mit der Zeit immer bessere Arbeitshypothesen auf, welche Elemente sie für eine effektive Zusammenarbeit verändern müssen. Da sie die Grundmechanik ihrer Organisationsform verstehen, gelingt es ihnen besser, Ursachen und Wirkungen zu unterscheiden und zu wissen, an welchen Stellen Veränderungsmaßnahmen einsetzen müssen.

Zu Beginn drehen sich die Arbeitshypothesen meist um bestehende Spannungsfelder des aktuellen Organisationsmodells. Sie spiegeln den Leidensdruck der Mitarbeiter:innen wider und helfen ihnen, die Versäumnisse und Verstrickungen der Vergangenheit aufzuräumen. In *New Work needs Inner Work* unterscheiden wir Push- von Pull-Faktoren, die Teams motivieren, etwas zu verändern. Push-Faktoren drücken uns aus der Vergangenheit. Pull-Faktoren ziehen uns aus der Zukunft.

Bevor Teams sich für Pull-Faktoren in Form von Inspiration und Neugier öffnen und ein neues Organisationsmodell entwickeln können, müssen sie bestehende Spannungen ausreichend aufgearbeitet haben. Ist der Leidensdruck zu groß, fehlt der Raum für wirklich Neues. Ist die Vergangenheit ausreichend bearbeitet, können Pull-Faktoren miteinbezogen werden. Um herauszufinden, wie das zukünftige Organisationsmodell aussehen könnte, bieten sich eine Reihe von Leitfragen an:

- Welche Art der Führung und Zusammenarbeit ist geeignet, um unseren Unternehmenszweck am besten zu erfüllen? Was ist hier der nächste Schritt?
- Was braucht und möchte das Team? Was kann es im Innen mit welchen Maßnahmen umsetzen? Welche Strukturen und Prozesse im Außen tragen uns in die Zukunft?
- Welche kontextuellen Faktoren (Marktumfeld, Trends, Regulierung etc.) müssen wir einbeziehen?

Auf der Basis der Antworten entwickelt Bettina mit dem Team die Werte und Qualitäten, die den nächsten Entwicklungsschritt ausmachen sollen. Diese Werte werden danach in konkrete Entscheidungs- und Umsetzungsprozesse übersetzt. In einem weiteren Schritt bespricht das Team, welche Art von Orientierung, Kommunikation, Reflexion, Konfliktfähigkeit und welches Niveau an Vertrauen und Sicherheit sie brauchen. Welche dieser Führungsfunktionen will das Unternehmen über äußere Prozesse und

Strukturen steuern? Welche sollen über innere Kompetenzen abgedeckt werden, also auf Basis der individuellen Kompetenzen und der Beziehungskompetenzen der Kolleg:innen? Wie möchten Teams die Balance zwischen Selbst- und Fremdführung in den unterschiedlichen Bereichen gestalten?

Nachdem das Team sich über diese grundlegenden Themen einig geworden ist, vergleicht es den aktuellen Status und die neu entwickelte Vision: Wie passen beide zusammen? Welche Aspekte des Status quo müssen angepasst werden? Welche Strukturen und Prozesse müssen sie verändern? In welchen Bereichen müssen sie einen Kulturwandel durchlaufen?

Wie schon bei *New Work needs Inner Work* können wir an dieser Stelle keine Blaupause für DEN Organisationsentwicklungsprozess anbieten. Stattdessen bieten wir Dir Navigationsinstrumente an, die es Dir und Deiner Unternehmung ermöglichen, die wichtigsten Bausteine einer ganzheitlichen Transformation selbst zu erarbeiten.

Egal ob Push oder Pull – es ist hilfreich und wichtig, im Verlauf des Prozesses zu unterscheiden, ob wir uns in einer horizontalen oder vertikalen Entwicklung befinden.

Horizontale oder vertikale Entwicklung?

In Kapitel 4 haben wir erstmals zwischen horizontalen und vertikalen Entwicklungsschritten im Zuge einer Organisationstransformation unterschieden. Diese Differenzierung greifen wir an dieser Stelle auf und wenden sie konkret auf den Entwicklungsprozess eines Unternehmens an.

In ihrer Arbeit hilft Bettina Teams dabei zu unterscheiden, welche Art von Veränderungen sie brauchen, um die bestehenden Reibungen und Probleme zu lösen. Geht es darum, einzelne Elemente des Modells anzupassen und zu optimieren? Wenn ja, dann haben wir es mit einem horizontalen Entwicklungsschritt zu tun. Dabei bleibt ein Team seinem alten Verständnis von Führung und Zusammenarbeit verbunden und verbessert es an einigen Stellen, damit es reibungsloser läuft.

Nehmen wir dafür ein Beispiel: Ein Team arbeitet in einer flachen Hierarchie zusammen. Dafür hat es funktionale Rollen definiert, die bestimmte Entscheidungsbefugnisse haben. Die Mitarbeiter:innen kennen die Grundausrichtung des Unternehmens ebenso wie die Ziele ihrer eigenen Rollen. Im Unternehmen kommt es jedoch immer wieder zu Problemen, wenn unterschiedliche Rollen interdisziplinär zusammenarbeiten müssen. Dann beklagen sich die Mitarbeiter:innen über Silodenken und Inselwissen. Sie haben kein gemeinsames Verständnis und kein Vertrauen in die kollegiale Zusammenarbeit zwischen den gleichgestellten Rollen.

Um die Spannung zu bearbeiten, müssen die einzelnen Kolleg:innen ihre Selbstreflexionsfähigkeit steigern. Dazu stellen sie sich Fragen wie: Was, welche Kompetenzen, welches Wissen kann ich zu diesem Thema beitragen? Wie autonom oder wie kooperativ bin ich beziehungsweise sollte ich sein, um ein gutes Ergebnis zu erzielen? Zudem besprechen sie untereinander, wie gut sie als Mitarbeiter:innen miteinander kommunizieren. Dazu reflektiert die Einzelne beispielsweise, ob sie sich traut, offen und auch kritisch ihren Beitrag zu leisten, den anderen gut zuzuhören etc.? Um die Schnittstellen zwischen ihren Rollen zu verbessern, müssen die Mitarbeiter:innen also zum einen ihre eigene Arbeitsweise hinterfragen, zum anderen gemeinsam einen Vertrauensraum aufbauen, der neue Gespräche und enge Kollaboration ermöglicht. Dabei kann es auch helfen, wenn sie explizit ihre Fähigkeit für kollegiales Feedback verbessern.

Wenn Teams hingegen ihr Zusammenarbeitsmodell grundsätzlich hinterfragen oder im Sinne eines Pull-Prozesses ihren nächsten Entwicklungsschritt anvisieren, steht ihnen wahrscheinlich eine vertikale Transformation bevor. In diesem Fall muss sich das Team zuerst auf ein neues Leitbild einigen. Auf dessen Basis werden dann die anderen Bausteine verändert.

Auch dies möchten wir an einem Beispiel konkretisieren. Eine Organisation wünscht sich Mitarbeiter:innen, die mehr Verantwortung übernehmen und selbstständig Entscheidungen fällen. Die Unternehmenskultur, Strukturen und Prozesse ebenso wie das Selbstverständnis der Teammitglieder entstammen jedoch dem Paradigma regelbasierter Zusammenarbeit. Alle Prozesse sind klar vordefiniert und bieten wenig Spielraum für eigenständige Entscheidungen. Damit sich Führung und Zusammenarbeit grundsätzlich verändern können, muss ein Transformationsprozess in allen Bausteinen angestoßen werden.

Es tut Teams gut, wenn sie lernen, zwischen horizontal und vertikal zu unterscheiden. Denn horizontale Prozesse fühlen sich nicht nur anders an, sie benötigen auch andere Ressourcen und Qualitäten. Je bewusster wir als Gruppe wissen, was wir tun, desto expliziter können wir wirken und gestalten. Das gilt auch im Umkehrschluss. Viele Unternehmen kündigen vertikale Transformationen an. Bei genauer Betrachtung handelt es sich dann aber doch nur um eine horizontale Optimierung. Solch missverständliche Botschaften schaden, da sie Erwartungen von Mitarbeiter:innen enttäuschen, was wiederum zu Spannungen führt. Zugleich hilft uns die Unterscheidung zwischen horizontalen und vertikalen Prozessen präziser festzustellen, welche Veränderungen wirklich gebraucht und gewollt werden. Denn in vielen Fällen müssen Unternehmen sich tatsächlich vertikal transformieren. Doch oft fehlt es an Wissen und Kompetenz, genau dies einzuleiten.

Das in diesem Kapitel vorgestellte Modell dient als eine Art Gesprächsleitfaden für den ganzheitlichen Transformationsprozess. Es hilft Mitarbeiter:innen, sich selbst zu verorten, sich über ihre Wahrnehmungen und Interpretationen auszutauschen und sich gegenseitiges Feedback zu geben. Das Ziel ist, dass Organisationen eine eigene Inhousekompetenz aufbauen, um ihr Führungs- und Zusammenarbeitsmodell selbst zu analysieren, Ursachen von Spannungen zu identifizieren und diese erfolgreich zu bearbeiten. In diesem Sinne verwandelt sich die einmalige Organisationsentwicklung in einen natürlichen, fortlaufenden Entwicklungsprozess. Dieser kann weitgehend intern ablaufen und muss nur punktuell externe Beratung hinzuziehen – und zwar genau an den Punkten, wo die Herausforderungen die eigene aufgebaute Kompetenz überschreiten.

In diesem und den vorherigen Kapiteln haben wir die verschiedenen Bausteine einer ganzheitlichen Organisationsentwicklung beschrieben. In den nächsten Kapiteln werden wir diese Ausführungen auf den größeren gesellschaftlichen Kontext erweitern.

Teil 2

Die entfaltete Gesellschaft

Kapitel 9

Inner Work als Antwort auf strukturelle Diskriminierung

Vieles von dem, was wir heute als erfolgreich ansehen, basiert auf Exklusion.

Thomas Hübl

In den vorherigen Kapiteln haben wir erforscht, wie Menschen sich in ihren Haltungen unterscheiden und je nach Prägung und Weltbild verschiedene Vorlieben, Bedürfnisse und Verhaltensweisen an den Tag legen. Jetzt möchten wir uns diese Prägungen und Weltbilder genauer anschauen. Denn sie sind nicht nur das Resultat unterschiedlicher Familienkulturen und individueller Erfahrungen. Sie werden maßgeblich von kollektiven, strukturellen Faktoren beeinflusst, die auch dazu führen, dass manche Menschen mehr Macht und Privilegien und mehr Zugang zu Ressourcen haben als andere. Und da jede entfaltete Organisation versucht, sich ihrer Rolle in der Gesamtgesellschaft bewusst zu werden, beschäftigt sich dieses Kapitel mit struktureller Diskriminierung und Intersektionalität.

Strukturelle Diskriminierung und Intersektionalität sind heute (auch) in der Arbeitswelt wichtige Themen. Viele Unternehmen starten Diversitäts- und Inklusionsinitiativen. Sie setzen sich Ziele für die Integration von Mitarbeiter:innen mit anderer Hautfarbe, Migrationshintergrund, unterschiedlicher sozialer Herkunft, diversen Geschlechteridentifikationen oder Behinderungen. Dabei reicht die Bandbreite von oberflächlichen Diversitätsmaßnahmen als Teil des Employer Brandings – „Schaut her, bei uns arbeiten Frauen, und auch Schwarze Menschen sind willkommen" – bis hin zu tiefgreifenden Bemühungen, eine anti-rassistische Unternehmenskultur aufzubauen.

Nun möchten wir nicht das Zigtausendste Buch zum Thema Diversity Management schreiben. Unser Beitrag versucht die Frage zu beantworten, welche Rolle Inner Work für eine ernsthafte Auseinandersetzung mit Diversität und Diskriminierung leisten kann. Bei dieser Fragestellung – und im zweiten Teil dieses Buches – möchten wir uns auch nicht auf Organisationen und Unternehmen beschränken, sondern die Rolle von Inner Work für die Gestaltung unserer Zukunft in allen Bereichen des Lebens erforschen.

Unsere Hypothese lautet: Menschen, die Inner-Work-Kompetenzen erworben haben, können strukturelle Diskriminierung in sich und ihrem Umfeld einfacher identifizieren und wirksamer bearbeiten. Dies gilt sowohl in Bezug auf allgemeine gesellschaftliche Debatten, an denen Du als Leser:in, Aktivist:in, Bürger:in beteiligt bist, als auch auf die spezifische Situation in Familien, Freundeskreisen, öffentlichen Institutionen und

Unternehmen. Wir hoffen, dass dieses Kapitel Dir dabei hilft zu sehen, wo strukturelle Diskriminierung die Interaktionen mit anderen Menschen beeinflusst, was Deine Rolle darin ist und wie wir damit konstruktiv umgehen können.

Unser Ausgangspunkt ist dabei unser eigener, primär weißer und privilegierter Hintergrund, unser eigener Selbsterkenntnisprozess in Bezug auf strukturelle Diskriminierung und unsere Rolle darin. Wir sind uns bewusst, dass wir ständig dazulernen und unsere eigenen unbewussten Flecken und exkludierten Anteile auch in dieses Buch einfließen. Daher möchten wir vorwegschicken, dass sich dieses Kapitel primär an Menschen privilegierter Gruppen bzw. an primär privilegierte Menschen, die partiell auch strukturelle Diskriminierung erfahren, richtet.

Wenn Du als Leser:in Dich einer diskriminierten Gruppe zugehörig fühlst, dann ist es uns wichtig festzustellen, dass Inner-Work-Prozesse für Menschen mit struktureller Diskriminierungserfahrung im Kontext von Traumabewältigung und Selbstbefähigung (Empowerment) anders verlaufen (können), sich teilweise anderer Sprache bedienen und wahrscheinlich auch andere Räume brauchen. Wir freuen uns natürlich sehr, wenn Dich dieses Kapitel interessiert, möchten aber gleichzeitig betonen, dass sich die Beispiele, die Sprache und die Prozessgestaltung hauptsächlich an privilegierte Menschen in ihrem Selbsterkenntnisprozess richten.

Was verstehen wir unter struktureller Diskriminierung und Intersektionalität?

Wir verstehen strukturelle Diskriminierung als eine Gesellschaftsform, in der Menschen aufgrund ihrer Zugehörigkeit zu einer bestimmten Bevölkerungsgruppe systematisch benachteiligt werden. Bestimmte Verhaltensweisen, Qualitäten und Werte gelten als normal, andere werden abgewertet. Nun gibt es in unseren ausdifferenzierten Gesellschaften viele verschiedene Formen der Abwertung und Ausgrenzung. Deren Zusammenspiel bezeichnet man als Intersektionalität. Denn die verschiedenen Diskriminierungsformen stehen nicht für sich allein, sondern wirken aufeinander ein und schaffen neue Formen der Exklusion. Dabei stehen sich zwei Hauptakteure gegenüber: diejenigen, die von ihren Privilegien und diskriminierenden Strukturen profitieren und ein (unbewusstes oder bewusstes) Interesse daran haben, sie aufrechtzuerhalten. Und diejenigen, die strukturell benachteiligt und von den unterschiedlichsten Ressourcen – Anerkennung, Macht, Geld, Teilhabe – exkludiert werden.

Das Konzept der Intersektionalität ermöglicht es uns, diese Machtstrukturen multidimensional und wie in einem Kaleidoskop zu sehen. Denn unterschiedliche Menschen sind von unterschiedlichen Bereichen des Lebens auf wiederum unterschiedliche Weise ausgeschlossen. Intersektionalität, als Begriff von der Juraprofessorin Kimberly Crenshaw (1989) geprägt, ermöglicht es uns zu differenzieren, wie verschiedenste Diskriminierungen sich überlagern und verstärken. So finden sich Menschen mit Migrationshintergrund, die eine Behinderung haben und deren Geschlechtsidentität von dem ihnen bei der Geburt zugewiesenen Geschlecht abweicht, mit mehreren Unterdrückungsmechanismen konfrontiert. Diese können nicht einfach zusammengezählt werden, sondern beeinflussen sich gegenseitig und bilden so neue Formen der Diskriminierung.

In anderen Fällen wirken Privilegien und Diskriminierungen in ein und derselben Person zusammen. So kann eine Frau auf der einen Seite strukturelle Diskriminierung erfahren, indem sie für den gleichen Job 18 % weniger verdient als ihr männlicher Kollege, 72 % der Hausarbeit macht und sich regelmäßig gegen sexuelle Übergriffe wehren muss. Zugleich ist sie aber in anderen Dimensionen vielen Bevölkerungsgruppen gegenüber privilegiert, da sie keine körperliche Behinderung hat, weiß gelesen wird, einem Akademikerhaushalt entstammt und sich mit ihrem biologischen Geschlecht identifiziert.

Die Vielfalt struktureller Diskriminierungen zeigt sich ebenso in einem Schwarzen Moslem afrikanischer Herkunft, der in Deutschland aufgrund seiner Hautfarbe, seiner Religion und seinen Verhaltensformen aus bestimmten Bereichen der Mehrheitsgesellschaft ausgeschlossen wird. Derselbe Mann erlebt zugleich aber aufgrund seiner helleren Schwarzen Hautfarbe und einer Karriere als Künstler gegenüber anderen, dunkleren Schwarzen Menschen bestimmte Privilegien. Im Rahmen der letzteren Diskriminierung, Kolorismus benannt, werden Personen mit hellerer Hautfarbe innerhalb einer ethnischen Gruppe bevorzugt, eine weitverbreitete Tendenz, die sich u. a. in dem Erfolg von Sängerinnen wie Beyoncé und Rihanna im Vergleich zu anderen ebenso begabten dunkleren Schwarzen Künstler:innen zeigt.

Obwohl strukturelle Diskriminierung sich in äußeren Strukturen, Prozessen und Verhaltensweisen niederschlägt, ist sie doch für viele unsichtbar. Viele Menschen erleben ihre Position als „normal". Sie sind in eine bestimmte Lebenserfahrung hineingeboren und hinterfragen ihren Status quo nicht – selbst dann nicht, wenn sie negativ betroffen sind.

Als Kind der 1980er Jahre hat Bettina gelernt, dass sie als Mädchen und Frau dieselben Chancen und Rechte hat wie alle ihre männlichen Verwandten, Freunde, Mitschüler und Kollegen. Jahrelang waren Geschlechterungerechtigkeit und patriarchale Strukturen für sie kein Thema, auch deshalb nicht, weil sie sich selbst nicht als Opfer struktureller Benachteiligung sehen wollte. Erst in ihren Dreißigern begann sie, Grenzen und Einschränkungen, die sie heute als patriarchal versteht, spezifischer wahrzunehmen. So wurde sie für ihre Kompetenzen, Leistungen und Durchsetzungsfähigkeit in ihrer Familie gelobt und gleichzeitig vor allem von ihren männlichen Verwandten immer wieder darauf hingewiesen, nicht so extrovertiert oder anspruchsvoll zu sein – sonst würde sie nie einen Partner finden. In ihrem Berufsleben – vor allem in Konzernstrukturen – strengte sie sich immer ein bisschen mehr an als andere. Das lag vor allem daran, dass in den männlich dominierten Teams auch konsequent männliche Perspektiven und Ansätze bevorzugt wurden. Die Kommentare reichten von „Lass mal diese ganzen runden Elemente auf Deinen Folien weg. Die versteht so keiner" über „Frag nicht immer nach dem Erleben der Menschen. Das mögen sie nicht" bis „Du wirst nur respektiert, wenn Du auf alles eine Antwort hast". Bettina erschienen diese Reaktionen als normal. Sie erwartete von sich selbst, dass sie in der Welt, so wie sie war, ihren Platz finden und sich dort wohlfühlen würde. Erst nach viel Inner Work erkannte sie, wie fremd und unwohl sie sich in vielen Situationen fühlte und wie oft sie ihr Verhalten in Situationen auf eine Weise anpasste, die nicht ganz authentisch war. Auf der anderen Seite war sie sich ihrer eigenen Privilegien anderen Bevölkerungsgruppen gegenüber nicht bewusst. Zwar wusste sie, dass es Unterschiede gab, die auf Herkunft, Klasse und anderen Attributen beruhen, doch sie konnten, davon war Bettina überzeugt, mit dem rechten Maß an Willenskraft überwunden werden. Wie wenig beides stimmte, wurde ihr spätestens in China bewusst, wo sie in ihren Zwanzigern in einem deutschen Konzern arbeitete. Hier war sie plötzlich höher gestellt als ihre viel erfahreneren chinesischen Kolleg:innen, verdiente mehr und bekam eine bessere Wohnung und medizinische Versorgung. Bei Business-Meetings wurde oft sie und nicht ihre chinesische Chefin als Vorgesetzte angesprochen und bevorzugt behandelt. Dies alles fühlte sich für Bettina zwar teilweise unangenehm und seltsam an, zugleich aber auch „normal" im Rahmen dessen, was sie kannte. Ihr war nicht bewusst, wie vieles sie ignorierte, um sich sicher und zugehörig zu fühlen beziehungsweise um ihre eigene Autonomie zu bewahren. Für Bettina ist die Reflexion ihres eigenen Privilegs ein fortlaufender Prozess, in dem sie lernt, ihr eigenes Privileg und dessen Konsequenzen für andere Menschen tiefer zu fühlen und gleichzeitig immer deutlicher wahrzunehmen, wo sie strukturelle Diskriminierung billigend in Kauf nimmt oder aktiv zu ihr beiträgt.

Glaubenssätze wie „So ist die Welt nun mal" normalisieren eklatante Ungleichheiten und Diskriminierungen und bewirken, dass selbst Menschen, die intellektuell der Allgemeinen Erklärung der Menschenrechte zustimmen – „Alle Menschen sind frei und gleich an Würde und Recht geboren" –, diese als praktisch unrealisierbar ansehen.

Dies war auch Joanas Überzeugung. Hineingeboren in eine adelige Familie wurde sie schon früh mit der Realität unterschiedlicher sozialer Klassen konfrontiert. Ihr wurde vermittelt, dass sie jemand Besonderes war, mit dieser Stellung aber auch besondere Pflichten verbunden waren und sie Vorbild für andere sein sollte. Damit einher ging das Gefühl, einen festen Platz in der Gesellschaft zu haben, den sie sich nicht erkämpfen musste. Zugleich fühlte sich vieles um sie herum zutiefst falsch und ungerecht an. Ihr Elternhaus vermittelte ihr jedoch, dass dies vielleicht bedauerlich, aber einfach die Ordnung der Dinge sei. Es gäbe nun mal „entwickelte und unterentwickelte", „zivilisierte und unzivilisierte" Gruppen. Ungleichheit sei naturgegeben, da Menschen und Bevölkerungsgruppen unterschiedliche Begabungen hätten.

Joana studierte Kulturanthropologie, um diese Unterschiede besser zu verstehen. Sie empfand es äußerst befreiend zu lernen, dass die vermeintlich „natürlichen" Unterschiede kulturell konstruiert waren. Dass das Gefüge von verschiedenen Gruppen von Macht durchzogen war und diese sich dadurch sozial aufwerten und materiell bereichern, dass sie andere abwerten. Ein Großteil ihres Studiums und ihre ersten Berufsjahre als Autorin verbrachte sie damit, einem simplistischen Verständnis von „Kultur" entgegenzuwirken. „Kulturen" und Gesellschaftsgruppen wurden im Alltagsdiskurs von Journalisten oder Politikern als „natürliche", in sich geschlossene und homogene Einheiten gesehen, während sie in der Realität äußerst divers waren und auch die Grenzen zu anderen Gesellschaftsgruppen fluide waren. Menschen, die in kulturelle und identitäre Boxen gesperrt wurden, verloren ihre Freiheit, andere Wege zu gehen als die, die ihnen ihre Gruppe vorgab. So wie (männliche) Sprecher von islamischen Minderheiten in Europa fälschlicherweise verkündeten, dass der Koran Mädchen die Teilnahme am Schwimmunterricht untersage. Oder Aborigines-Männer, die vor Gericht von der Anklage der Vergewaltigung junger Mädchen freigesprochen wurden, nachdem Experten erklärten, Sex mit Minderjährigen sei „normaler" Bestandteil der Aborigine-Kultur.

Als ab den 1990er Jahren immer mehr indigene, marginalisierte und unterdrückte Gruppen um Rechte kämpften und sich dabei auf ihre „kulturellen Besonderheiten" stützten, irritierte diese Strategie Joana. Führte diese Art von Identitätspolitik nicht zu genau der Stereotypisierung, die Menschen in ihren Wahlmöglichkeiten einschränken? In dem Buch *Seeing Culture Everywhere* beschrieben sie und ihr Co-Autor Pál Nyiri, wie kulturelle und kollektive Identitäten von einzelnen Machthabern und machtvollen Gruppen weltweit für ihre eigenen Vorteile und zum Schaden von einzelnen Menschen, die individuelle Entscheidungen treffen wollen, instrumentalisiert wurden.

Vor diesem Hintergrund fiel es Joana anfänglich schwer, sich tiefer auf den zeitgenössischen Diskriminierungsdiskurs und die These von Intersektionalität einzulassen. Doch in den letzten Jahren setzte sie sich mit Büchern wie *Why I'm No Longer Talking to White People About Race* von Reni Eddo-Lodge (2017) und mit den Arbeiten von Raul Krauthausen, Emilia Roig, Tupoka Ogete und anderen deutschen Aktivst:innen auseinander und verstand, wie tief Rassismus, Ableismus und Klassismus in ihr selbst und unserer Gesellschaft verbreitet sind. Diese Autor:innen und Aktivist:innen sind nicht essenzialisierend, das heißt, sie gehen nicht davon aus, dass „Schwarze", „Menschen mit Behinderungen" oder „Arbeiter:innen" alle gleich sind oder das Leben gleich erfahren, sondern sie benutzen kollektive Identitätsbeschreibungen als strategische Instrumente, um gesellschaftlich gehört zu werden und politisch wirksam zu sein. Die intellektuelle Beschäftigung mit Intersektionalität traf bei Joana einen Nerv, sie empfand sie als spannend und wichtig. Aber erst als sie anfing, sich mit Freund:innen wie Bettina auf therapeutische Weise damit zu befassen, wurde ihr bewusst, wie grundlegend das Thema ist. Sie erkannte, wie sehr ihr eigenes Sicherheitsgefühl und ihr Selbstausdruck mit Privilegien verbunden waren. Wie viel Andersartigkeit sie bis heute ausgrenzt und abwertet. Dies geschieht insbesondere dann, wenn sie sich in ihrer Freiheit und ihrem kreativen Ausdruck beschränkt sieht. Joana weiß, dass Aspekte ihres Lebensstils nur auf Kosten anderer möglich sind. Manche dieser anderen sind geographisch weit entfernt (z. B. Billiglohnarbeiter:innen in bangladesischen Modefabriken), andere um die Ecke (z. B. Menschen, die potenziell die gleichen Aufträge bekommen könnten). Ungeachtet dieses kognitiven Wissens trifft sie jedoch immer noch widersprüchliche Entscheidungen.

Seit dem Beginn unserer tieferen Auseinandersetzung mit struktureller Diskriminierung und Intersektionalität sind wir der Überzeugung, dass Inner Work ein Schlüssel zu einer gerechteren Welt ist. Denn nur infolge kontinuierlicher Selbstreflexion und der Erweiterung meines Empathiegrades kann ich wirklich erkennen, wie meine privilegierte „normale Welt" darauf basiert, bestimmte Menschen und Aspekte der Natur auszuschließen. Je mehr und feiner ich mich selbst und andere Menschen wahrnehmen kann, desto mehr kann ich erkennen, wo ich und die mich bevorzugenden Gesellschaftsstrukturen Teile der Realität exkludieren. Wenn ich noch tiefer forsche, werde ich meist lernen, dass hinter dieser Ausgrenzung mein Bedürfnis nach Sicherheit, Bequemlichkeit und Autonomie liegt. Der spirituelle Lehrer Thomas Hübl sagt: „Vieles von dem, was wir heute als erfolgreich ansehen, basiert auf Exklusion". Wir müssen uns nur kurz in der Welt umsehen, um dieses Prinzip bestätigt zu finden: Während sie die Umwelt zerstören und Menschen ausbeuten, feiern Unternehmen ihre wirtschaftlichen Erfolge. Während Machthaber Kriege gewinnen, verlieren Zigtausende oder gar Millionen von Menschen ihr Leben. Während Einzelpersonen ihre Karrieren verfolgen, blenden sie wichtige Aspekte ihrer eigenen Persönlichkeit ebenso aus wie Fragen nach Gerechtigkeit und Anerkennung in ihren Teams.

Um zu erkennen und zu fühlen, wo unser Erfolg auf Privilegien und damit auf Kosten anderer basiert, brauchen wir Inner Work.

Inner Work, Exklusion und Inklusion – Was wir bisher gelernt haben

Durch dieses Buch zieht sich die These, dass die Organisationsformen, die wir entwickeln, Ausdruck unserer inneren Welterfahrung und unseres Inner Works sind. In einem ersten zweidimensionalen Schritt sahen wir, dass sich unsere Bedürfnisse und Interessen, unsere Ängste und unbewussten Areale (unser Innen) und unser Verhalten und unsere Manifestationen (unser Außen, z. B. unsere Organisationsformen) gegenseitig beeinflussen. In einem weiteren Schritt nahmen wir noch eine dritte, vertikale Dimension hinzu: den Grad an Komplexität, den wir in der Welt erfassen und verarbeiten können und der sich ebenfalls in Verhalten und Manifestationen ausdrückt. In diesem Zuge beschrieben wir anhand verschiedener Organisationsformen in Kapitel 4 unterschiedliche Abstufungen, zu denen Menschen die prinzipiell unendlichen Facetten des Lebens in ihr Erleben einbeziehen können bzw. diese ausschließen müssen, weil es sie überfordert. Dafür formulierten wir das Prinzip: „Ich kann nur das im Außen wahrnehmen und fühlen, was ich auch in meinem Inneren erkennen und fühlen kann“. Im Umkehrschluss gilt, dass alles, was ich mir selbst noch nicht erschlossen habe, mir auch in der Welt verschlossen bleibt.

Wenn Menschen neue Informationen, mehr Komplexität einbeziehen wollen, können sie dies, nach Ken Wilber, auf zwei verschiedene Weisen tun: horizontal und vertikal. Im ersten Fall gewinnen sie neue Erkenntnisse, die ihr aktuelles Verständnis der Welt bereichern oder vertiefen. Im zweiten Fall erschließen sie sich ein neues Bild der Welt an sich und nehmen grundlegend neue Informationen auf, die Teile ihres alten Verständnisses ersetzen.

Je bewusster Menschen diese Bewegungen in sich wahrnehmen, desto mehr verstehen sie, wie subjektiv und unendlich vielfältig die Wahrnehmungen jedes einzelnen fühlenden Wesens sind. Sie verstehen, dass sie nie von sich selbst auf andere schließen können, sondern dass Menschen, die in Gruppen zusammenkommen, immer möglichst viele Informationen voneinander brauchen, um sich gut auszutauschen und zu koordinieren. Diese Informationen betreffen sowohl Dinge, die sie im Außen sehen können, als auch solche aus ihrem Inneren, wie Wahrnehmungen, Interpretationen und Wertungen, die nur intersubjektiv erfahrbar sind.

Im Zuge einer Inner-Work-Reise durchlaufen Menschen verschiedene Stufen: Sie werden sich ihrer eigenen Innenwelt immer bewusster, sehen immer genauer, welche Facetten der Welt sie einbeziehen (können) und welche sie ausschließen (müssen). Sie verstehen, wie sich ihre Haltung in ihrem Verhalten ausdrückt. Wo sie reflexartig bestimmten Mustern und Prägungen folgen und wo sie frei sind, sich zwischen verschiedenen Alternativen zu entscheiden. Je differenzierter und empathischer sie sich selbst wahrnehmen, desto differenzierter und empathischer sehen sie auch ihre Mitmenschen und ihre Umwelt. Ihnen wird immer bewusster, wo ihre Welterfahrung mit der ihres Gegenübers überlappt und wo sie differiert.

Mit der Zeit erwerben wir eine neue Beziehungskompetenz. Wir gehen nicht mehr davon aus, dass andere die Welt auf die gleiche Weise erleben und sich deshalb auch ähnlich verhalten. Sondern wir hören offener hin und schauen neugieriger zu, um den anderen Menschen möglichst umfassend in seiner Einzigartigkeit zu begreifen. In solchen Beziehungen können unterschiedliche Erfahrungen wirklich co-existieren. Doch damit wir uns auf eine solche Multiperspektivität einlassen können, müssen wir uns in unserer eigenen Perspektive ausreichend sicher und zugehörig fühlen. Oder andersherum: Wenn wir unsicher, gestresst und verängstigt sind, können wir keine multiplen Perspektiven halten.

Diverse Gruppen erzeugen bei Menschen aus unterschiedlichen Gründen Unsicherheit. Manche fühlen sich von Differenz an sich bedroht. Ihr eigenes Sicherheitsgefühl basiert darauf, dass ihr soziales Umfeld ihr eigenes Weltbild bestätigt und die gleichen Werte und Bewertungen teilt. Bis zu einem bestimmten Grad ist das ein natürliches Bedürfnis, welches sich in Sprichwörtern wie „Birds of a feather flock together“ oder „Gleich und Gleich gesellt sich gern“ niedergeschlagen hat. Zugleich ist das Leben vielfältig, komplex und wandlungsvoll und verlangt von uns, mit Vielfalt und Differenz umzugehen. Wir können der Welt nur näherkommen, wenn wir sie in ihrer Fülle anerkennen und lernen, auch Unbekanntes zu navigieren.

Dies ist uns aber nur dann möglich, wenn unser Grundbedürfnis nach Sicherheit und Zugehörigkeit bis zu einem gewissen Grad von der Außenwelt unabhängig ist. Wenn wir ausreichend in unserem Inneren verankert sind, uns in uns sicher fühlen und uns selbst vertrauen.

In vorherigen Kapiteln war immer wieder die Rede davon, dass Menschen sehr unterschiedliche Strategien verfolgen, um sich sicher und zugehörig zu fühlen. Manche orientieren sich vor allem im Außen und fühlen sich dann sicher, wenn sie Dinge „richtig“ machen und die Erwartungen anderer erfüllen. Für andere entsteht Sicherheit, wenn sie sich menschlich aufgehoben fühlen, weil sich das ganze Team mag und harmonisch zusammenarbeitet. Andere beziehen sich eher auf innere Aspekte wie ihren eigenen Willen und ihre Kompetenzen. Sie sagen: „Ich weiß, was ich will, was ich kann und wie ich wirksam bin.“ Oder: „Ich kenne meinen Platz im Leben und trage mit meinen Begabungen zur Welt bei.“

Es ist wenig überraschend, dass Menschen, deren Sicherheitsgefühl maßgeblich von äußeren Faktoren abhängt, es schwieriger finden, mit äußeren Veränderungen umzugehen, als solche, die stärker in ihrem

Inneren verankert sind. Wenn sich mit der Außenwelt auch die Maßstäbe von „richtig" und „falsch" verändern oder wenn im Team Konflikte entstehen, wissen viele Menschen nicht mehr, welche Erwartungen sie erfüllen sollen oder wie sie Harmonie in der Gruppe wiederherstellen können. Sie geraten innerlich unter Spannung, fühlen sich unsicher und desorientiert. Da den meisten dieser Prozess nicht ganz bewusst ist, versuchen sie unterbewusst, den Druck durch eine Reihe von Strategien zu umgehen. Manche stellen ihre eigene Erfahrung in Frage und versuchen sich der neuen Situation anzupassen. Andere beschuldigen die Außenwelt und versuchen, ihre Kolleg:innen zu verändern. Wenn Letzteres nicht gelingt, werten sie deren Erfahrungen und Haltungen ab. In beiden Fällen verhaken sich die beiden Seiten – der jeweils betroffene Mensch auf der einen Seite, „die Welt" oder „die Kolleg:innen" auf der anderen Seite – in einem Wettstreit darum, wer „Recht hat".

Jede von uns kennt diese Dynamik, in der wir darum ringen, Recht zu haben und unser Gegenüber im Unrecht zu wissen. Wir kennen es als Unternehmer:in ebenso wie als Aktivist:in, als Politiker:in, Wissenschaftler:in und Bürger:in. Doch so vertraut und normal uns dies auch erscheinen mag, indem wir urteilen, bewerten, interpretieren und hierarchisieren, reduzieren wir die Komplexität der mannigfachen Welt und verabsolutieren unsere eigenen Erfahrungen und Werte. Diese Wertungen und die damit einhergehenden Haltungen und Verhaltensweisen haben weitreichende Folgen: Sie gestalten nicht nur unsere eigene Lebensrealität, sondern auch die von allen anderen Menschen, die wir entweder als zu uns zugehörig einbeziehen oder aber als „anders", „fremd", „gefährlich" oder „minderwertig" aus unserer Welt ausschließen. Auf diese Weise entsteht im Außen ein Spiegelbild von all dem, das wir inkludieren können oder exkludieren müssen. Aus dieser Perspektive gesehen basiert unsere heutige strukturell ungleiche und diskriminierende Welt zu einem erheblichen Ausmaß auf dem (meist unbewussten) Bedürfnis nach Zugehörigkeit und Sicherheit beziehungsweise nach Freiraum und Autonomie einer maßgeblichen Bevölkerungsgruppe. (Und wenn Du nun einwenden willst, dass hinter vielen Exklusionsmechanismen doch nicht psychologische Sicherheit oder Freiheitsbedürfnis, sondern wirtschaftliche und machtorientierte Interessen stecken, würden wir mit Dir diskutieren, inwieweit Profit- und Machtstreben und Gier auf einer tieferen Ebene nicht auch ein Streben nach Sicherheit, Anerkennung und ein Anspruch auf Autonomie sind.)

Die gleichen Mechanismen, die auf der individuellen Ebene wirken, greifen in allen kollektiven Settings wie Familien, Organisationen und Gesellschaften. Auch hier bilden sich Hierarchien und Leitwerte, die dann in Strukturen und Prozesse umgesetzt werden. Dabei werden bestimmte Verhaltensweisen akzeptiert und belohnt, andere als unpassend und störend abgelehnt. Bestimmte Vorgehensweisen werden ausgewählt oder ignoriert, bestimmte Menschen gefördert oder marginalisiert. All diese meist impliziten Haltungen und Vorlieben beeinflussen maßgeblich, wie beispielsweise Teams zusammenarbeiten. Sie entscheiden darüber, ob die ausgewählten Prozesse und Methoden wie intendiert umgesetzt werden können, oder ob sie von den impliziten Präferenzen und Prägungen der Teammitglieder so umgedeutet werden, dass sie weniger wirksam sind. Sie bestimmen darüber, wie viele inneren Aspekte der Zusammenarbeit zu den herkömmlichen äußeren Aspekten thematisiert werden können. Und in Bezug auf Diversität fördern oder beschränken sie die Fähigkeit eines Teams, multiperspektivisch zu agieren. Denn Gruppen, deren Identität und Sicherheitsgefühl auf Homogenität basiert, fühlen sich von andersdenkenden Kolleg:innen und Arbeitsinstrumenten leicht unter Druck gesetzt und überfordert.

Strukturelle Diskriminierung anerkennen

Sowohl die individuellen als auch die innerbetrieblichen Dynamiken sind natürlich nicht losgelöst von der Gesamtgesellschaft, die von strukturellen Diskriminierungen durchzogen ist. Wir sind alle in einer Realität sozialisiert worden, die bestimmte Menschen, Werte und Erfahrungen der Welt inkludiert und andere exkludiert. Aber wir können diese als „normal" erachteten Muster verändern. Indem wir uns selbst reflektieren und unsere Erfahrungen verarbeiten, können wir uns für strukturelle Diskriminierung sensibilisieren und uns entscheiden, diese Dynamiken entweder fortzuschreiben oder zu überwinden.

Je mehr wir die in uns ablaufenden inneren Bewegungen wahrnehmen und mitbekommen, welche Aspekte des Lebens, welche Perspektiven, Menschen und Verhaltensweisen wir einbeziehen können beziehungsweise welche wir ausgrenzen müssen und wollen, desto mehr können wir diese Informationen in unsere Entscheidungen mit einbeziehen. Sind wir hierzu unfähig, wirken sie aus dem Hintergrund heraus und erzeugen (destruktive) Dynamiken. Wir sehen die Effekte, können sie aber nicht verstehen.

Der hier skizzierte Bewusstwerdungsprozess findet in jedem Einzelnen auf zwei Ebenen statt. Zuerst entdecken wir unsere eigene Prägung, verstehen, wie wir uns in der Welt verorten und dem Leben einen Sinn geben. Dazu gehört beispielsweise die Einsicht, dass die Meinung anderer Menschen für mich sehr wichtig ist und ich unter Spannung gerate, wenn meine eigene Sicht mit der meiner Kolleg:innen kollidiert. Ich kann diese Tendenz gegebenenfalls auch auf Kindheitserfahrungen und Familiendynamiken zurückführen und sehe, welche Effekte sie in meinem Leben erzeugt. Auf dieser Ebene reflektieren Menschen sich mit Bezug zu der ihnen bekannten Welt und wissen zugleich auch, dass es Teile gibt, die sie nicht kennen.

Auf der zweiten Ebene werden Menschen sich dann der speziellen kulturellen Prägung ihres Weltbilds und ihres Selbstverständnisses bewusst. Sie beginnen zu verstehen, dass ihre eigene Welterfahrung nicht universell und allgemeingültig ist, sondern sich von anderen ebenso validen Erfahrungen unterscheidet. Mit der Erkenntnis der eigenen Relativität können sie anfangen, verschiedenste Perspektiven zu erforschen, ohne zuvor zu wissen, was sie herausfinden werden. Sie öffnen sich für die Ebene des Lebens, auf der sie wissen, dass sie nicht wissen, was sie nicht wissen. Ab hier beginnt die vertikale Entwicklung. Ab hier ist systemischer Wandel möglich.

Dieser zweite Schritt ist oft von einer tiefen Haltungsveränderung begleitet. Wir überschreiten den sicheren Rahmen unseres aktuellen Weltbilds so weit, dass wir uns auf grundsätzlich anderes und Neues einlassen können. Damit das gelingen kann, müssen wir uns von alten Glaubenssätzen und Vorstellungen lösen und Sicherheit und Kontrolle loslassen. Viele Menschen durchlaufen diesen Reifungsprozess nicht freiwillig, sondern infolge großer Herausforderungen und Lebenskrisen. Sie erleben Momente tiefer Demut und Verletzlichkeit und beschreiben sie als grundlegend transformative Erfahrung.

Eine ähnliche transformative Kraft liegt in der Beschäftigung mit struktureller Diskriminierung und Intersektionalität. Dies gilt sowohl für diejenigen von uns, die mit vielen Privilegien groß geworden sind, als auch für diejenigen, die von struktureller Diskriminierung direkt negativ betroffen sind und sich im Zuge der Auseinandersetzung den Ausgangskoordinaten ihrer Existenz neu bewusst werden. Wie jede tiefe Transformation, die uns auf den grundlegenden Ebenen des Seins berührt und uns auffordert, identitätsprägende Glaubenssätze loszulassen, ist auch die Auseinandersetzung mit Privilegien und struktureller Diskriminierung herausfordernd.

Die Erfahrung wird sich jedoch sehr danach unterscheiden, zu welcher Gruppe Du gehörst, ob Du in weiten Teilen Deines Lebens eher privilegiert oder benachteiligt bist. Menschen, die aufgrund von ethnischer Zugehörigkeit, Hautfarbe, Geschlecht, Religion, Alter, Klasse, Bildung, Behinderung oder anderen Qualitäten diskriminiert werden, sind sich dieser Tatsache oft sehr bewusst. Die meisten von ihnen haben Strategien entwickelt, um sich – wenn möglich – zu schützen und um vorsichtig durch ihren Alltag zu navigieren. Eine dieser Strategien besteht beispielsweise darin, das Verhalten der privilegierten Gruppe zu antizipieren und sich dementsprechend zu verhalten. Mitglieder benachteiligter Gruppen haben oft ein reichhaltiges Wissen darüber, was in der Mehrheitsgesellschaft einbezogen werden kann und was ausgeschlossen werden muss.

Zugleich sind sich viele von uns nicht immer bewusst, wo wir benachteiligt werden. Das gilt immer da, wo strukturelle Diskriminierung so normal geworden ist, dass sie uns gar nicht mehr auffällt. In diesen Situationen spüren wir nur die Symptome. Wir fühlen uns in unseren Grundrechten als Mensch verletzt und in unseren Lebensbewegungen eingeschränkt. Wir können nicht so am gesellschaftlichen Leben teilnehmen, wie wir es uns wünschen. Wir bekommen keinen Zugang zu Ressourcen und Anerkennung. Wir fühlen uns körperlich und emotional verletzt. Wie genau sich diskriminierende Erfahrungen in dem Leben Einzelner ausdrücken, ist individuell natürlich sehr verschieden. Dass sie uns prägen und belasten, ist unumstritten.

Wenn Menschen sich erstmals den gesellschaftlichen Diskriminierungen, innerhalb derer sie ihr Leben zu gestalten versuchen, bewusst werden, reagieren sie höchst unterschiedlich. Manche sind erleichtert. Endlich können sie ein bislang eher vages Gefühl klar benennen und verorten. Andere lehnen die Erkenntnis erst einmal vehement ab. Sie wollen nicht zu einer Opfergruppe gehören. Dies ist verständlich, denn zu erfahren, dass man ohne eigenes Zutun von anderen Menschen benachteiligt wird, bedeutet, die eigene Hilflosigkeit radikal zu konfrontieren. Vor diesem Gefühl von Ohnmacht versuchen sich die meisten von uns zu schützen. Wenn sie sich dann doch darauf einlassen, erlauben sie sich damit auch vielleicht zum ersten Mal wirklich zu fühlen, was Diskriminierung mit ihnen gemacht hat und bis heute macht.

Viele sind mit einer Kaskade intensiver Gefühle, mit Wut, Ärger, Trauer, Schmerz, Verzweiflung und Scham konfrontiert. Um diese zu verarbeiten, brauchen sie Raum, Zeit und Unterstützung. Wut und Ärger spielen dabei eine besonders wichtige Rolle. Beide Gefühle sind Motoren, die Menschen mit Energien versorgen können, um wichtige Grenzen zu setzen und sich zu wehren. Inner Work hilft von Diskriminierung Betroffenen an dieser Stelle präziser herauszufinden, wo sie Benachteiligung erleben, wie sie selbst damit umgehen können und an welchen Stellen sie externe Unterstützung brauchen.

Externe Hilfe einzubeziehen ist für die meisten Betroffenen jedoch nicht leicht, denn infolge ihrer Marginalisierung stehen ihnen weniger Hilfsangebote und Ressourcen zur Verfügung. Hinzu kommt noch ein anderer psychologischer Faktor: Diskriminierte Menschen finden sich teilweise in absurden Situationen und Rollen wieder. Nicht nur müssen sie gegenüber der Mehrheitsgesellschaft für ihre Bedürfnisse und Rechte kämpfen und dabei die eigenen infolge der Traumatisierungen erlittenen Spannungen managen. Sie müssen darüber hinaus oft auch noch den Erkenntnisprozess der privilegierten Mehrheit begleiten.

Was meinen wir damit? Wenn beide Gruppen aufeinandertreffen, ist sich die privilegierte Bevölkerungsgruppe ihrer positionellen Überlegenheit oft gar nicht bewusst. So fällt es meistens der diskriminierten Gruppe zu, auf die strukturelle Ungleichheit aufmerksam zu machen – obwohl dies eigentlich gar nicht ihre Aufgabe ist. Wenn dann, wie oft der Fall, privilegierte Menschen selbst defensiv auf die Auseinandersetzung reagieren, entsteht das Phänomen, welches als „Fragility", also Fragilität bezeichnet wird.

Der Verteidigungsmechanismus von White Fragility

Mitglieder bevorzugter Gruppen erleben ihre Lebenssituation oftmals nicht als privilegiert, sondern als „normal". Zugleich sind Privilegien tief in ihrem, und hier können wir Autorinnen ehrlicherweise auch in die Wir-Form übergehen, in unserem Selbstbild verwoben. Wer wir sind, welche Freiräume uns zustehen, worauf wir meinen, ein Anrecht zu haben, was wir für unsere Sicherheit brauchen – all dies ist eng mit den Privilegien verbunden, in die wir hineingeboren wurden. Wir haben gelernt, bestimmte Menschen, Qualitäten, Werte und Verhaltensweisen als normal und richtig anzusehen und andere auszugrenzen und zu benachteiligen. Manches davon ist uns bewusst, vieles liegt aber in dem Radius dessen, was wir als „ich weiß nicht, dass ich es nicht weiß" beschrieben haben. Werden wir in dieser Situation mit unserem Privileg konfrontiert, besteht der erste heilsame Schritt darin, anzuerkennen, dass ich ausgrenze und diskriminiere.

Thomas Hübl folgend ist für uns das Gegenteil von Exklusion nicht Inklusion, sondern das bewusste Erleben und die Anerkennung der Ausgrenzung. Erst wenn wir bewusst merken, wo wir uns auf andere Menschen, Qualitäten, Werte und Verhaltensweisen nicht beziehen können, wird es überhaupt möglich, Schritte in Richtung Inklusion zu gehen. Hier kommt die zuvor benannte Fragilität ins Spiel. Denn während ich mir bewusst mache, wen und was ich ausgrenze, konfrontiere ich zugleich die Tatsache, dass genau diese Ausgrenzung einen Teil meines Selbstgefühls ausmacht. Ich berühre genau die Stellen, in denen meine Identität damit verwoben ist, was ich NICHT bin – welche Aspekte der Welt ich ablehne, abwerte und ausgrenze. Die offensichtliche Ungerechtigkeit der Welt auf einer intellektuellen Ebene anzuerkennen und sich einzugestehen, dass andere Menschen für meinen Lebensstandard leiden, fällt den meisten von uns leichter. Aber dies auf einer tiefen emotional-identitären Ebene zu konfrontieren, geht an die Substanz. Damit lasse ich nämlich die Realität wirklich an mich heran: dass ich das Leid und die Armut anderer Menschen billigend in Kauf nehme, damit ich weiterhin meinen westlich-autonomen sicheren Lebensstil pflegen kann.

Diese Erkenntnis greift so tief, dass wir versuchen, dem Dilemma zu entkommen, in dem wir anfangen, zu relativieren und uns zu verteidigen. Wir sagen dann Sätze wie „ich spende jedes Jahr große Beträge an soziale Organisationen", „viele meiner Freunde haben Migrationshintergrund", „ich mache keine Unterschiede, für mich sind alle gleich", „meine besten Mitarbeiter:innen waren immer Frauen", „wir haben in unserem Haus ukrainische Flüchtlinge aufgenommen" und vieles andere mehr.

Eine andere beliebte Strategie ist es, die eigene Diskriminierungserfahrung den anderen entgegenzuhalten und damit zu relativieren. Da erzählt dann die erfolgreiche weiße Managerin von ihrer eigenen Missbrauchsgeschichte, der Start-up-Gründer vom Mobbing in der Schule. Robin DiAngelo hat 2011 den Begriff „White Fragility" eingeführt, um die defensiven Reaktionen von weißen Menschen, die mit Rassismus konfrontiert werden, zu beschreiben (S. 54 ff.). Dazu zählen Ärger, Angst,

Schuld, Scham, Diskussionen, Schweigen und Rückzug. Inzwischen wurde der Begriff auf andere strukturelle Diskriminierungen erweitert, beispielsweise als „Male Fragility“ in Bezug auf die Ungleichheit zwischen den Geschlechtern.

Fragilität erscheint uns als passende Umschreibung der Verteidigungsstrategie privilegierter Gruppen, die sich durch die Auseinandersetzung mit ihren Privilegien in den eigenen Grundstrukturen herausgefordert fühlen und damit nicht umgehen können oder wollen. Denn wenn wir uns ernsthaft mit unseren Privilegien beschäftigen, setzt dies einen wirklich transformativen Prozess in Gang, infolgedessen wir die Basis unseres Sicherheits- und Autonomiegefühls und unserer Identität freilegen und im Zweifel radikal neu gestalten müssen. Wir werden an den Punkt kommen, an dem es offensichtlich wird, dass die Art, wie wir leben und die wir als sicher und normal ansehen, genauso wie unser Anspruch an Freiraum auf der Benachteiligung anderer Menschen basieren. Um dies zu verändern, müssen wir Verantwortung übernehmen und aktiver Teil einer Kurskorrektur werden, die darauf beruht, dass wir mehr von dem einbeziehen, was wir bislang exkludiert haben. Dafür müssen wir zwangsläufig Teile unseres aktuellen Selbstverständnisses und Komforts aufgeben. Ernsthaft weitergedacht wird unser Leben danach wahrscheinlich nie mehr so sein wie zuvor.

Da die wenigsten dieser Prozesse bewusst ablaufen, erleben viele Menschen, die mit struktureller Diskriminierung konfrontiert werden, zuerst einmal eine große innere Spannung und verstehen gar nicht genau, wieso sie so getriggert sind. Wir Autorinnen haben in Workshops auch als Teilnehmerinnen immer wieder erlebt, wie schnell Fragility als Verteidigungsmechanismus auftaucht und eine konstruktive Auseinandersetzung zwischen Gruppen erschwert. Daraus entstehen dann die oben als absurd bezeichneten Dynamiken: Wenn getriggerte privilegierte Menschen auf benachteiligte Gruppen treffen, fällt es Letzteren zu, den nächsten Erkenntnisschritt im Raum einzuleiten. Übersetzt bedeutet dies, dass die Opfer die Täter dabei unterstützen müssen, ihre inneren Spannungen so zu verarbeiten, dass ein nächster konstruktiver Schritt möglich ist. Einen solchen Prozess zu managen, liegt aber eindeutig nicht in der Verantwortung diskriminierter Personen. Es ist vielmehr Aufgabe aller Teilnehmer:innen, sich in ihrem inneren Prozess zu klären und selbstverantwortlich zu agieren – wobei diejenigen von uns, die privilegiert sind, dafür auch die meiste Verantwortung tragen.

Und hier kommt wieder Inner Work ins Spiel. Denn es sollte Teil der gesellschaftlichen Praxis von selbstverantwortlichen Bürger:innen sein, sich selbst und die eigene gesellschaftliche Stellung zu reflektieren. Fehlt uns eine solche Praxis, können wir nur reflexartig auf größere gesellschaftliche Diskurse reagieren. Reflexe und Reaktionen sind jedoch voller unbewusster Flecken, d.h. geprägt durch unsere gewohnheitsmäßige Brille, die ganze Facetten des Lebens ausschließt.

Was das konkret in unserem Verhalten und Alltag bedeuten sollte, fassen sowohl Tupoka Ogete in ihrem Buch *exit RACISM: rassismuskritisch denken lernen* (2017) als auch Robin DiAngelo in ihrem Buch *White Fragility: Why It's So Hard for White People to Talk about Racism* (2018) als Tipps für einen rassismuskritischen Alltag (für Menschen privilegierter Gruppen) zusammen. Auch wenn sie sich spezifisch auf Rassismus beziehen, sind diese Hinweise auch für viele andere Formen der strukturellen Diskriminierung passend. In Kombination mit Inner Work sind die folgenden Impulse für uns die wichtigsten:

- Wissen ist Macht. Informiere Dich – je mehr Du weißt, desto differenzierter wird Dein Blick. Du trägst dafür die Verantwortung. Niemand anders wird sie für Dich übernehmen.
- Fühlen ist mächtiger. Beginne Deine eigene Reise, indem Du für Dich oder mit anderen Menschen Dein Privileg und Deinen Umgang mit struktureller Diskriminierung erforschst. Lass Dich von der dann auftretenden Spannung nicht abschrecken. Zugleich kümmere Dich liebevoll darum, dass Du den Prozess durchlaufen kannst.
- Mache Dir Deine Abwehrmechanismen bewusst (Fragility). Lerne auch in spannungsreichen, unangenehmen Momenten präsent zu bleiben. Spiel keine Unterdrückungs-Olympiade. Relativiere strukturelle Diskriminierung nicht dadurch, dass Du Deine eigenen Benachteiligungen gegenrechnest. Alle Menschen erleben Benachteiligung. Du kannst Deine Erfahrungen in anderen Settings besprechen.
- Übernehme Verantwortung für Deine Privilegien und erkenne sie als einen Teil Deiner Realität an. Nur so kannst Du Teil einer Veränderung werden, die gerade erst angefangen hat.
- Sprich nicht FÜR, sondern MIT strukturell diskriminierten Menschen.
- Tausche Dich mit vielen Menschen unterschiedlicher marginalisierter Gruppen aus und lerne ihre Perspektiven und Erlebenswelten kennen. Nimm Dir die Zeit, wirklich tief zuzuhören.

- Öffne Dich für Feedback von Menschen aus marginalisierten Gruppen. Höre offen zu und nimm Dir Zeit, das Gehörte für Dich zu reflektieren, ohne es sofort abwehren zu müssen.
- Nutze Deine Privilegien und Ressourcen, um Macht neu zu verteilen. Überprüfe, wie homogen die Räume und Gruppen sind, in denen Du Dich bewegst. Lade Menschen anderer Gruppen ein und trage so zur Korrektur von Exklusion bei.

Der Umgang mit Diskriminierung in entfalteten Organisationen

Inner-Work-Kompetenzen ermöglichen es uns, differenzierte Gespräche über Privilegien, strukturelle Diskriminierung und Intersektionalität zu führen. Sie helfen uns, platte Positionen und Reaktionen zu überwinden und konstruktiv die nächsten Schritte hin zu einer ganzheitlichen Organisation und Gesellschaft zu gehen. Menschen in entfalteten Organisationen sollten sich nicht auf eine oberflächliche, entpolitisierte Diversity-Politik und Rhetorik einlassen, sondern in der Lage sein, kritisch und differenziert über Themen wie Diskriminierung, Privileg und Macht zu sprechen.

Wenn uns daran gelegen ist, mit unserem Unternehmen, aber auch als Privatperson, Aktivist:in, Investor:in, Politiker:in oder Bürger:in zu einer gerechteren Gesellschaft beizutragen, dann gehören genau solche Reflexionen und Aushandlungsprozesse im Kern dazu. Denn ebenso wie jeder andere vertikale Entwicklungsschritt, den wir in diesem Buch beschreiben, handelt es sich bei der Veränderung um einen Haltungs- und Kulturwandel, der sich erst in einem zweiten Schritt in konkreten Manifestationen ausdrückt. Wir sind davon überzeugt, dass viele Institutionen, die wir heute als „normal" ansehen, von Schulen über Gefängnisse bis zu Handelsabkommen, in den nächsten Jahrzehnten abgeschafft werden, da sie so mit Ungleichheit verwoben sind, dass sie unreformierbar erscheinen.

Jede Organisation drückt eine bestimmte Haltung und damit ein spezifisches Muster von Exklusion und Inklusion aus. Jede Organisationsentwicklung berührt Themen wie Macht, Führung und Ressourcenverteilung, die durch strukturelle Diskriminierung geprägt sind, sei es in Form der bestehenden Strukturen und/oder der beteiligten Menschen. In entfalteten Organisationen sollten Mitarbeiter:innen fähig sein, beides explizit zu reflektieren.

Teams können die hier vorgestellten Fragen und Dynamiken nutzen, um herauszufinden, wie sich ihre „Normalität" konstituiert. Was beziehen sie selbstverständlich mit ein und was schließen sie ebenso selbstverständlich aus? Wie gehen sie mit Homogenität und Heterogenität um? Wie explizit thematisieren sie Macht, Einfluss und Dominanz? Das Team des *betterplace lab* beispielsweise befasst sich derzeit kritisch damit, wieso es auch nach Jahren der Selbstreflexion in einigen zentralen Dimensionen wie ethnische Zusammensetzung und Bildungsstand noch sehr homogen ist. Welche Botschaften senden sie unbewusst aus, sodass sich weniger diverse Menschen bewerben, aber auch, welche herausfordernden Erfahrungen haben sie mit heterogenen Kandidat:innen schon erlebt? Wie wirkt strukturelle Diskriminierung in ihrem Arbeitsalltag?

Um solche Gespräche im Team führen zu können, müssen sich die beteiligten Personen ausreichend reflektieren und nachvollziehen, wie Exklusion und Inklusion in ihnen wirken. Für das Gespräch in der Gruppe braucht es zudem einen ausreichend psychologisch sicheren Raum. Was „ausreichend psychologisch sicher" jeweils bedeutet, wird sich von Gruppe zu Gruppe unterscheiden. Je heterogener das Team, desto respektvoller müssen die Facilitator:innen oder Teilnehmer:innen auf die unterschiedlichen Bedürfnisse und Rhythmen eingehen. Auf keinen Fall können wir die Perspektive der privilegierten Teilnehmer:innen, denen es auch in größeren Gruppen leicht fällt, sich an Diskussionen zu beteiligen, Vorschläge einzubringen oder Kritik auszusprechen, zum Standard erklären. Solche Settings wiederholen nur die strukturelle Diskriminierung. Stattdessen können wir auf der Basis tieferer Beziehungskompetenzen Teilnehmer:innen in einen co-kreativen Austausch einladen, in denen Perspektivwechsel und empathische Dialoge stattfinden.

Kapitel 10

Purpose und Emergenz

Es handelt sich darum, alles zu leben. Leben Sie jetzt die Fragen. Vielleicht leben Sie dann allmählich, ohne es zu merken, eines fernen Tages in die Antwort hinein.

Rainer Maria Rilke

Wenige Begriffe haben in den letzten Jahren in der Arbeitswelt eine solche Sogkraft entwickelt wie „Purpose". Während wir dies schreiben, taucht der Begriff in 1245 TED Talks auf. Kaum eine Woche vergeht, ohne dass ein neuer Purpose-Podcast veröffentlicht wird. Werbeagenturen, Coaches und Strategieberatungen sind auf den Zug aufgesprungen und entwickeln maßgeschneiderte Purpose-Angebote für Individuen ebenso wie für ganze Unternehmen. Für Unternehmen gibt es das Gesamtpaket: Purpose entwickeln, CEO und Führungskräfte darin coachen und dann noch eine Veranstaltungsreihe, in der das neue Leitbild den Mitarbeitern vermittelt wird.

Der Purpose-Trend hat durch die Coronapandemie noch einmal einen Turbo bekommen. Denn im Homeoffice und dem existenziellen Druck der Krise stellen sich Mitarbeiter:innen neue Fragen: Was mache ich eigentlich mit meinem Leben? Wofür steht mein Unternehmen? Soll es so weitergehen wie bisher?

Für viele Menschen offenbar nicht, denn 2021 ist, jedenfalls im angelsächsischen Sprachraum, als „The Great Resignation" bekannt. Millionen von Arbeitnehmer:innen kündigten ihre festen Jobs. Auch in Deutschland ist der Arbeitsmarkt so fluide wie noch nie. Umfragen zufolge dachten 2021 37 % der Beschäftigten darüber nach, ihren Job zu wechseln, 13 % mehr als noch vor einem Jahr. Jede Vierte kündigte, ohne eine neue Stelle zu haben.

Die Coronapandemie hat die Menschen verändert und die Strukturen, die sie bei ihrer (partiellen) Rückkehr in die Unternehmen vorfinden, erscheinen hoffnungslos veraltet. Viele gehen in die Selbstständigkeit. Andere heuern bei geographisch weit entfernten Unternehmen an, denn durch den Remote-Push wird der Standort immer unbedeutender. Interessanterweise betrifft dies nicht nur die Kreativarbeiter: Durch Automatisierung werden auch immer mehr vormals körperliche Jobs digitalisiert. So kann die Lagerlogistiker:in auch von zuhause aus den Warenein- und -ausgang kontrollieren.

Die Suche nach Purpose ist ein Symptom für die Zwischenzeit: Alte Sinnangebote haben im Zuge der Stapelkrisen an Bedeutung verloren, neue müssen erst gefunden werden. Das materielle Überleben ist für viele gesichert. Der alte Tauschhandel – ich gebe Dir acht Stunden meines Tages und bekomme dafür einen monatlichen Gehaltsscheck – ist insbesondere für junge Menschen wenig erstrebenswert. Immer weniger von ihnen möchten „Karriere" in dem Sinne machen, dass sie mehr und mehr Führungsverantwortung übernehmen.

Viele Unternehmenszwecke erscheinen bedeutungslos oder sogar schädlich. Wir fragen uns: Will ich wirklich meine Lebenszeit mit Dieselmotoren, Finanzinstrumenten oder Fertigpizzen verbringen? Zugleich öffnen sich neue Betätigungsfelder in den Bereichen Nachhaltigkeit und Soziales. Agenturen wie *On Purpose* helfen dabei, „sinnstiftende Arbeit zu finden. Arbeit, die Dich begeistert. Arbeit, die zählt. Gemeinsam können wir die wichtigsten gesellschaftlichen Probleme lösen".

Purpose oder Sinn?

Unser Wunsch nach Purpose wird oft zum Synonym für unsere Suche nach Sinn. Aber stimmt das – entspricht Purpose einer Sinn-Orientierung? Die Herausforderung fängt bereits mit der Sprache an. In Deutsch wird Purpose oft mit „Sinn" übersetzt. Frederic Laloux' „evolutionary purpose" wird zum „evolutionären Sinn". Schlägt man im Langenscheidt Wörterbuch nach, entdeckt man, dass Purpose noch ein weiteres Wortfeld hat, unter das Begriffe wie Zweck, Ziel, Absicht, Vorhaben und Wirkung fallen. Purpose scheint also Resonanz oder Sinnhaftigkeit ebenso wie Intention – also Impuls und gerichtete Bewegung – in sich zu vereinen. Aber was heißt das ganz genau?

In diesem Kapitel werden wir tiefer in Purpose eintauchen. Was verstehen wir darunter? Was sind die Unterschiede zwischen Purpose und Sinn? Wie fühlt sich Purpose an? Welche Funktion hat Purpose? Kann Purpose gemessen werden? Welche Rolle spielt die Aufarbeitung der Vergangenheit für Purpose? Wie können wir als Individuum und als Unternehmung Purpose erforschen?

Vorab schon mal dies: In unserem Verständnis ist Purpose ein tiefes evolutionäres Prinzip des Lebens, dessen Erforschung intensive kontemplative Praxis voraussetzt. Sinn oder Sinnhaftigkeit dagegen bezieht sich auf unsere Erfahrung der Welt in einem spezifischen Zustand. Purpose emergiert. Sie ist eine eigenständige essenzielle Bewegung des Lebens, das sich aus sich selbst heraus wandelt.

Sinn dagegen entsteht durch eine Resonanz zwischen dem, was mir wichtig ist und dem, was ich in der Welt als Werteorientierung vorfinde. Wenn beides zusammenpasst, erlebe ich mein Dasein und mein Wirken als sinnvoll. Purpose dagegen ist eine Lebensbewegung, die unabhängig von mir und meinem Sinnerleben existiert. Ich kann sie jedoch aufspüren und mich von ihr leiten lassen.

Im Alltagsgebrauch verwenden viele Menschen den Begriff Purpose, wenn sie ihre Suche nach einer Tätigkeit, einem Beruf oder Lebensweg beschreiben, in dem es um mehr geht, als Geld zu verdienen und die Karriereleiter zu erklimmen. Oft verbinden sie damit einen post-materialistischen Lebensstil, der nachhaltig ist und dem Gemeinwohl dient; eine Arbeit in einem der vielen neu entstehenden Berufsfelder, die zu einem progressiven ökologischen und sozialen Wandel beitragen. In diesem Zusammenhang wird Purpose zum Sammelbegriff für Tätigkeiten und Institutionen, die zu einer nachhaltigen, regenerativen und menschenzentrierten Welt beitragen.

Manche Menschen verbinden mit Purpose aber nicht nur einen Wechsel von einer Industrie in die andere: vom Ölkonzern oder Investment Banking zur Urban Farm oder Yoga-Ausbildung. Es beinhaltet auch eine innere Transformation als Mensch. Um sich mit Purpose zu verbinden, so die Annahme, müssen wir unser oberflächliches und extrinsisch motiviertes Ich hinter uns lassen und eine tiefere und authentische Beziehung zueinander und der Umwelt entwickeln. Auf diese Weise ist Purpose direkt mit einem neuen Wertesystem verbunden, welches weniger auf Wettbewerb und Prestige als auf inneren Frieden und soziale Wirkung Wert legt.

In unserem Verständnis von Purpose entsprechen all diese Fälle und Entwicklungen dem Begriff „Sinn“ und „Sinnorientierung“.

Viele Menschen und Organisationen verfolgen sinnvolle Aufgaben. Einem alten Menschen beim Überqueren der Straße zu helfen, einen Algorithmus zu programmieren, einen Vortrag zu halten, Kranke zu pflegen oder einen Baum zu pflanzen, all das können Menschen als sinnvoll empfinden. Ein Unternehmen kann sinnvolle Ziele verfolgen, indem es Dinge produziert, die andere Menschen brauchen und wertschätzen – egal ob dies Müsliriegel oder Milchpulver, Windenergie oder Kernkraft ist. Wie diese letzten Beispiele zeigen, kann Sinn hochgradig subjektiv sein. Was dem einen sinnvoll erscheint, ist dem anderen bedeutungslos oder der Antichrist. Sinn oder Bedeutung entsteht dann, wenn wir eine Resonanzbeziehung aufbauen. Wenn meine Bedürfnisse und Werte mit dem, was ich im Außen vorfinde, übereinstimmen. So werde ich einen Job dann als sinnvoll erleben, wenn meine innere Ausrichtung mit den Strukturen und der Kultur meines Unternehmens ausreichend überlappen. Neben meinem Job können viele andere Dinge bedeutungsvoll sein: mein täglicher Spaziergang, der mich gesund hält. Meine Freundschaften. Meine ehrenamtliche Tätigkeit im Obdachlosencafé.

Im Gegensatz dazu verstehen wir Purpose als eine wesentlich spezifischere, teleologische Orientierung. Aus der Biologie kennen wir Purpose als eines der grundlegenden Merkmale, das allen Lebewesen gemeinsam ist. Purpose ist das intrinsische Potenzial, das sich durch die Entfaltung von Prozessen offenbart und manifestiert.

Den eigenen Purpose zu finden, ist nicht damit gleichzusetzen, einen Beruf zu ergreifen, den man mag oder eine Tätigkeit zu verfolgen, die von anderen wertgeschätzt wird. Ebenso wenig ist es daran gekoppelt, etwas zu tun, das uns in unserem heutigen Mindset als „gut" erscheint, zur Gesellschaft oder dem planetarischen Überleben beiträgt.

Stattdessen bezieht sich Purpose auf die für jeden Menschen und jede Unternehmung spezifische Verbindung zu und Bewegung hin zu einem höheren Anziehungspunkt. Letzterer wirkt wie ein Polarstern, der sich selbst beständig wandelt und einer eigenen Bewegung folgt. Purpose ist also wie ein Magnet, der uns in unserem Sein und Tun anleiten kann, um unsere einzigartige Lebensaufgabe zu erfüllen.

Unser Verständnis von Purpose, so viel sollte deutlich geworden sein, ist eng an ein evolutionäres Verständnis von Leben gekoppelt. Unsere Welt ist ein sich selbst-organisierendes System, welches bestimmte latent angelegte Eigenschaften hat. Diese entfalten sich, indem Menschen Neues in der physischen Welt verkörpern, Ideen und Visionen in konkrete Strukturen und Prozesse, Werte und Haltungen umsetzen. Die sich Schritt für Schritt emergierende Zukunft zeichnet sich im gesunden Verlauf durch immer höhere Komplexität und Intelligenz aus. Der französische Philosoph Henri Bergson bezeichnete Purpose als „kreative Evolution", das außergewöhnliche Entstehen völlig neuer Eigenschaften, wenn ein System an Komplexität zunimmt.

Dabei stellt sich die Frage, was genau der Mechanismus hinter diesem Prozess ist. Folgt er einer organischen Selbstorganisation oder einem höheren Bewusstsein und göttlichem Impuls?

Es kann sein, dass Du als Leser:in damit erst einmal wenig anfangen kannst oder von einer so offen spirituellen Weltsicht abgeschreckt bist.

Selbst wenn dem so sei, freuen wir uns, wenn Du den folgenden Ausführungen als eine Art Gedankenexperiment folgst und danach überprüfst, was für Dich Sinn ergibt und was nicht.

Die Entfaltung der Welt folgt keiner vorher festgelegten Schrittfolge. Zugleich ist sie aber auch nicht willkürlich. Emergenz folgt Wahrscheinlichkeiten und einer bestimmten Richtung, wie die beobachtbare Tatsache, dass Lebewesen und Gesellschaftsformen im Laufe ihrer Evolution immer komplexer geworden sind. In den Fällen, wo es Regressionen auf frühere Entwicklungsstufen gab, lagen außergewöhnliche Störfaktoren vor.

Das Gleiche sehen wir auch im Bereich von Organisationen. Wir beobachten den Trend innerhalb von Unternehmen, ihre äußeren Strukturen zu reduzieren, was uns wiederum dazu anstößt, neue innere Strukturen aufzubauen. Funktionen, die ehemals im Außen lagen, wie Sicherheit und Orientierung, wandern somit ins Innere. Viele Sozialwissenschaftler:innen haben diese und ähnliche Entwicklungsdynamiken beschrieben, darunter Michel Foucault und Norbert Elias, die analysierten, wie komplexe Gesellschaften ehemals äußere Kontrollmechanismen ins Innen verlagert haben. Die in modernen Staaten zunehmende Freiheit und Individualisierung bekam ein Gegengewicht dadurch, dass Menschen Kontrollmechanismen internalisierten, beispielsweise indem sie statt roher Gewalt symbolische Sanktionen einsetzten.

Geschichte vollzieht sich innerhalb bestimmter Richtungen. Das bedeutet nicht, dass es nur ein mögliches Entwicklungsszenario gibt. Überhaupt nicht. Aber inmitten der vielen möglichen Szenarien, entlang derer sich das Leben verändern kann, sind manche wahrscheinlicher als andere. Wir unterscheiden dabei, dem spirituellen Lehrer Thomas Hübl folgend, zwischen zwei verschiedenen Entwicklungen. Zum einen solchen Manifestationen, die sich aus unserer historischen Vergangenheit heraus ergeben und nur eine Wiederholung dieser sind. Zum anderen Entwicklungen, die aus sich selbst heraus emergieren und damit wahrhaftig „aus der Zukunft kommen“. Auf diese Unterscheidung werden wir später noch einmal zurückkommen.

Purpose umfasst die Verbindung eines Individuums bzw. eines Kollektivs zu dieser wahrhaftigen Zukunft sowie die Bewegung zu ihr hin. Wie schon Konfuzius sagte: Der Weg ist das Ziel.

Diese latente Zukunft kommuniziert mit denen, die den Mut haben zuzuhören. Purpose fungiert wie ein Magnet, an den wir uns andocken können. Derart orientiert können wir präziser zur richtigen Zeit am richtigen Ort sein und von dort aus zum Leben beitragen. Anders formuliert: Purpose ist unsere Verbindung mit einem Informationsfluss, der uns leitet und entlang dessen wir die Zukunft manifestieren. In diesem Verständnis sind Menschen nicht autonome Wesen, die aus ihrem Willen heraus die Zukunft gestalten. Sie fungieren vielmehr wie Hebammen, die eine latent vorhandene Zukunft in konkrete Formen und Strukturen übersetzen. Dieses Bild findet sich in C.G. Jungs Archetypen ebenso wieder wie bei D.H. Lawrence, wenn er von kreativen Menschen als „Übermittler" spricht. Ein Großteil unseres Denkens und Verhaltens stammt nicht von uns, sondern wird an uns weitergegeben. In diesem Prozess surfen wir in der Komplexität einer Zukunft, die gerade im Entstehen ist. Immer am Rande dessen, was wir noch erfassen können und unter Nutzung unserer Intuition und unserer Wahrnehmung für Stimmigkeit (dazu später mehr) als Navigationsinstrumente.

Das mag sehr abgehoben klingen. Lasst uns deshalb das Thema von ein paar weiteren Perspektiven einkreisen. Ein Wort vorab zu unserer Methode. In der Erforschung von Purpose bewegen wir uns selbst am Rande unseres Verständnisses. Wir experimentieren dazu privat und beruflich und tauschen uns mit anderen Interessierten aus. Dazu zählen sowohl Kolleg:innen aus den Bereichen Wissenschaft, Organisationsentwicklung und Therapie als auch erfahrene Meditierende und spirituelle Lehrer. Zudem gibt es eine umfassende Forschung, die sich mit Innovation, Kreativität, Intuition und Inspiration beschäftigt (darunter Mihály Csíkszentmihályis Arbeiten zu Flow). Wir teilen hier mit Dir unseren gegenwärtigen Wissensstand in der Hoffnung, dass auch Du Interesse am Thema findest und Teil der Lerngemeinschaft wirst.

Die meisten Unternehmen, denen wir als Vortragende oder Organisationsentwicklerin begegnen, sind mit Purpose als Sinn und Mission beschäftigt. Dieser Fokus kann auch ein wertvoller und inspirierender Beitrag zur Unternehmensstrategie und -kultur sein. Da es in diesem Kapitel jedoch primär um unser evolutionär verankertes Verständnis von Purpose geht und dieses bislang nur von einzelnen Unternehmen nachgefragt wird, ist dieses Kapitel auch weniger funktional als die bisherigen. Nichtsdestotrotz werden wir im zweiten Teil auch explizit auf Bettinas konkrete Arbeit in diesem Themenfeld eingehen.

Wie fühlt sich Purpose an?

Ein auf den ersten Blick überraschender Indikator für Purpose ist die Tatsache, dass diejenigen unter uns, die mit ihrem Purpose gut verbunden sind, darüber nicht viel nachdenken. Das scheint auf jeden Fall für Menschen zu gelten, die ihren eigenen Lebensweg bewusst gehen. Beim zweiten Hinschauen ergibt das Sinn, denn die zweifelnden Fragen „Was ist meine Aufgabe? Wofür bin ich hier?" tauchen erst in dem Spalt zwischen der eigenen Lebenserfahrung und Purpose auf.

In unseren Gesprächen dazu, wie sich Purpose anfühlt, erwähnen manche Menschen eine Reihe von körperlichen Symptomen. Signale wie eine bestimmte Form von körperlicher Erregtheit, eine Art „Vibrieren der Zellen", das sich sehr lebendig anfühlt. Eine positive Form der Aufregung, die mit einem tiefen, fokussierten Interesse an einem Thema oder bestimmten Aktivitäten einhergeht. Gesteigerte Präsenz und Aufmerksamkeit. Eine Art „Flow", währenddessen das Gefühl für Zeit und Raum kollabieren. In diesem Moment verschwindet die Kluft zwischen Individuum und Umwelt, Kommunikation erscheint sehr direkt, ohne die konventionellen Narrative, die unser Verstand normalerweise produziert. Es setzt ein Gefühl von Stimmigkeit ein. Wenn in diesem Zustand neue Gedanken und Einsichten auftauchen, wirken diese sehr frisch und wahr.

Andere sprechen davon, dass sie Purpose als etwas wahrnehmen, was sie ganz persönlich berührt, was direkt zu ihnen spricht. Zugleich fühlen sie sich sehr mit anderen Menschen oder der Aufgabe vor ihnen verbunden. Purpose hebt die Trennung zwischen mir und der Welt auf, wir empfinden uns als eins.

Mit Purpose in Beziehung überlegen wir nicht, wie lange eine Aktion oder Aufgabe dauert, ebenso wenig, was ihr Endresultat sein wird. Oder ob wir Letzteres jemals erreichen. Stattdessen sind wir eins mit dem Prozess an sich, mit dem, was auch immer entstehen möchte. Diese Art von Handlungen sind wenig persönlich. Oft erscheint es vielmehr so, als würden wir geleitet oder eine andere Kraft wirke durch uns.

Interessanterweise muss sich Purpose nicht einfach und positiv anfühlen. Wir selbst kennen Situationen, die sehr stimmig und wichtig, zugleich aber auch unangenehm oder sogar extrem schmerzhaft waren. Dieses Gefühl der Stimmigkeit scheint damit zusammenzuhängen, dass wir in diesen Momenten mit einer essenziellen, fundamentalen Schicht verbunden sind.

Oder wie es eine unserer Gesprächspartner:innen ausdrückte: „Purpose-Erfahrungen haben Wurzeln."

Im Gegensatz dazu fühlen sich gewöhnliche negative Erfahrungen anders an: Wir empfinden sie oft als flach und dumpf. Sie hinterlassen einen schalen Nachgeschmack. Während Purpose-Erfahrungen dreidimensional sind, erscheinen uns diese zweidimensional, da sie nicht mit einer tieferen Lebendigkeit und Raumhaftigkeit verbunden sind.

Die subtilen Informationen des Purpose wahrzunehmen, beschreiben viele Menschen auch als eine Form von Intuition. Ein Vorgang, in dem Denken, Fühlen und Wahrnehmen zusammenfließen und subtile Informationen als konkrete Gedanken oder Empfindungen für uns wahrnehmbar werden – ohne dass wir genau nachvollziehen können, woher und warum.

Wie verbinde ich mich mit Purpose?

Wenn Purpose nichts Äußeres ist, kein Trend, den ich bewusst aufgreifen kann, sondern ein subtiler Informationsfluss, den ich wahrnehmen und in mir auftauchen lassen kann, dann muss ich mich nach innen wenden. Es gibt viele Möglichkeiten, dies zu tun. Meditieren, in die Natur eintauchen, beten oder Tagebuch schreiben. Andere beschäftigen sich intensiv mit ihren Träumen oder sind künstlerisch tätig.

Stille scheint eine Voraussetzung zu sein, denn wenn unsere Nerven von Reizen stimuliert werden, gelingt es uns meistens nicht, so tief in uns abzusinken, dass wir subtile Informationen wahrnehmen können. Neben spirituellen Praktiken kennen wir diese Herangehensweise insbesondere von Künstlern. Rainer Maria Rilke zelebrierte Einsamkeit und Stille in *Briefe an einen jungen Dichter*, denn „umso tiefer geht das Neue in uns ein". „Damit die Zukunft uns betritt", um einen weiteren Ausdruck des Dichters zu verwenden, müssen wir in uns hineinspüren und uns selbst zuhören. Einer unserer Gesprächspartner:innen beschrieb, dass er versucht, sich mit seinem „sechsten Sinn" zu verbinden. Mit einer Mischung aus defokussiertem Denken und Fühlen öffnet er sich den subtilen Wahrnehmungen.

Den gleichen Zustand strebt auch der Theorie-U-Prozess von Otto Scharmer an, den zahlreiche Unternehmen in ihre Innovationspraxis integrieren [Kapitel 7, → S. 153]. Dabei werden die Teilnehmer:innen mit Hilfe einer geleiteten Meditation an einen Ort höchstmöglicher Präsenz in sich geführt, in dem sie möglichst wenig dissoziieren, vermeiden oder projizieren, sondern mit dem sind, was gerade ist. An diesem Punkt der Talsenke des U kann es ihnen gelingen, sich mit einer höheren kreativen Kraft zu verbinden und neue latent im Universum vorhandene Information aufzugreifen. Weisheitslehrer und Mystiker beschreiben diese neuen Informationen als „Licht“ und sehen in Licht eine energetische Verbindung zwischen der Seele und dem schöpferischen Ursprung des Universums. Aus dieser Verbindung können neue Einsichten entstehen, in Form von Vorahnungen, aber auch blitzartigem Wissen, welches uns in die Richtung unseres nächsten Entwicklungsschrittes weist.

Die Fähigkeit, sich mit Purpose zu verbinden, ist bei Menschen sehr unterschiedlich ausgeprägt. Seelische Verletzungen, auf die wir gleich noch näher eingehen werden, können unseren Zugang erschweren. Aber selbst, wem es leicht fällt, an stillen Orten in sich abzusinken, der empfängt oft nicht die erhofften Informationen. Auch sehr intuitive und feinfühlige Menschen fragen sich, was ihr nächster Schritt ist oder wieso sie sich in bestimmten herausfordernden Situationen wiederfinden. Die Kommunikation, von der wir hier sprechen, beinhaltet auch Glück, Zufall, Gnade oder wie auch immer wir es nennen wollen. Deshalb brauchen wir auch hier eine Fähigkeit, der wir schon öfter begegnet sind: Spannung halten, das (Noch)-Nicht-Wissen akzeptieren – letztendlich: mit dem sein, was ist.

Purpose und Trauma

Wir haben schon mehrmals von Purpose als Magnet, Polarstern oder Orientierung gesprochen. Diese Funktion möchten wir hier nochmals vertiefen. In unserem Verständnis ist Purpose die evolutionäre Lebensbewegung, die wir im Rahmen unseres Bewusstseins entfalten und zu der wir beitragen. Sie ist ein sich immer weiter entfaltender Bauplan, den wir versuchen abzulesen und aus dem heraus wir Neues gestalten. Die Annahme eines solchen Blueprints impliziert, dass es in der Welt eine höhere Ordnung gibt, die unser wissenschaftlich-rationales Weltbild übersteigt. In diesem transrationalen Weltbild treiben evolutionäre oder mystische Prinzipien die Entfaltung des Lebens voran. Purpose ist ein solches Prinzip. Purpose ist das Flüstern, dem wir uns öffnen können, um uns in den Dienst des Lebens zu stellen. Folgen wir diesem Informationsstrom, werden wir Teil der essenziellen Entfaltung des Lebens. Wir werden „in-formiert“, das heißt, wir geben etwas Neuem eine Form. Diese Manifestationen kommen in allen Varianten und Formen vor – als Bücher und Gedichte, Unternehmungen und Gesetzesentwürfe, politische Bewegungen und Lebensstile. Diese Formen dienen dann wiederum anderen Menschen mit ähnlichen Interessen oder ähnlichem Purpose als Andockstationen für ihre eigenen Erfahrungen, Orientierungen und Tätigkeiten. Äußere Manifestationen des Purpose wirken kulturprägend und ermöglichen es, dass die anfangs nur einigen wenigen zugänglichen Erfahrungen zur Entwicklungsplattform und späteren Alltagsrealität von Tausenden, Millionen oder gar Milliarden von Menschen werden. Auf diese Weise vollziehen sich Paradigmenwechsel und werden alte Muster aktualisiert.

An dieser Stelle möchten wir noch einmal zu den zwei verschiedenen Arten von Zukunft zurückkommen, die wir sowohl zu Beginn dieses Kapitels als auch im Laufe des gesamten Buches immer wieder als Push- und Pull-Faktoren für den Wandel erwähnt haben. Wir unterscheiden zwischen einer Zukunft, die die Vergangenheit fortschreibt, und einer Zukunft, die aus der Gegenwart heraus entsteht. In der ersten spielt Purpose keine Rolle, in der zweiten ist sie unersetzlich.

In vielen Lebensbereichen folgt das, was wir heute machen, unweigerlich dem, was gestern war. Wir bezeichnen das dann je nach Sprachduktus als Pfadabhängigkeit oder Schicksal. Sie entstehen, wenn wir festgelegte Muster haben, die uns keine Wahl lassen, anders zu handeln als auf determinierte Weise. Wir alle kennen Situationen, in denen das der Fall ist. Im Privatleben erleben Menschen beispielsweise, dass sie immer wieder die gleichen Partner anziehen, die ihnen nicht guttun. Aber selbst wenn sie intellektuell ihre Muster kennen, wiederholen sie sie. Auch im Unternehmensalltag dominieren die Standards von gestern die Abläufe von heute, selbst wenn wir wissen, dass sich die äußeren Umstände völlig geändert haben. Festgefahrene Muster geben uns zwar viel Sicherheit, sie erweisen sich aber gerade in Zeiten des exponentiellen Wandels als hemmend oder gar existenziell bedrohlich. Und dennoch scheinen wir ihnen nicht entkommen zu können.

Die gleiche Mechanik sehen wir gegenwärtig in allen Lebensbereichen: intellektuell wissen wir (jedenfalls die meisten von uns), dass die Klimakatastrophe, die wachsende soziale Ungleichheit oder die Burnout-Epidemie neue Formen des Wirtschaftens, Regierens und Seins brauchen. Aber wir sind nicht fähig, zeitnah adäquate Antworten auf diese Entwicklungen, die unmittelbar unsere Existenz und unser Wohlbefinden bedrohen, zu entwickeln.

Wieso gelingt es uns nicht, unser Verhalten anzupassen? Uns dynamisch mit äußeren Veränderungen auch im Inneren zu bewegen? Dem Leben so zu begegnen, wie wir es gerade in dieser Minute wahrnehmen? Um dies zu verstehen, hilft ein kleiner Abstecher in die moderne Traumaforschung.

Unter Trauma verstehen Psychologen wie Gabor Maté (2021) oder Peter Levine (2015) die bleibenden Folgen eines überwältigenden Ereignisses, welches das autonome Nervensystem nicht adäquat verarbeiten, also nicht durch sich durchlaufen lassen konnte. Stattdessen bleibt der überwältigende Impuls im Nervensystem als gefrorene Erregung stecken. In der Folge verliert der Mensch in diesem Bereich seine Resonanzfähigkeit. Er kann mit der Außenwelt nicht mehr dynamisch mitschwingen. Zum Zeitpunkt seiner Entstehung ist Trauma eine gesunde Schutzreaktion des Nervensystems. Später aber hindert sie uns an unserer organischen Weiterentwicklung, denn in den Bereichen, in denen wir emotional gefroren sind, sehen wir die Außenwelt nicht so, wie sie gerade ist. Sondern wir interpretieren sie durch den starren Filter der Vergangenheit.

Traumatisierten Menschen, und das sind wahrscheinlich die meisten unter uns, fällt es schwer, sich auf Neues einzulassen. Neue Informationen verlangen von uns, dass wir die Identifikation mit dem Alten, das uns Sicherheit gibt, aufgeben. Da bleiben wir lieber beim Gewohnten, auch wenn es für die aktuelle Situation unpassend oder gar gefährlich ist. Auf diese Weise schränkt Trauma unsere Adaptionsfähigkeit stark ein. Das Leben bewegt sich, wir Menschen aber bleiben eingefroren und können mit der äußeren Entwicklung nicht mithalten. Anders formuliert: Trauma verhindert, dass wir uns auf die Gegenwart ganz und gar einlassen und uns von ihr informieren lassen. Insofern fällt es den meisten von uns auch schwer, uns mit Purpose zu verbinden. Aber ohne Anbindung an diesen subtilen Informationsstrom können wir keine „wirkliche" Zukunft gestalten.

Wenn wir uns also eine Gesellschaft vorstellen, in der viele Menschen mit ihrem Purpose in Verbindung stehen, dann bedeutet das, dass wir uns mit Trauma und Heilung, mit Schatten und Integration beschäftigen müssen.

Wie wir an verschiedenen Stellen aufgezeigt haben, hängt unsere Fähigkeit – bezogen darauf, ganzheitlich und nachhaltig zu manifestieren –

davon ab, wie viele Lebensaspekte wir einbeziehen können bzw. wie viel Leben wir exkludieren müssen. Dasselbe gilt für unseren Purpose. Dort, wo wir aufgrund von Traumatisierung bestimmte Dinge nicht wahrnehmen können, gelingt es uns auch nicht, subtile Informationen unseren Purpose betreffend zu inkludieren. Damit reproduzieren wir zwangsläufig die uns bekannten Muster. Daraus folgt in den Worten des Mystikers Thomas Hübl, dass „unser Morgen nicht mit unserer Zukunft gleichzusetzen ist" (Our tommorrow is not necessarily our future, *oral communication*). Bei vielem, was wir morgen machen werden, handelt es sich um eine Verlängerung der Vergangenheit und nicht um wirkliche Zukunft.

Das gilt sowohl für Individuen als auch für Kollektive wie Organisationen. Wenn wir uns von Purpose orientieren lassen, müssen wir Inner Work betreiben – und zwar zu einem wesentlich intensiveren Grad, als wir das bisher für New Work beschrieben haben. Denn die Bearbeitung von Trauma – unabhängig davon, ob es sich um persönliches, intergenerationales oder kollektives Trauma handelt - bedarf psychologisch sicherer Räume, einer kompetenten Begleitung und meistens ziemlich viel Zeit. Gleichzeitig ist Purpose für uns das einzige Instrument, das es uns erlaubt, nachhaltig zu Integration und Heilung beizutragen.

Sind Purpose-geleitete Menschen und Unternehmen erfolgreicher?

Wie können wir von außen beurteilen, ob eine Unternehmung oder ein Mensch mit Purpose in Verbindung steht? Sind diejenigen, die sich von Purpose leiten lassen, erfolgreicher? Die Antwort ist: manche ja, manche nein.

Zum einen basiert unser aktuelles Verständnis von Erfolg oft darauf, dass wir wichtige Teile des Lebens exkludieren. Obwohl viele Unternehmen die mit ihren Produkten einhergehenden Umweltschäden, Arbeitsbedingungen und sozialen Effekte ignorieren, werden sie an der Börse und in der Gesellschaft für ihren wirtschaftlichen Erfolg gefeiert. Ebenso stellen wir in den westlichen Industrienationen unseren eigenen Wohlstand nicht in Frage, obwohl er darauf basiert, dass andere Bevölkerungsgruppen von Bildung, Ressourcen und Macht ausgeschlossen sind.

Wenn wir Purpose-orientiert vorgehen, dann informieren wir uns aus einer möglichen Zukunft, die größere Teile der Realität einbezieht, als dies bisher der Fall war. Im gleichen Schritt wird uns bewusster, dass unsere herkömmlichen Maßstäbe von Erfolg, Effizienz und Effektivität nur dann Sinn ergeben, wenn wir die kollateralen Effekte für die Umwelt oder andere Menschengruppen ausblenden. Infolgedessen erleben wir das, was bisher als erfolgreich galt, als sinnlos.

Viele Menschen, die Purpose-orientiert leben und agieren, zieht es an den Rand des Mainstreams, an den Rand dessen, was wir heute als erfolgreich erleben.

Das heißt nicht, dass sie keine große Anziehungskraft ausüben. Menschen und Unternehmen, die mit ihrem Purpose stark verbunden sind, können sehr ansteckend sein. Sie wirken lebendig, frisch, energiegeladen und können andere inspirieren und in ihren Bann ziehen. Gleichzeitig bringen sie oft etwas in die Welt, was Menschen zwar neugierig macht, sich für viele aber nur schwer mit ihrem eigenen Lebensalltag verbinden lässt.

Eine extreme Version dieses Prinzips sind Menschen, die ihrem Purpose folgen und keine oder nur zeitlich stark verzögerte äußere Anerkennung bekommen. Man denke an Vincent van Gogh, Emily Dickinson oder Nikolaus Kopernikus. Ihr Beitrag zu einer neuen Zukunft wurde zum Teil erst lange nach ihrem Tod von der Welt gesehen und verstanden. Ein Leben im Einklang mit Purpose kann auch von außen vollkommen unspektakulär sein und sich als Gärtner, Rechtsanwalt oder Mutter manifestieren.

Wenn ich mich an meinem Purpose orientiere, dann umfasst er ganz natürlich meine gesamte Lebensbewegung von der Integration und Heilung meiner Vergangenheit und Traumata bis hin zur Wahrnehmung und Manifestation meiner Zukunft.

Wenn wir diesen Gedanken noch etwas weiterspinnen, dann folgt ein tief traumatisierter Mensch, der sich ernsthaft der Heilung seiner psychologischen Wunden widmet, seinem Purpose. Wenn wir daran glauben, dass alles Leben miteinander verbunden ist, kann die Fähigkeit eines Einzelnen, sich fürsorglich um sich selbst zu kümmern und damit das Trauma nicht weiterzureichen, eine viel größere Wirkung auf das Leben haben, als wir uns das gemeinhin vorstellen können.

In die gleiche Richtung weisen auch Weisheitstraditionen, in denen Purpose mit dem Konzept der Seele verbunden wird. In der Kabbala ist die Rede von dem „Tikun“, einer Bruchstelle oder Herausforderung im menschlichen Leben. Sinn des Lebens ist es, diesen Tikun zu heilen, um die Seele wieder ganz zu machen. Der Tikun wirkt wie Purpose als Magnet für individuelles Wachstum. Einmal geheilt, kann der Mensch sterben, da seine Lebensaufgabe erfüllt ist.

Wie können wir uns Purpose erschließen?

In unserer Lesart haben keine zwei Menschen den gleichen Purpose. Das Gleiche gilt für Unternehmen. Purpose ist individuell, multiperspektivisch und ständig im Wandel. Er ist Teil einer Perspektive, der zufolge alles im Leben dynamisch miteinander verbunden, interdependent und in ständiger Bewegung ist.

Wenn aber alles Bewegung ist, an was können wir uns dann noch orientieren? System Thinking und Weisheitstraditionen gehen von einer vierdimensionalen Welt aus, in der jede einzelne Bewegung das Ganze verändert. Die Welt ist wie ein großes Mobile und jeder Organismus ein Mobile-Element. Wenn eines davon an einen anderen Platz rückt, verändert sich das ganze Bild. In dieser multidimensionalen Welt ist nichts fixiert und linear. Nichts ist eindeutig richtig und falsch. Kein Pfad ist vorgezeichnet, da die Bewegung der anderen meine eigene Bewegung verändert.

Es ist wie in der berühmten chinesischen Fabel vom Bauern, dessen Hengst davonlief (Unglück). Seinem Sohn gelang es, ein Wildpferd zu zähmen (Glück). Kurz darauf wurde er vom Pferd abgeworfen und brach sich ein Bein (Unglück). Dies verhinderte jedoch, dass er in den Krieg ziehen musste (Glück) und so weiter. Ebenso können wir nie die Konsequenzen unserer Aktionen abschätzen. Unglück kann sich als Glück herausstellen, gute Intentionen können zu schlechten Resultaten führen. Da die Zukunft unvorhersehbar ist, sehen wir alles als neutral an.

Die einzige Orientierung in einer derart fluiden Welt ist eine Wahrnehmung für Stimmigkeit oder Unstimmigkeit. Dieser Sinn dafür, „am richtigen Platz zu sein“ und „das Adäquate zu tun“, kann dabei nie auf einen finalen Endpunkt gerichtet sein, sondern immer nur auf den nächstmöglichen Schritt. Derart bewegen wir uns von einem Trittstein zum anderen. In diesem Sinne ergibt es auch viel mehr Sinn, von Purpose nicht als einem Substantiv zu sprechen, sondern von „purposing“ als Verb. Purposing bezieht sich auf die konstante Bewegung und ist eher ein „Wie?“ als ein „Was?“ Indem wir den ständig emergierenden Informationen lauschen, gehen wir den nächsten Schritt und lauschen von Neuem. Um unser Bild vom Polarstern aufzugreifen, bedeutet purposing, dass wir uns schrittweise bewegen, von Intuition und Wahrnehmung für Stimmigkeit angeleitet, und dass sich unser Polarstern im gleichen Tempo mit uns fortbewegt und dabei immer wieder eine neue Schicht an subtilen Informationen für uns wahrnehmbar werden lässt. Dadurch entsteht in uns eine neue Art von Führung, die uns, ähnlich wie Otto Scharmer es beschreibt, aus der Zukunft heraus führt.

Purpose- oder Sinn-orientierte Führung

Was bedeutet dies alles für Dich als Individuum, für Euch als Team oder als ganze Organisation? Wenn Dich unsere Argumentation, dass Sinn und Purpose zwei unterschiedliche und nur teilweise überlappende Phänomene sind, überzeugt hat, dann kannst Du entscheiden, welchem der beiden Du folgen möchtest. Als Gründer:in, Geschäftsführer:in oder Führungsperson kannst Du Dich fragen, was die Entwicklung Deiner Organisation anleiten soll: die Verbindung mit einer evolutionären Lebensbewegung (Purpose) oder sinnvolle Werte (Sinn)? Zu Letzterem könnte als Minimalstandard zählen, dass Ihr Euch verpflichtet, keinen Schaden anzurichten, weder ökologisch noch sozial. Ihr könntet aber auch weiter gehen und eine potenzialorientierte Kultur aufbauen, die die Bedürfnisse aller Stakeholder (Mitarbeiter:innen, Kund:innen, aber auch des Planeten) ernst nimmt. Eure Arbeitsformen und Geschäftsmodelle können Vorreiter eines neuen, regenerativen Paradigmas werden. In all diesen Fällen würden wir dann von einem Unternehmen sprechen, welches einen sinnvollen Beitrag zur Gesellschaft und Umwelt leistet und für Mitarbeiter:innen und Kund:innen sinnstiftend sein kann.

Wenn Ihr Euch an Eurem Purpose ausrichtet, könnte prinzipiell erst einmal alles passieren. Denn es ist offen, welcher nächste Schritt für die Organisation aus der Verbindung mit ihrer Zukunft entsteht. So hatte Bettina einen Kunden, für den sich in einem Purpose-orientierten Prozess herauskristallisierte, dass sich der Unternehmenspurpose bereits erfüllt hatte. Daraufhin entschlossen sich die Gesellschafter des Unternehmens, es zu schließen. Dieser Schritt wurde von allen Beteiligten als stimmig empfunden. Ebenso berichtet Frederic Laloux von holländischen Bibliotheken, deren Leiter:innen zusammengekommen waren, um herauszufinden, wie sie auch bei schrumpfender Nachfrage ihre Existenz absichern konnten. Doch im Prozess wurde deutlich, dass es sie in ihrer alten Form nicht mehr brauchte und sie ihren Zweck – möglichst viele Menschen zum Lesen zu bringen – besser auf ganz andere Weise erfüllen könnten, beispielsweise indem sie sich mit Schulen zusammentaten. Ein weiteres Beispiel für die ungewöhnlichen Wege einer Purpose-Unternehmung ist die Wachstumsstrategie von *Buurtzorg*, des großen holländischen Unternehmens für ambulante Pflege. *Buurtzorgs* Gründer überraschte seine Mitbewerber, indem er sein Erfolgsmodell öffentlich teilte und Wettbewerber einlud, von ihm zu lernen. Vor dem Wertehorizont von Konkurrenz und Profitabilität würde diese Strategie selbstmörderisch wirken. Aber da der Purpose von *Buurtzorg* darin besteht, allen Menschen weltweit möglichst gute Pflege zukommen zu lassen, ergibt dieses Vorgehen vollkommenen Sinn. Für die Unternehmensvision ist es gleichgültig, wer das Ziel erreicht, ob also *Buurtzorg* einen Marktanteil von 20 %, 50 % oder 80 % hat. Solange sich Pflege insgesamt verbessert, wird der Purpose erfüllt.

Die Wahl zwischen Purpose und Sinnorientierung stellt sich auch für Individuen. Wenn Du ein tiefes Interesse an Selbsterkenntnis hast und Leben grundlegend erforschen willst, dann wird Dich wahrscheinlich der Purpose-Pfad in Bann ziehen. Aber dies bedeutet in unserer Definition auch, dass Du dafür mutig bereit sein musst, soziales Renommee und materiellen Erfolg hintenan zu stellen und Dich mit Nicht-Wissen, Desorientierung und Verletzbarkeit auseinanderzusetzen. Und zwar nicht nur für die kurze Phase eines Sabbaticals, sondern im Zweifel für große Teile Deines Lebens.

Vielleicht liegen Dir aber auch ganz bestimmte Werte am Herzen und Du möchtest Dein Leben an diesen ausrichten. Dann ist Sinnorientierung Dein Pfad und Du kannst zum Wohlergehen des Planeten und der Gesellschaft anhand konkreter Ideen und Qualitäten beitragen.

Shareholder Value oder Sinnorientierung?

Wir haben das Privileg, viele Unternehmen von innen zu kennen und sehen große Unterschiede in Bezug auf Führung und Kultur. Um zu zeigen, welchen Unterschied eine klare Sinnorientierung macht, skizzieren wir hier Eindrücke aus zwei deutschen Technologie-Unternehmen. Aus Gründen der Anonymisierung haben wir die Unternehmen verfremdet und aus Versatzteilen uns bekannter Organisationen zusammengesetzt.

Eine Sitzung des höchsten Führungsgremiums im Unternehmen A beginnt mit einer persönlichen Begrüßung aller Teilnehmer:innen und einem Check-in, bei dem jeder kurz mitteilt, was in ihm oder ihr gerade vor sich geht. Dabei teilen die Anwesenden sowohl, was sie mental, aber auch emotional beschäftigt. Die Gruppe setzt sich aus den Kontrollgremien, dem Unternehmensvorstand und einzelnen Mitarbeiter:innen, die zu bestimmten Sitzungsthemen eine besondere Expertise haben, zusammen. Das Verhältnis zwischen Männern und Frauen ist ausgewogen. Die weitaus größte Zeit der mehrstündigen Sitzung findet in diesem Kreis statt, nur zum Schluss tagt das Kontrollgremium unter sich, um konkrete Beschlüsse zu fassen oder einzelne Themen im kleinen Kreis zu diskutieren.

Im Unternehmen B nehmen dagegen nur die höchsten Kontrollinstanzen und das Führungsteam an der Sitzung teil, fast alle weiße Männer. Im Zentrum beider Sitzungen stehen Reports: Verschiedene Führungskräfte berichten auf der Basis von Excel-Übersichten, Torten- und Kurvendiagrammen, wie sich die verschiedenen Geschäftsbereiche im letzten Quartal entwickelt haben. Dazu gibt es einzelne Themenschwerpunkte, beispielsweise zu Strategie, HR, Markttrends, technologischen oder rechtlichen Entwicklungen. Punktuell entspinnen sich inhaltliche oder formale Diskussionen innerhalb der Gruppen.

In Unternehmen A umfassen diese Diskussionen neben der wirtschaftlichen Performance viele soziale Fragen. Die Mitglieder der Kontrollgremien und die Mitarbeiter:innen besprechen die Stimmung im Unternehmen und die Zufriedenheit der Mitarbeiter:innen genauso wie die gesellschaftlichen Folgen ihrer Arbeit. Sie wägen wirtschaftlichen Profit mit anderen Zielen ab: Erzielen wir die Art von Veränderungen in der Welt, die wir uns wünschen? Wem dienen unsere Technologien, unser Know-how, unsere Projekte? Wie können wir noch mehr Wirkung erzielen? Was brauchen unsere Mitarbeiter:innen und Stakeholder:innen, um motiviert und engagiert beizutragen? Dabei thematisieren sie die ständigen Tradeoffs zwischen wirtschaftlichem Erfolg, der notwendig ist, um die Unternehmung nachhaltig betreiben zu können und dem selbst gesetzten gesellschaftlichen Auftrag.

In Unternehmen B finden Diskussionen über Wirkung und Gesellschaft nicht statt. Die Unternehmenskultur ist nur insofern ein Thema, als dass man versucht, möglichst leistungsfähige Mitarbeiter:innen anzuziehen. Das Unternehmen hat ein Ziel: möglichst große Profite zu erzielen. Hohe Gewinnzahlen vergrößern den Shareholder Value. Die Wachstumsspirale sieht vor, dass mit den höheren Gewinnen weitere Marketingausgaben finanziert werden können, die die Marke noch bekannter und die Nutzerbasis breiter machen, was wiederum zu noch höheren Einnahmen führt. Das Geschäftsmodell adressiert zwar vordergründig den Endverbraucher, doch Nutzerführung und Algorithmen sind so gesetzt, dass vor allem die

Werbekunden des Unternehmens profitieren. Die mit diesen generierten Profite fließen dann wieder ins Unternehmen ein.

Wenn die Wachstumsaussichten von Unternehmen B sich verschlechtern, wird das ganze Unternehmen in Frage gestellt. In der Logik der Beteiligten ist ein zahlenmäßig stagnierendes Unternehmen wertlos. Die Führung geht davon aus (und da sie nach einem bestimmten Profil rekrutieren, behalten sie auch Recht), dass ein solches Unternehmen für Mitarbeiter:innen unattraktiv ist. Wenn Geld der maßgebliche oder einzige Treiber ist, wieso sollten sie dort arbeiten, wenn sie nicht immer mehr Lohn und immer wertvollere Unternehmensanteile bekommen?

Während Unternehmen B für seine Besitzer:innen und die Führungskräfte ein Mittel zum Zweck ist, möglichst viel Geld für Shareholder:innen zu erwirtschaften, sehen die Inhaber:innen und Mitarbeiter:innen in Unternehmen A einen eigenständigen Organismus. Profite werden gerne gesehen, sind aber kein Selbstzweck, sondern wichtig, um das größere Unternehmensziel zu erreichen. Dies können explizit soziale und ökologische Ziele sein. Es kann aber genauso gut darum gehen, ein Unternehmen als Ort zu erschaffen, an dem Produkte und Dienstleistungen entwickelt werden, die es Mitarbeiter:innen ermöglichen, ihren Lebensunterhalt zu verdienen und ihre Potenziale zu entfalten. Um dieses Ziel zu erreichen, muss das Unternehmen nicht ständig wachsen, sondern kann auch mit Krisen umgehen und sich organisch entwickeln.

Unternehmen B ist im Kern ein Rädchen in der Finanzwelt und folgt deren Logik und Kultur. Führungskräfte, Mitarbeiter:innen, Produkte, Dienstleistungen haben keinen Wert an sich, sondern beziehen diesen nur aus ihrer Funktion im globalen Kapitalismus. Unternehmen A dagegen hat einen Sinn, der über die Profitmaximierung hinausgeht. Er kann darin liegen, eine explizite Wirkung in der Welt zu erzielen. Er kann aber auch, kleiner gedacht, darin bestehen, Menschen einen guten Arbeitsplatz zu geben, mit dem sie ihren Lebensunterhalt bestreiten können, in einem sicheren sozialen Gefüge aufgehoben sind und zugleich eine Plattform für Wandel und Wachstum zu sein.

Purpose in Unternehmen

Wie dieses Beispiel zeigt, unterscheiden sich Unternehmen, die einen breiter angelegten Sinn verfolgen, sehr von solchen, die rein marktwirtschaftliche Ziele anstreben. Doch diese Sinnorientierung ist nicht mit unserem Verständnis von Purpose gleichzusetzen. Wenn Unternehmen sich wirklich für Purpose als neues Paradigma interessieren, folgen daraus eine Reihe von Prinzipien.

Ein offener Strategieprozess für ein bewegliches Ziel

Auch Frederic Laloux, der den Begriff „evolutionary Purpose" maßgeblich geprägt hat, beschreibt Purpose – vergleichbar mit unserem Ansatz – als eine Bewegung, der Mitarbeiter:innen eines Unternehmens folgen können. Der Purpose eines Unternehmens kann also immer nur temporär bestimmt werden, da er sich im vierdimensionalen Raum genauso bewegt wie alles andere. Statt langjährige Strategieplanungen mit festen Meilensteinen verfolgen Unternehmen einen iterativen Prozess: von einem Trittstein zum anderen. Unabhängig davon, ob die Visionen groß oder klein sind, verfolgen Mitarbeiter:innen die Bewegung kontinuierlich und sind ständig offen für neue Pfade und Methoden.

Jenseits von Profitmaximierung

Unternehmen, die sich von Purpose leiten lassen, steigen aus der ständigen Wachstumsspirale aus. Sobald wir Organisationen nicht mehr als Maschinen, sondern als Organismen verstehen, verliert ungebremstes Wachstum seinen Sinn. Sind doch die einzigen Organismen, die ständig weiterwachsen, Krebszellen, die dabei ihren Wirt zerstören. Stattdessen passt sich ein Purpose-Unternehmen seiner Umwelt an. Wie bei den Jahresringen eines Baums gibt es mal fruchtbare und mal magere Jahre, die sich in starken oder schwachen Wachstumszahlen ausdrücken. Was das genau für Arbeitsbeziehungen bedeutet, das heißt, wie wir Mitarbeiter:innen in so einem fluiden Umfeld ausreichende Sicherheiten geben können, müssen wir in den nächsten Jahren erproben.

Von Chef:innen und Mitarbeiter:innen zu Stewards

Wenn wir akzeptieren, dass Unternehmen wie lebendige Organismen eine Eigendynamik haben, dann ergibt es wenig Sinn, Menschen als hierarchisch übergeordnet zu betrachten. Wir werden vielmehr Stewards von einer größeren, schöpferischen Bewegung des Lebens.

Jenseits von Selbsterhalt

Während es heutzutage für ein wirtschaftlich tragfähiges Unternehmen, egal ob For-Profit oder Non-Profit, fast undenkbar erscheint, sich aufzulösen, so ist dies für Purpose-Unternehmen selbstverständlich. Organisationen sind kein Selbstzweck mehr. Wenn sich der Purpose erfüllt hat und kein weiterer auftaucht, dann kann auch dieser Organismus sterben und zum Humus für die nächste Generation von Unternehmen werden.

Der Schatten von Purpose

Die Unterscheidung zwischen Sinn und Purpose ist für uns mehr als eine rhetorische Spitzfindigkeit. Denn der inflationäre Purpose-Diskurs hat einen dunklen Schatten. Wenn wir Purpose zur anzustrebenden Norm erklären – Finde Deinen Purpose, oder Du bist nichts wert! –, dann schaffen wir eine neue gesellschaftliche Spaltung. Wie der Philosoph Byung-Chul Han in seinen Essays zur Müdigkeitsgesellschaft (2016) brillant dargestellt hat, üben wir gerade eine neue Form von Druck auf Menschen aus, sich auf eine bestimmte Art und Weise entwickeln und darstellen zu müssen. Um sozial anerkannt zu werden, reicht es nicht mehr, äußeren Sinnangeboten, vorgefertigten Werten oder etablierten Berufszweigen zu folgen. Stattdessen erwarten wir von modernen Menschen, dass sie ihren eigenen Lebensweg aus sich selbst heraus gestalten. Dies ist ein weiterer Schritt in einer langen Reihe von historischen Bewegungen, wobei eine komplexer werdende Außenwelt und immer differenziertere Gesellschaft von ihren Mitgliedern erwartet, dass sie immer subtilere, innere Mechanismen der Selbstkontrolle entwickeln.

Die frühmoderne „Disziplinargesellschaft“, die Michel Foucault analysierte, kontrollierte ihre Bürger:innen nicht mehr mittels Folter, sondern indem sie sie durch Bildung „zivilisierte“ und mittels Institutionen wie Krankenhäusern, Gefängnissen und Bürokratien überwachte. Die „Leistungsgesellschaft“ der Nachkriegszeit entwickelte wiederum neue Kontrollstandards in Form eines Wertesystems, das nur diejenigen als vollwertige Bürger:innen anerkennt, die hart arbeiten und zum materiellen Wohlstand beitragen. Die neue Wendung zur post-materialistischen „Purposegesellschaft“ ist nochmals invasiver und verlangt von ihren Mitgliedern, dass sie bestimmte positive innere Fähigkeiten entwickeln, zu denen auch ein ausgeprägter Sinn für Purpose zählt. Diese Entwicklung kann Menschen positiv darin begleiten, ihr Potenzial zu entfalten und Teil der kreativen emergenten Zukunft zu sein, die wir in diesem Kapitel beschreiben. Sie kann aber auch ein neues Terrorregime etablieren, welches umfassender und zugleich subtiler ist als seine historischen

Vorläufer. Für Menschen, die sich nicht mit einem höheren Ziel verbinden können oder wollen, und denen es schwerfällt, sich als „authentische, ganze Menschen" zu zeigen, erzeugt der Purpose-Diskurs eine neue Form von Druck. Er eröffnet ein neues Spielfeld, auf dem sie scheitern. Sie fühlen sich dann manipuliert und überwacht und zwar nicht nur in Bezug auf ihr Verhalten (wie die Disziplinar- und Leistungsgesellschaften), sondern viel grundlegender in Bezug darauf, wer sie innerlich als Menschen sind.

Wie Ken Wilber und viele andere Philosophen und Psychologen erläutert haben, birgt jede Weiterentwicklung der Gesellschaft und des Bewusstseins neben gesundem Wachstum auch seine Pathologien. Die hier erwähnte Schattendynamik haben wir bereits im Kapitel 4 näher beschrieben. Komplexere Entwicklungsstufen werden aus der Perspektive vorheriger Ebenen oft missinterpretiert und verzerrt. Wenn wir also Purpose als neues gesellschaftliches Druckmittel verstehen, welches von Menschen wie ein Distinktionsmerkmal, wie ein Orden auf der Brust, getragen werden kann, dann handelt es sich dabei um eine sehr funktionale Sicht (z. B. aus einer funktionalen Hierarchie) auf eine höhere, „partizipative" oder „kompetenzbasierte" Entwicklung. In der Sprache von Spiral Dynamics, die Dir vielleicht vertraut ist, können wir auch sagen, dass „orange" nach seinen eigenen Kriterien „gelbe" oder „türkise" Entwicklungen bewertet. Das funktionale, effizienzgetriebene orangene Meme missversteht Purpose als ein Asset, mit dem man schneller, weiter, höher kommt. Dabei ist Purpose Ausdruck eines anderen Paradigmas, welches nicht mehr primär nach individuellem Status und Exzellenz strebt, sondern nach Ganzheitlichkeit, Stimmigkeit und Potenzialentfaltung.

Genau diesem Paradigmenwechsel wenden wir uns im nächsten und letzten Kapitel zu.

Kapitel 11

Paradigmenwechsel

Wealth is the ability to fully experience life.

Henry David Thoreau

Eine These zieht sich durch alle bisherigen Kapitel: Bei den Veränderungen in unserer Arbeitswelt handelt es sich nicht um einen inkrementellen, sondern um einen grundlegenden Wandel. In Unternehmen geht es nicht darum, Führung ein bisschen mehr in die Belegschaft zu verlagern, mehr Frauen, Schwarze und transgender Mitarbeiter:innen einzustellen oder den Unternehmenspurpose bei einer Markenagentur in Auftrag zu geben. Der notwendige Wandel ist tief und mehrdimensional.

Wir gehen davon aus, dass wir

- die innere Dimension unserer subjektiven Erfahrung ebenso einbeziehen müssen wie die äußere manifeste Welt. Dies bedeutet vor allem auch, dass wir uns nicht nur mental, sondern auch fühlend auf die Welt einlassen.
- ein Gewahrsam für verschiedene Entwicklungsebenen entwickeln und verstehen, dass Menschen in sehr unterschiedlichen Realitäten leben, auch wenn sie von außen betrachtet ähnlich aussehen.
- uns der Wertebasis unserer heutigen Gesellschaft, dem alles durchdringenden Leistungsprinzip, bewusst werden und dieses daraufhin überprüfen, ob es für die anstehenden Herausforderungen unserer Welt geeignet ist, und ein Update in Richtung Potenzialentfaltung, Integration und Inklusion einleiten.
- von Purpose geführt werden und uns selbst und unsere Welt nicht fixieren, sondern als bewegliche, nicht lineare Systeme verstehen, die sich Schritt für Schritt entfalten und verändern.

Damit aus New-Work-Unternehmen entfaltete Organisationen werden, die wirklich auf den Systemwandel einzahlen, bedarf es der in diesem Buch beschriebenen Sensibilitäten und Kompetenzen. Darunter fallen Selbstkontakt und Selbstreflexion, Empathie und transparente Kommunikation, Multiperspektivität, Metareflexion und Intuition. Wir arbeiten daran, innerlich klarer zu werden und innere und äußere Bewegungen präziser zu erfassen. Zugleich öffnen wir uns für Aspekte des Lebens, die wir bislang ausgeschlossen haben und sind uns darüber hinaus bewusst, dass es vieles gibt, von dem wir gar nicht wissen, dass wir es nicht wissen.

Diese Weltsicht ist ein Stretch und Du wirst nicht die Einzige sein, die sich an dieser Stelle überfordert fühlt. Wir verlassen mit dieser Beschreibung nämlich den linearen Vorstellungsraum und betreten ein mehrdimensionales Gebäude, in dem Tiefen und Höhen, bewusste und unbewusste Aspekte, Entwicklungsbewegungen und Potenzialität eine zentrale Rolle spielen. Der Stretch ist gewollt und real.

Wie aber verhalten sich diese Sensibilitäten und Kompetenzen zu anderen Bereichen der Welt, die sich in der Transformation befinden? Sind die vier oben angeführten Aspekte – die Einbeziehung der inneren Dimension, die Anerkennung der Gleichzeitigkeit unterschiedlicher Realitäten, der Abschied vom Leistungsprinzip als Leitbild und das Leben als konstante Bewegung (purposing) – nur für die Arbeitswelt relevant? Oder spielen sie auch in anderen Lebensbereichen eine maßgebliche Rolle?

Ein Blick in so unterschiedliche Bereiche wie die Klimaforschung, soziale Innovationspraxis, Gemeinwohl-Ökonomie, Bildung und Politik zeigt, dass vergleichbare Fähigkeiten auch in anderen Sphären als essenzielle Bestandteile des gegenwärtigen Paradigmenwechsels angesehen werden. Stellvertretend für viele seiner Klima-Kolleg:innen knüpft Mike Berners-Lee in *There is no Planet B* (2019) eine gelungene Klimawende an sehr ähnliche Haltungsveränderungen. Diese können nicht linear und inkrementell sein. Wir haben einen Punkt in der Entwicklung unseres Planeten erreicht, an dem nur ein wirklicher Umbruch eine positive Zukunft einleiten kann. Mike Berners-Lee benennt acht zentrale Grundsätze für eine neue Politik und Wirtschaftsordnung:

1. Das große Ganze sehen;
2. Globale Empathie – die Welt fühlen;
3. Zukunftsdenken – einen Zeithorizont von 80 Jahren einnehmen;
4. Das Langsame, Lokale und Erreichte schätzen - wissen, wann genug auch genug ist und wir kein weiteres (materielles) Wachstum brauchen;
5. Selbstreflexion – die eigene Erfahrung wahrnehmen und die Filter, durch die wir die Welt sehen, verstehen;
6. Kritisches Denken – wissen, wem man vertraut und warum;
7. Komplexe Zusammenhänge und Interdependenzen „sehen“;
8. Verschiedene Disziplinen und Perspektiven zusammenbringen.

Ebenso beschreiben Hilary Cottam (2018) und Geoff Mulgan (2019), zwei der klügsten Experten im Bereich Soziale Innovation, die wirksame Erneuerung unseres Sozialsystems mit Begriffen wie holistisch, beziehungsorientiert, multiperspektivisch und kollaborationsfähig. Ihre Darstellungen folgen nicht unserer multidimensionalen Systematik. Aber auch sie fordern uns auf, herrschende Denkmuster und Kategorisierungen wie das Drama-Dreieck zwischen „Tätern“, „Opfern“ und „Rettern“ zu überwinden. Sie propagieren einen ernsthaften Machttransfer von privilegierten Bevölkerungsteilen an bislang exkludierte, sozial entkoppelte Gruppen. Zugleich sprechen sie davon, wie wichtig es ist, die gelebte innere und existenzielle Erfahrung aller Menschen in die Politikgestaltung mit einzubeziehen.

So wirklich verwundert sind wir über die Überschneidungen zwischen den Kompetenz-Sets natürlich nicht. Bei New Work ebenso wie beim Klima und der sozialen Innovation handelt es sich um die Fähigkeit, in komplexen Umgebungen zu navigieren. Nur dass sich der Maßstab jeweils stark unterscheidet: von der Mikrowelt eines (selbstorganisierten) Unternehmens zur Mesowelt der Gesellschaft bis zur Makrowelt des Planeten Erde. Dies wiederum bringt uns zu der hoffnungsvollen Idee, dass wir diese vielfältigen Kompetenzen in dem vergleichsweise überschaubaren Umfeld einer Organisation erwerben können, um sie dann auf die großen und noch viel wichtigeren Bereiche der sozialen und ökologischen Krisen übertragen zu können.

In diesem Kapitel gehen wir davon aus, dass alle Lebensbereiche – Wirtschaft und Politik, Gesellschaft und Kultur, Wissenschaft und Spiritualität – sich in einem grundlegenden Transformationsprozess befinden. Im Laufe dieses Prozesses verändern wir mehr als die Versatzstücke innerhalb einer uns bekannten Welt, sondern die Konturen der Realität an sich. Wie diese neue Welt einmal aussehen wird, können wir heute nur erahnen. Wir arbeiten nicht auf eine Blaupause hin, sondern gestalten und entfalten den neuen Rahmen, das neue Lebensparadigma, Schritt für Schritt, geführt von unserer Wahrnehmung für Purpose. Wir probieren etwas Neues aus, lernen daraus, korrigieren oder schreiten weiter.

Dabei verabschieden wir uns vom Leitbild des Industriezeitalters, das Menschen, Unternehmen und Natur als atomistische, lineare und funktionale Maschinen ansieht und öffnen uns für die Welt als komplexer Organismus. Dieser Organismus hat eine Außen- und eine Innenwelt. Er besteht nicht aus einzelnen Teilen, sondern aus Beziehungen und Prozessen, verändert sich kontinuierlich und wechselbezüglich zu seiner Umgebung.

Diese Transformation hin zu einem neuen Paradigma ist zum großen Teil unfreiwillig. Sie wird angetrieben von den Metakrisen, die drohen, unsere Welt zu vernichten oder sie zumindest zu einem sehr bedrohlichen Platz zu machen. Antonio Gramsci beschreibt die Übergänge zwischen den Zeitaltern als „Zeit der Ungeheuer". Die Erde erwärmt sich, Ökosysteme kippen, Gesellschaften sind obszön gespalten, Menschen leiden an Überforderung, Sinnlosigkeit und Einsamkeit. Im vorhergehenden Kapitel haben wir das Prinzip hinter diesen Stapelkrisen beschrieben. Nachdem wir über Jahrhunderte hinweg Systeme gebaut haben, die auf Exklusion basieren, drängen die Ausgeschlossenen – Menschen und Naturgewalten – darauf, einbezogen zu werden. So schmerzhaft und leidvoll die gegenwärtigen Krisen sind, wir verstehen sie als Symptome einer aus den Fugen geratenen Welt und damit als wichtige, notwendige und sogar willkommene Wegweiser für deren Neugestaltung. Realität ist ganzheitlich und will als solche wahrgenommen werden. Statt Phänomene einzeln und isoliert zu betrachten, sind wir aufgefordert, den größeren Kontext und ihre Verbindungen zueinander in unser Denken und Handeln mit einzubeziehen.

Im Zuge dieser Transformation verliert eine Art, die Welt zu erfahren und zu erklären, an Gültigkeit und wird von neuen Empfindungen und Maßstäben abgelöst. Doch diese neuen Narrative und Denkmuster sind erst schemenhaft erkennbar. Und so ist es völlig kontraproduktiv, das Neue mit den Zielen und Kriterien des Alten bewerten zu wollen. Dies ist ein Punkt, auf dem wir in Diskussionen mit Unternehmen immer wieder insistieren: Die meisten möchten New Work einführen, damit sie produktiver werden, mehr Marktanteile bekommen und motivierte Mitarbeiter:innen anziehen – alles, um schlussendlich wirtschaftlich noch profitabler zu werden und Shareholder Value zu optimieren. Sie sind in der Optimierungsfalle gefangen und nutzen neue Werkzeuge – Agilität, Potenzialentfaltung, Diversität, Mindfulness – weit unter deren Potenzial, für veraltete, sozial und ökologisch oftmals destruktive Ziele. So wie Kritiker:innen der kommerzialisierten Mindfulness-Bewegung von McMindfulness sprechen, so könnte man diese missverstandenen New-Work-Ansätze als McNewWork beschreiben. Wenn Unternehmen ihren Mitarbeiter:innen dann auch noch Inner Work verordnen, missbrauchen sie Menschen dafür, ausbeuterische und ausgrenzende Systeme weiter am Leben zu erhalten.

Stattdessen lassen wir im Rahmen des gegenwärtigen Paradigmenwechsels die Leitplanken des industriellen Weltbilds, allen voran das Leistungsprinzip, hinter uns und bewegen uns auf einen neuen Wertehorizont hin, in dem Potenzialentfaltung und Purpose als Polarsterne auftauchen. Damit bauen wir ein neues Haus und verändern zugleich die

Inneneinrichtung. Wir ordnen unsere Systeme um und ermöglichen es Menschen, an einen für sie stimmigen Platz zu gelangen.

Das Two-Loops-Modell

Ein hilfreiches Modell für das Prinzip des Paradigmenwechsels stammt vom US-amerikanischen Berkana Institute. Das Bild beschreibt unsere Welt im Übergang: Lebendige Systeme – biologische Organismen ebenso wie Gesellschaften – durchlaufen einen Zyklus. Sie werden geboren und wachsen, erreichen ihren Zenit und fangen an zu verfallen. Eine zentrale Dynamik in jeder Transformation ist, dass schon neue, alternative Ansätze entstehen, während das dominante System seinen Höhepunkt gerade erst überschritten hat und anfängt zu kollabieren (Stilger, 2017).

Das Interessante am Berkana-Modell ist, dass es beide Entwicklungen zugleich in den Blick nimmt – den Zerfall des alten ebenso wie das Wachstum des neuen Systems. Viele von uns, die daran arbeiten, das alte industrielle und extrahierende Paradigma zu überwinden, fokussieren sich auf neue Technologien, Geschäftsmodelle, Wertschöpfungsketten, politische Strukturen, Bildungsmaßnahmen und Tausend andere Lösungen, in denen wir das Potenzial für ein gesünderes System sehen. Ebenso wichtig ist auch, dass wir die Desintegration des alten Systems verantwortungsvoll begleiten. Denn noch sind Macht, Gelder und Identitäten an das alte System gekoppelt. Und das kämpft, obwohl von Krisen gebeutelt, mit aller noch verbleibenden Kraft ums Überleben.

Das hat einen guten Grund: Die Lebensenergie und das Sicherheitsgefühl von Milliarden von Menschen sind mit den bestehenden Systemen, ihren Strukturen und Prozessen, aber auch ihren Haltungen und Werten verbunden. Wenn wir in einem System sozialisiert werden und in diesem unseren Platz einnehmen, wird es für uns leicht zur unhinterfragten Normalität. Wir leben in dem trügerischen Gefühl der Beständigkeit und der Illusion, dass die Dinge immer so weiter laufen werden und wenn sich etwas verändert, dann nur zum Besseren – eben „höher, schneller, größer, weiter". Als Ältere von uns beiden kann sich Joana noch sehr gut an genau diesen Zeitgeist in den 1980er und 1990er Jahren erinnern. Damals versprach Globalisierung Wohlstand für alle und Francis Fukuyama konnte glaubwürdig „Das Ende der Geschichte" proklamieren. Die warnenden Stimmen, die schon damals auf Erderwärmung, Ausbeutung und Ausgrenzung hinwiesen, wurden vom Establishment weitgehend ausgeblendet.

Paradigmenwechsel

Two-Loops-Modell nach Margaret Wheatley und Deborah Frieze (Berkana Institute), CC BY-NC 2.0

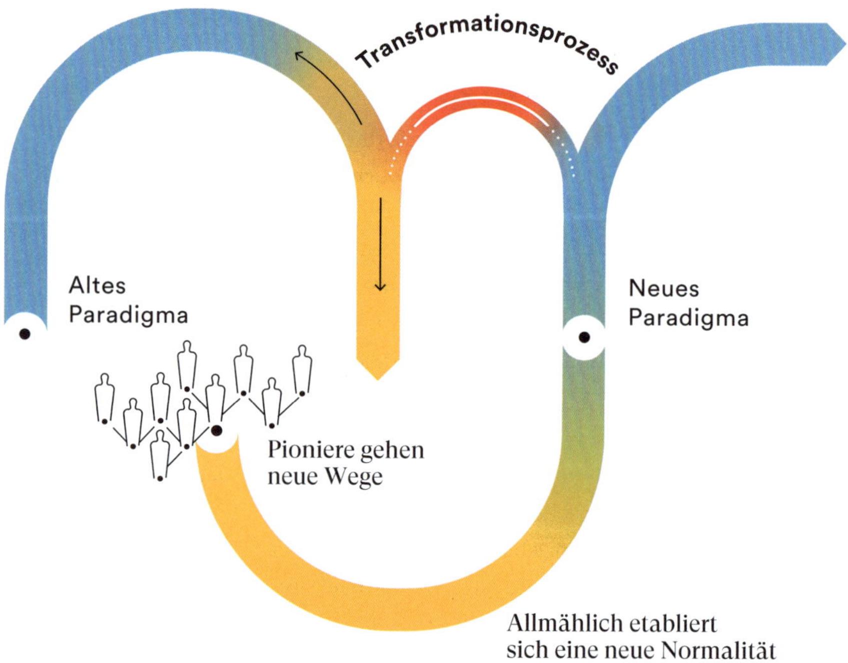

Meist sehen diejenigen, die etwas vom Mainstream entfernt sind – etwa jüngere Generationen oder solche, die vom herrschenden System weniger oder gar nicht profitieren –, dessen Schwachstellen zuerst und entwickeln Alternativen. Weniger in der alten Logik gefangen, beginnen sie, neue Lebensformen, Techniken und Sensibilitäten zu pilotieren. Zuerst vereinzelt, dann in immer größeren sogenannten „Communities of Practice", in denen sich Gleichgesinnte miteinander vernetzen und alternative Muster entwickeln. Dieser Prozess hat in der Geschichte immer wieder stattgefunden, sei es im griechischen Forum, im Florenz der Renaissance, im Berlin und Paris der Zwischenkriegszeit, dem Silicon Valley seit den 1960er Jahren oder den heutigen Permakultur-Dörfern und Crypto Communities. Erweisen sich diese Modelle als erfolgreich, weil sie sich selbst erhalten und immer mehr Menschen anziehen, ist ein Kipppunkt erreicht, an dem auch immer mehr Ressourcen das alte System verlassen und ins neue fließen.

Wenn heute diejenigen, die eng mit dem eben noch dominanten Paradigma identifiziert sind, aufgefordert werden, alles in Frage zu stellen und zu einem neuen Wertegerüst und Lebensstil beizutragen, erzeugt das verständlicherweise Unsicherheit, Angst und Widerstand. Deshalb ist es wichtig, dem alten System und seinen Vertreter:innen zu helfen, in Würde Abschied zu nehmen und ihnen Zeit zu geben, sich auf das Entstehende einzulassen. Dazu gehört, dass wir wertschätzen, was das industrielle Paradigma alles geleistet hat: Geringere Kindersterblichkeit und die Bekämpfung vieler ehemals tödlicher Krankheiten haben zu einer deutlich gesteigerten Lebenserwartung geführt. Selbst verhältnismäßig unterprivilegierte Menschen haben heute einen materiellen Lebensstandard, der nicht nur den Herrschern vorhergehender Jahrhunderte, sondern selbst den eigenen Großeltern unerreichbar erschien. Menschen weltweit sind mit einer Vielzahl neuer Ideen konfrontiert und können aus viel mehr Lebensstilen und Identitäten die für sie passenden auswählen. Und dennoch, bei allen Erfolgen erzeugt das extrahierende Paradigma so viele Kollateralschäden und lässt toxische strukturelle Diskriminierungen unberührt, dass es das Überleben des Planeten und der Menschheit als solches bedroht. Es ist höchste Zeit, sich von ihm zu verabschieden.

Dieses Loslassen ist ein gewaltiger Schritt, denn auch viele der Berufe und Identitäten, die sich „auf der guten Seite der Geschichte" wähnen, wie Sozialunternehmen und NGOs, sind teilweise selbst (oft unbewusst) so mit dem alten System verbandelt, dass sie das neue boykottieren. Wir denken da beispielsweise an Wohlfahrtsorganisationen, deren Existenz damit zusammenhängt, dass sie ein bestehendes Problem des alten Systems abfedern, sei es Armut oder Obdachlosigkeit. Das Gleiche gilt aber auch für viele pfadabhängige For-Profit- Industrien, die bei einer Veränderung des systemischen Rahmens ihre Daseinsberechtigung verlieren werden. Beim Aufbau von *betterplace.org* hat Joana erlebt, wie sich viele analoge Fundraising-Organisationen gegen eine Online-Spendenplattform wehrten, die positive Kollateraleffekte für den gesamten Sektor mit sich brachte, weil sie dadurch ihr eigenes Geschäftsmodell bedroht sahen. Transformationsstudien verwenden für diesen Prozess des Loslassens das Symbol des Hospizes, in dem Menschen darin begleitet werden, von veralteten Industrien, Wirtschaftsmodellen, kulturellen Praktiken, Werten und Haltungen würdevoll Abschied zu nehmen und sich auf das Neue vorzubereiten.

Es ist einfach – und wir Autorinnen neigen selbst dazu – sich nur mit dem spannenden Neuen zu beschäftigen. Denn an der Schnittstelle zwischen Alt und Neu erwarten uns enorme Komplexität, Spannungen und Widersprüche. Ein sinnvoller und nachhaltiger Wandel ist jedoch ganzheitlich und erkennt an, dass manche Aspekte des alten Systems fortgeführt beziehungsweise seine Pathologien integriert werden müssen, während wir zugleich Neues schaffen (Stilger, 2017).

Wenn wir davon sprechen, dass New Work für uns nicht mit Agilität oder Selbstorganisation gleichzusetzen ist, sondern dass es der jeweils nächste passgenaue Schritt einer jeden Organisation – beispielsweise der einer Bürokratie hin zur funktionalen Hierarchie – sein kann, entspricht dies der gleichen Logik. Unter „passgenau" wiederum verstehen wir zwei Bewegungen, wobei die erste das Verhältnis zwischen Innen und Außen betrifft. Ein Schritt ist dann passgenau, wenn die Haltungen und Werte der Mitarbeiter:innen zu den gewählten Strukturen und Instrumenten passen. Der zweite Schritt bezieht sich auf die Passgenauigkeit zur Welt: In unserer fluiden und komplexen Welt sind Organisationsformen, die Führung in einem nächsten Schritt stärker im Unternehmen verteilen und zum Beispiel mit einer kompetenzbasierten Hierarchie arbeiten, oft besser geeignet, um wirksame Antworten zu liefern.

Signale des Paradigmenwechsels

Während uns das alte System in seinen vielen Schattierungen wohlvertraut ist, ist das Neue noch nicht richtig greifbar. Zwar können wir davon ausgehen, dass sich Bildung und Pflege, Wirtschaft und Demokratie,

Familien und Besitz ebenso grundsätzlich verändern werden wie Dein und mein Gefühl, wir selbst zu sein. Aber wie es konkret aussehen wird, das werden wir erst alle zusammen gestalten. Viele gängige Zukunftsvisionen versuchen uns ein Wunschbild zu verkaufen, welches in Wirklichkeit jedoch stark dem Status quo verhaftet ist. Beispielsweise indem es sich in Opposition dazu definiert. Die radikale Andersartigkeit der Zukunft wird sich erst nach und nach entfalten.

Deshalb tasten wir uns in diesem letzten Teil eher vorsichtig an den Paradigmenwechsel heran, indem wir Bewegungen – Sensibilitäten, Diskussionen und Manifestationen – beschreiben, die uns als interessante Signale eines neuen Ordnungsschemas erscheinen. Dabei begnügen wir uns damit, einzelne Aspekte und Signale exemplarisch zu präsentieren.

Wenn wir im Folgenden innere und äußere Dimensionen des Wandels zusammen beschreiben und diese sich natürlich wechselseitig beeinflussen, so gehen wir doch davon aus, dass die inneren Aspekte die maßgeblichen Treiber der Entwicklung sind. Ihr Impuls entsteht an der Stelle, an der das gewohnte Leben für Menschen keinen Sinn mehr ergibt. Innere Wahrnehmungen, Gefühle der Frustration und des Leids ebenso wie tiefe Inspiration und Neugier veranlassen Menschen, ihre Lebensenergie vom Alten abzuziehen und in neue Formen und Praktiken einzuspeisen.

Um diesen Prozess greifbar zu machen, eignet sich der Begriff „structure of feeling" (Struktur der Gefühle), den der britische Sozialwissenschaftler Raymond Williams prägte. Structure of Feeling bezieht sich auf ein historisches Verständnis der gefühlten Elemente des Bewusstseins einer Epoche. Er postuliert, dass spezifische Emotionen, Stimmungen und Atmosphären für bestimmte Zeiten charakteristisch sind und unsere Verhaltensweisen und Manifestationen maßgeblich prägen. Wir könnten dieses Phänomen auch mit „Zeitgeist" umschreiben. Doch Zeitgeist kann leicht mit einer Modeerscheinung verwechselt werden, während Structure of Feeling vermittelt, dass es sich um ein Tiefenphänomen handelt. Die emotionale Struktur einer Epoche ist der gesellschaftliche Innenraum, in den wir hineinsozialisiert werden; die Art und Weise, wie sich die Welt für Menschen zu einem bestimmten Zeitpunkt auf einer essenziellen Ebene anfühlt.

Als Joana anfing, das *betterplace lab* in ein selbstorganisiertes Unternehmen zu verwandeln und Bettina ihren Job bei einem Automobilhersteller kündigte, waren dies weniger mentale als vielmehr emotionale Entscheidungen: Unsere Gegenwart fühlte sich nicht mehr lebendig und authentisch an und wir waren auf der Suche nach Strukturen und Tätigkeiten, die unserer neuen, noch unbestimmten Sehnsucht und Intuition besser entsprachen. Genauso machen sich heute Zigtausende Lehrer:innen, die am Schulsystem verzweifeln, auf den Weg und gestalten neue Klassenräume und Schulfächer. Landwirt:innen, die mit ausgelaugten Böden kämpfen, experimentieren mit Renaturierungsverfahren. Politiker:innen leiden unter dem Vertrauensverlust ihrer Bürger:innen und gründen einen kommunalen Bürger:innenrat. Krankenpfleger:innen, konfrontiert mit einem unwürdigen Gesundheitssystem, gründen Pflegeunternehmen, die menschliche Beziehungen in den Mittelpunkt stellen. Diese neuen manifesten Strukturen üben einen Druck oder Sog auf andere Menschen aus, die dann ihrerseits einen Transformationsprozess durchlaufen müssen (neue Haltungen und Kompetenzen erlernen), um im Neuen ganz Platz nehmen zu können.

Mehr Welt einbeziehen

An erster Stelle von Mike Berners-Lees Auflistung der Kompetenzen für einen wirksamen Umgang mit dem Klimawandel steht „das große Ganze sehen". Auch wir haben diesen Begriff immer wieder verwendet, da Mitarbeiter:innen einer selbstorganisierten Unternehmung viel größere Bereiche und mehr Ebenen – die gesamte Gestalt – im Blick haben müssen als beispielsweise Behörden-Angestellte.

Im Zuge des Paradigmenwechsels werden wir alle aufgefordert, mehr Welt wahrzunehmen. Die Buddhisten sprechen von verschiedenen Circles of Intimacy, die sich konzentrisch um einen Menschen aufbauen. Sie fangen mit dem Individuum in der Mitte an und können sich über Familie und Freunde, den Arbeitsplatz, diverse regionale Sphären (Stadt, Land, Region) bis zur ganzen Erde oder sogar dem ganzen Kosmos ausdehnen. Unterschiedliche Menschen können unterschiedliche Radien auf ihrem Schirm halten. Ebenso beeinflussen Stresslevel und Lebensphasen unsere Fähigkeit, die Welt wahrzunehmen und zu fühlen. Die weltweite Vernetzung, insbesondere auch durch das Internet, fordert uns Menschen jedoch grundsätzlich auf, heute tendenziell mehr Circles of Intimacy zu überblicken, als dies noch im 19. oder 20. Jahrhundert der Fall war.

Zusätzlich zu einer Erweiterung der Sphären hat sich in den letzten Jahrzehnten unser Verständnis zur Funktionsweise der Welt grundsätzlich verändert. Das industrielle Paradigma tendiert dazu, die Welt als Maschine anzusehen, deren Einzelteile isoliert betrachtet und optimiert werden können. Dies führt zu einer Wirtschaft, in der der Erfolg ganzer Industrien darauf beruht, dass sie kommunale Güter (Luft, Wasser, Rohstoffe etc.) kostenlos nutzen und zugleich negative Externalitäten erzeugen (allen voran Umweltschäden), die nicht den Produktionskosten angerechnet, sondern von der Gemeinschaft getragen werden. Menschen werden auf ihre Arbeitsfunktionen reduziert. Sie müssen „funktionieren" und wenn ihnen dies nicht gelingt, werden sie entlassen, ausgesondert und beschämt. Das leistungsgetriebene industrielle Wertesystem erzeugt einen immensen Druck, den Schüler:innen, Spitzensportler:innen und Künstler:innen ebenso verinnerlicht haben wie Anwält:innen, Lehrer:innen oder Fahrradkurier:innen. Sie alle gehen davon aus, dass sie nur über Leistung anerkannt und geliebt werden.

Doch die Krisen unserer Zeit fordern uns auf, dieses Verständnis loszulassen. Wir – jede Einzelne von uns, unsere Gemeinschaften und die Welt als solche – leiden unter dieser Reduzierung und sehnen uns danach, als komplexe, fühlende Organismen anerkannt zu werden. Wenn wir die für komplexe Systeme charakteristischen Dynamiken – Wechselwirkungen, Feedback Loops, ganze Systeme tragen zu den Eigenschaften ihrer Teile bei etc. – einbeziehen wollen, müssen wir unseren Bildausschnitt unweigerlich vergrößern, also unsere Circles of Intimacy ausdehnen. Denn Organismen befinden sich immer in einem dynamischen Austausch mit ihrer Umwelt und lassen sich ohne diese nicht verstehen, geschweige denn gestalten. Wälder beeinflussen das Klima, Beziehungen formen das Individuum, künstliche Intelligenz basiert auf seltenen Erden.

Alles anders

Welche Veränderungen sind Signale des Neuen? Welche Innovationen, Politiken und Praktiken sind ganzheitlicher und beziehen mehr Perspektiven ein?

Ein Bereich, der eng mit der Arbeitswelt verbunden ist und in dem wir bedeutende Veränderungen wahrnehmen, ist unser Umgang mit Eigentum. Ohne auf die großen Herausforderungen einzugehen, die unser gegenwärtiges Eigentumsmodell mit sich bringt – darunter ein wachsendes Prekariat und die akute Wohnungsnot in vielen Städten –, ist es völlig ausreichend, New Work nur konsequent weiterzudenken, um zu sehen, wie fragil der Status quo von Besitz ist.

Wenn wir Führung breit im Unternehmen verteilen und Mitarbeiter:innen immer sichtbarer zum Erfolg beitragen, wird die Grenzziehung zwischen Eigentümern, die Profite abziehen können und Mitarbeiter:innen, die nur einen Gehaltscheck bekommen, immer weniger nachvollziehbar. Je ermächtigter New Worker sind, desto stärker werden sie auch die Eigentumsverhältnisse in Frage stellen. Wenn in selbstorganisierten Teams „jede Chef:in ist", wieso sollten sie dann für Shareholder Value arbeiten? Und so erleben wir, parallel zum New-Work-Trend, immer mehr Unternehmen, die neue Eigentumsstrukturen entwickeln. So wie das Hamburger Softwareunternehmen *iteratec*, das eine Genossenschaft gegründet hat, an der sich alle Kolleg:innen unabhängig von ihrer Rolle beteiligen können. Über zwei Drittel der 350 Mitarbeiter:innen sind seit 2019 Miteigentümer:innen des Unternehmens.

In die gleiche Richtung weist die Gründung der *Purpose Foundation* im Jahr 2015. Die Stiftung berät und begleitet Unternehmen bei der Umsetzung von sogenanntem Verantwortungseigentum oder Selbsteigentum. Darunter versteht sie eine Neuauflage von Modellen, die schon etablierte Wirtschaftsunternehmen wie *Bosch* und *Zeiss* praktizieren und bei denen Anteile nicht an Externe verkauft werden können, sondern von Mitarbeiter:innen gehalten werden. Mittlerweile haben sich im Purpose-Netzwerk schon über 100 deutsche Unternehmen, darunter die Suchmaschine *Ecosia*, der Kondomhersteller *Einhorn* und der Trinkflaschen-Produzent *Soulbottles* für neue partizipative Eigentumsformen entschieden.

Modelle wie Open Source, Gemeinschaftsbesitz oder Stewardships stehen für vergleichbare Veränderungen in der Wirtschaft. Ihnen allen geht es darum, den Fokus auf reine Profitabilität zu beenden und stattdessen eine Wirtschaft aufzubauen, die Mensch, Gesellschaft und Umwelt dient.

Damit kehren wir eine Entwicklungsrichtung um, die für das Industriezeitalter typisch war. In *Die deutsche Ideologie* (1846) beschreibt Karl Marx den industrialisierten Menschen als Opfer der Arbeitsteilung und Spezialisierung. Dadurch, dass er plötzlich nur noch einen Job hat, statt vielfältigen Beschäftigungen nachzugehen, muss er viele seiner Potenziale abschneiden. Diese Reduzierung führt zur psychologischen Erfahrung der Entfremdung und Fragmentierung, da der Einzelne immer weniger versteht, welchen Beitrag er zum großen Ganzen leistet und sich am Ende fragt, ob die Welt und das Leben überhaupt einen Sinn haben. New Work und neue Besitzformen kehren diesen Trend wieder um.

Ein Bereich, den wir mit großem Interesse beobachten, sind die auf dem Web 3.0. aufbauenden Organisationsformen, insbesondere DAOs (Decentralised Autonomous Organisations). Während wir dies schreiben, sind wir zwar mitten im sogenannten Krypto-Winter, in dem Kryptowährungen massiv eingebrochen sind, zugleich entstehen auf der Blockchain neue Besitzformen und eine Vielfalt innovativer kollektiver Entscheidungsmechanismen, wie beispielsweise quadratische, delegierte oder multi-optionale Abstimmungen. Ein pro-sozialer Teil der Blockchain-Gemeinschaft baut neue Plattform-Genossenschaften auf, entwickelt ein bedingungsloses Grundeinkommen (z. B. *Proof of Humanity*), ein Social Network, welches den Nutzern gehört (z. B. *Common Ground*) oder ermöglicht die Finanzierung von Open Source Software (z. B. *Gitcoin*).

Eine andere spannende Entwicklung betrifft die Beziehung von Organisationen zueinander. Hier sehen wir den Trend, dass Unternehmen und Organisationen nicht unweigerlich wachsen, um ihre Ziele zu erreichen, sondern intelligente Kollaborationen eingehen. Das internationale *Wellbeing Project* ist dafür ein schönes Beispiel. Die Organisation verfolgt das Ziel, im sozialen Sektor weltweit eine Kultur der Achtsamkeit und Wertschätzung aufzubauen, denn sozial engagierte Menschen und Aktivist:innen leiden oft unter Burnout, Depressionen und Altersarmut. Um ihre strategischen Ziele zu erreichen, hat das *Wellbeing Project* einen kleinen Organisationskern aufgebaut und wächst nur über Kooperationen mit anderen gleichgesinnten Akteuren. Mit diesen entwickelt es die Strategie co-kreativ weiter und skaliert, indem es die unterschiedlichsten Partner:innen (NGO-Netzwerke, Geldgeber:innen, Politiker:innen, Universitäten etc.) einbezieht und diesen hilft, das Thema Wellbeing in ihrer eigenen Arbeit zu verankern.

Deutliche Veränderungen im Zuge eines neuen ganzheitlichen Paradigmas sehen wir in den Bereichen Energie- und Ressourcennutzung. Neue Wertschöpfungsketten entstehen, bei denen alle Abfälle, die im Produktionsprozess entstehen, wiederverwertet werden. Beispiele für ineinandergreifende, kaskadierende Produktionskreisläufe gibt es schon heute in den verschiedensten Branchen, von der Landwirtschaft bis zur Bauindustrie. Um den Ressourcenverbrauch zu optimieren, sind Regularien in der Diskussion, die geplante Obsoleszenz verhindern und eine langjährige Reparaturpflicht für Geräte vorsehen. Im Zuge eines neuen Wirtschaftens üben Aktivist:innen und Gesetzgebungen auf Unternehmen Druck aus, die Verantwortung für die gesamte Wertschöpfungskette zu übernehmen, statt wie bislang Kosten in den globalen Süden und die Umwelt zu externalisieren.

Auch rund um die Digitalwirtschaft werden vermehrt gemeinwohlorientierte Diskussionen geführt. Statt Daten hauptsächlich für Werbung und die eigene Profitmaximierung einzusetzen, nutzen manche Plattformen diese, um gesellschaftliche Verantwortung zu übernehmen und Diskriminierungen besser zu begegnen. So wie *Airbnb*, das seine Reservierungsfunktionen veränderte, um der nachgewiesenen Diskriminierung von PoC Gastgeber:innen und PoC Gästen entgegenzuwirken. Mittels einer Partnerschaft mit einer NGO werten sie ihre eigenen Daten aus, um die verschiedenen Formen von Benachteiligung besser zu verstehen und ihre Funktionen dementsprechend weiterzuentwickeln. In einer deutlichen Abkehr vom Überwachung-Kapitalismus der großen privaten Plattformbetreiber à la *Google*, *Facebook* und *Amazon* verfolgen Gesetzgeber ebenso wie Innovator:innen und Gründer:innen verschiedene Ansätze der Datensouveränität sowie eine neue Transparenz und Regulierung von Algorithmen.

Im Care-Bereich, in der Betreuung und Pflege von Kindern, Kranken und alten Menschen, werden Stimmen lauter, die eine Abkehr vom industriellen Paradigma fordern. Dessen Logik verlangt, die Kosten pro Einheit zu senken und dabei auch sogar noch Profite zu erwirtschaften, mit der Folge, dass Betreuungspersonen bei maximaler Auslastung möglichst schlecht bezahlt werden und Care zur Fließbandarbeit wird. Ganzheitliche Ansätze – die auch im Zuge der Coronapandemie an Momentum gewannen – krempeln das System um, indem sie Care-Arbeit als integrativen Bestandteil unserer Gesellschaft ansehen. Sie fordern einen 6-Stunden-Arbeitstag bei gleicher Bezahlung, um eine neue Balance zwischen Lohnarbeit und Pflege zu ermöglichen. Zugleich machen Unternehmen wie *Buurtzorg* vor, wie wir Altenpflege nicht auf eine standardisierte, möglichst effiziente Dienstleistung am Körper reduzieren, sondern menschliche Beziehungen in den Vordergrund stellen.

Eine zentrale Aufgabe des gegenwärtigen Systemwandels besteht darin, unsere ausgehöhlten demokratischen Institutionen und Strukturen zu erneuern und sie dem digitalen Zeitalter anzupassen. Schon jetzt sehen wir viele erfolgversprechende Ansätze, die es weiter zu testen und skalieren gilt. Darunter fallen Beteiligungsformate wie Bürger:innenräte und andere deliberative Maßnahmen, Volks- und Bürge:innenrbegehren, in denen polarisierte Bevölkerungen Gemeinsamkeiten finden und Kompromisse aushandeln.

Ebenso interessante Ideen gibt es im Bereich Wahlrechtsreform, denn neue Formate wie Zustimmungswahlen, Modified Borda Count oder quadratische Abstimmungen erscheinen besser geeignet, den Willen der Bevölkerung wiederzugeben und differenziertere Entscheidungen zu fällen. So kann eine Wähler:in bei Zustimmungswahlen nicht nur für die Kandidat:in oberster Präferenz abstimmen, sondern für alle, die ihr akzeptabel erscheinen. Die Borda Regel, die erstmals 1433 von Nicolaus Cusanus vorgeschlagen wurde, ermittelt Präferenzen des Wählers anhand einer Rangliste. Schließlich handelt es sich auch bei quadratischen Abstimmungen um ein kollektives Entscheidungsverfahren, bei dem Einzelpersonen Stimmen zuweisen, um den Grad ihrer Präferenzen auszudrücken. Alle diese Methoden ermöglichen es, der binären Logik zu entkommen, der zufolge immer nur zwei Alternativen gleichzeitig betrachtet und von den Wählern bewertet werden. Stattdessen helfen sie mehreren Personen, einen gemeinsamen Konsens zu finden, indem sie die Wähler:innen gleichzeitig die gesamte Anzahl an Alternativen betrachten und diese in eine Rangordnung bringen lassen.

Um dem Vertrauensverlust in der Politik und der gewaltigen Polarisierung und Fragmentierung unserer Gesellschaften entgegenzuwirken, entstehen gegenwärtig verschiedenste Maßnahmen. Darunter fallen Experimente mit einer finanziellen Grundsicherung (universelles Grundeinkommen), die Menschen ihre existenziellen Ängste nehmen, aber auch psychotherapeutische Ansätze, um kollektive Traumatisierungen zu heilen. Am anderen Ende des Spektrums finden wir epistokratisch orientierte Anreize erfolgversprechend, die die Rationalität und die Wissensbasis von politischen Entscheidungsträgern stärken.

Dem Bildungssektor kommt in der Transformation eine besondere Bedeutung zu. Unser heutiges Schulsystem mag für das frühe Industriezeitalter adäquat gewesen sein, für unsere heutige Zeit ist es schon lange veraltet. Bildungsexpert:innen fordern die Abschaffung von Schulnoten, die Kinder von klein auf beschämen und in den Wettbewerb zueinander treten lassen. Statt auf Wissen und Leistung fokussiert sich Bildung auf der anderen Seite des Paradigmenwechsels auf Potenzialentfaltung und bildet Kinder im Denken, Handeln, Kollaborieren und Sein aus. In einem neuen durchlässigen Schulsystem könnten Lehrer:innen zu Lernbegleiter:innen von Kindern werden, die in altersübergreifenden Klassen in ihrem jeweils eigenen Tempo lernen.

Wir könnten die hier gelisteten Beispiele noch sehr lange weiterführen und über feministische Außenpolitik, Pläne zur Abschaffung der Polizei oder von nationalstaatlichen Grenzen schreiben. Wir hoffen, dass Dir die beschriebenen Beispiele ein Gefühl für die möglichen Qualitäten eines Lebens jenseits der Zeitenwende vermittelt haben. Sie haben einige Gemeinsamkeiten. So zeichnen sie sich dadurch aus, dass sie sich von materiellen, quantitativen und individualistischen Zielen abwenden und stärker einer immateriellen, qualitativen und Gemeinwohl-Orientierung folgen. Kontakt wird zur Trägerwelle der Evolution.

Einen vergleichbaren Trend sehen wir auch im Makrobereich, in neuen Messkriterien für menschliche Entwicklung und Fortschritt an sich. Die Ära, in der wir Wohlstand mit dem Bruttoinlandsprodukt gleichsetzen, neigt sich ihrem Ende zu. Schon 1990 führten die Vereinten Nationen den „Index der menschlichen Entwicklung" ein, der Wohlstand anhand von drei Dimensionen misst: Langlebigkeit, Wissen und Lebensstandard. Immer mehr Länder, darunter Neuseeland, Island, Schottland und Finnland, stellen Indikatoren wie psychische Gesundheit, bezahlbares Wohnen oder Luftqualität über das Bruttoinlandsprodukt und richten Politik und Haushalte nach sogenannten Wellbeing-Prioritäten aus.

Die Impulse und Manifestationen, zu denen wir uns hingezogen fühlen und die wir mit dem neuen Paradigma verbinden, haben einen anderen „Geschmack", eine spezifische emotionale Struktur: Sie sind mehrdimensionaler und verbundener. Während im industriellen Weltbild Identität und Wirkung stark an Leistung gekoppelt sind, treten jetzt die Potenzialentfaltung des Einzelnen, menschliche Beziehungen, gesellschaftlicher Zusammenhalt, ökologische Verträglichkeit und eine Verbindung des Einzelnen zur Schöpfung in den Vordergrund.

In diesem Weltverständnis besteht der höchste Wert darin, dass so viele Menschen wie möglich am Fluss des Lebens teilnehmen. So wie es das Zitat von Henry David Thoreau zu Kapitelbeginn beschreibt: Wohlstand ist die Fähigkeit, das Leben ganz zu erfahren. Diese Sensibilität bringt es mit sich, vermeintlich Alltägliches mehr zu schätzen. Gerade in der Zeit der Coronapandemie haben viele Menschen bemerkt, wie wichtig menschliche Beziehungen sind und wie viele andere Aktivitäten – ob nun das Hamsterrad des Jobs, ungezügelter Konsum oder Doomscrolling auf Twitter – unser tiefes Bedürfnis nach Kontakt und Resonanz kompensieren. Viele verstehen, dass die Welt keine Müllhalde ist, die wir mit noch mehr Überstunden, Shopping oder Social Media zuschütten, sondern intrinsisch reich, komplex und schön.

Neuronale Ganzheitlichkeit

In diesem Zusammenhang fasziniert uns die Arbeit des schottischen Psychiaters und Philosophen Iain McGilchrist. In seinen monumentalen Werken *The Master and his Emissary* (2009) sowie *The Matter with Things* (2021) beschreibt McGilchrist, wie in der Moderne die Funktionen der linken Gehirnhälfte im Vergleich zur rechten viel mehr Bedeutung gewonnen haben. Dabei geht er nicht von der früheren simplistischen und seitdem neurobiologisch widerlegten These aus, dass die linke Hemisphäre für Logik und Sprache, die rechte für Gefühle und Bilder zuständig sei. Heute wissen wir, dass beide Gehirnhälften in alle Prozesse involviert sind. Sie unterscheiden sich jedoch grundlegend von ihrer Perspektive auf die Welt: Der Unterschied liegt nicht im „Was", sondern im „Wie".

Die linke Hemisphäre konzentriert sich auf Details. Sie fokussiert feste, vertraute, abstrakte und meist unbelebte Dinge. Sie ist nach außen gerichtet, sehr mental und wenig verkörpert, vereinfacht statt komplex und denkt in oppositionellen Begriffen: entweder dies oder das. Ihre Aufmerksamkeit ist wie der gebündelte Strahl einer Taschenlampe.

Im Gegensatz dazu gleicht die rechte Hemisphäre einem Flutlicht: Sie sieht das ganze Bild und die Zusammenhänge zwischen einzelnen Elementen. Sie ist sensibel für Bewegung, für das, was sich verändert und das, was fehlen könnte. Sie ist in der Komplexität der Welt zuhause und denkt in komplementären Begriffen: dies und das, sowohl als auch. Während die linke Hemisphäre die Welt vereinfacht und manipuliert – sie steuert die rechte Hand –, ist es die Aufgabe der rechten Hemisphäre, sie zu verstehen.

In einer Mischung aus Neurowissenschaften, Geschichtsforschung, Spiritualität und Philosophie gelingt es Iain McGilchrist nachzuzeichnen, wie wir die linke Gehirnhälfte gegenüber der rechten bevorzugt haben. Und das, obwohl die linke den untergeordneten Job des Boten macht (Emissary), während die rechte die Meisterin (Master) ist, da sie den wichtigen Überblick hält. Das Ungleichgewicht zwischen beiden Seiten hat direkt zu den heutigen Metakrisen geführt, denn die linke Gehirnhälfte überschätzt sich notorisch, während die rechte sensibel für Gefahren ist. So weiß bezeichnenderweise ein Mensch, dessen linke Hemisphäre durch einen Schlaganfall beeinträchtigt ist, dass er einen gelähmten Arm hat. Im Gegensatz dazu bemerkt jemand mit einer defekten rechten Gehirnhälfte den Schaden gar nicht und geht davon aus, dass alles in bester Ordnung sei.

Um die Welt realistisch zu erfassen, müssen wir dementsprechend unsere neurobiologische Basis rebalancieren und diese stärken, indem wir uns dem Kontext von Epiphänomenen, ihren Beziehungen zueinander und deren Bewegungen zuwenden.

Die Welt fühlen

Im Zuge dieses Perspektivwechsels entwickeln wir neue Wahrnehmungsformen. Von John Keats stammt der Ausspruch „Nothing ever becomes real untill it is experienced". Im industriellen Paradigma waren Fühlen und Erfahren weit weniger bedeutsam als Denken und Berechnen. Doch so mächtig unser Verstand uns erscheinen mag und so viel er zur Steigerung der materiellen Lebensqualität beigetragen hat, so wichtig ist es auch für den Verstand, seine eigenen Grenzen anzuerkennen. Rein mental werden wir die Wirklichkeit in ihrer Gesamtheit nie erfassen können, nie wirklich verstehen, was es bedeutet zu leben.

Denn der Intellekt ist auf die Aspekte der Realität beschränkt, die wir linguistisch erfassen können. Im Laufe der letzten Jahrhunderte haben wir unsere Weltsicht immer mehr auf das beschränkt, was sich rational in Worten ausdrücken lässt. Dabei sind andere Wahrnehmungsebenen, die sich eher aus dem unterbewussten Innenleben speisen und sich in Mythen, Ritualen, Gedichten, Kunst und Literatur ausdrücken, in den Hintergrund gedrängt worden. Doch die Welt umfasst viel mehr als nur das mental Erfassbare und sprachlich präzise Wiederzugebende.

Die Unterscheidung, die wir oft machen, zwischen subjektivem Empfinden und objektiven Fakten und Strukturen, ist eine Verzerrung unseres Verstands. In uns Menschen taucht die Welt immer als EIN Informationsfeld, als eine ganze Gestalt auf. Um William Wordsworths berühmtes Gedicht „Lines Written a Few Miles above Tintern Abbey" (1798) zu paraphrasieren: zur Hälfte nehmen wir die Welt wahr, zur anderen Hälfte gestalten wir sie in uns. In die gleiche Richtung weist Alfred North Whitehead, wenn er schreibt: „We must reject the distinction between nature as it really is and experiences of it which are purely psychological. Our experiences of the apparent world are nature itself" (zitiert in McGilchrist, 2021, S. 550). Die Entstehung der Welt ist also immer eine Begegnung, zu der beide Seiten, Außen und Innen, Ratio und Intuition, beitragen.

Teams, mit denen wir arbeiten, lernen, wie wichtig andere Wahrnehmungsebenen sind. Körper, Emotion und Intuition bergen kostbare

Informationen, mit denen wir die Welt quasi von innen nach außen erfahren können. Sie sind der Ursprung vieler wirklicher Innovationen und Wegweiser in die emergente Zukunft. Als solche können wir auf sie in selbstorganisierten Unternehmen nicht verzichten.

Wir gehen davon aus, dass sich im Zuge des gegenwärtigen Paradigmenwechsels unser Sein verändern wird; die Art und Weise, wie es sich anfühlt, Du und ich zu sein, ebenso wie unsere Wahrnehmung und damit auch unser Bezug zueinander und zu der Welt an sich. Ein größerer Innenraum, der die Realität präziser und differenzierter erfasst, kann mehr Vielfalt bergen, mehr Facetten der Welt integrieren und Spannungen halten. Dank ihm können wir lernen, verschiedenste, auch sich widersprechende Informationen zu halten. Wir lernen, in den Worten der feministischen Wissenschaftlerin Donna Haraway, „to stay with the trouble", also mit Schwierigkeiten zurechtzukommen, ohne zu kollabieren oder die komplexe Realität zu vereinfachen (2016). In diesem Raum ist es weniger relevant, ob etwas „richtig" oder „falsch" ist. Denn fast nichts ist an und für sich gut: Was in einem Moment richtig ist, kann in einem anderen falsch sein. Wichtig ist jedoch, dass die verschiedenen Positionen miteinander verbunden sind, dass wir in der Lage sind, die Spannung in der Vielfalt zu halten.

Im Laufe der Evolution haben wir unsere Sinnesorgane so entwickelt, dass sie uns beim Überleben halfen. Uns heute selbstverständlich erscheinende Kapazitäten, beispielsweise die Fähigkeit formal-rational zu denken, sind historisch gewachsen. Wieso sollten wir im Zuge neuer Bedrohungen nicht noch weitere Sinne entwickeln? Manche Komplexitätswissenschaftler:innen und Mystiker:innen sprechen von Denken-Fühlen-Intuieren als einem neuen sechsten Sinn. Mit diesem können wir unsere Antenne zur Intuition, zum Purposing, zum Navigieren in Komplexität stärken. Dieser sechste Sinn ist nicht mit dem kruden Bauchgefühl zu verwechseln, in dem unsere Projektionen Amok laufen, Menschen ihren Verstand abschalten und sich simplistischen Verschwörungstheorien öffnen. Der sechste Sinn, von dem wir schreiben, bedient sich der Ratio, bezieht aber darüber hinaus noch weitere Informationen aus dem subtilen Raum. Der britische Philosoph John Cottingham kontrastiert die intellektuelle Herangehensweise mit der ganzheitlichen „Einstimmung", englisch attunement, und schreibt: „We need to recognize the limitations of intellectual analysis, and the way in which insight is achieved not just be the controlling intellect, fussily classifying and cataloguing the pieces of the jigsaw, but by a process of attunement, whereby we allow different levels of understanding and awareness to coalesce, until a picture of the whole begins to emerge" (2009). Auf Hunderten von Seiten dokumentiert der oben genannte Psychiater, Neurowissenschaftler und Philosoph Iain McGilchrist die zentrale Bedeutung, die die herausragendsten Entdecker, Physiker, Mathematiker ebenso wie Dichter, Maler und Musiker genau diesem „Bild als Ganzes" zuschreiben. Ihre tiefen Einsichten erfolgen nicht in linearen, kausalen Sequenzen, sondern tauchen als „ganze Gestalten" innerlich in ihnen auf. In diesen Momenten fallen „Dinge an ihren Platz". Die neue Gestalt wird der Gesamtheit der Erfahrungen besser gerecht, da sie ein breiteres Spektrum an Bedeutungen zulässt als die, die sie ersetzt (2021, S. 608). Eng damit verbunden ist die Tatsache, dass Menschen wie Isaac Newton oder Albert Einstein ihre Einsichten als visuelle Erfahrungen beschrieben.

Auf dieser Reise ins Neue ist Demut ein wichtiger und oft übersehener Aspekt. Angesichts der ernüchternden Erfahrungen der letzten Jahrzehnte, in denen wir wissentlich direkt in die gegenwärtigen Krisen – Klimakatastrophe, Artensterben, Polarisierung etc. – gesteuert sind, müssen wir uns eingestehen, dass wir nur sehr minder vernunftbegabte, vorausschauende Wesen sind. Nehmen wir dazu noch die Größe des Universums mit seinen unzähligen offenen Fragen – was ist Schöpfung, was ist Bewusstsein, was ist der Mensch? –, dann ist Bescheidenheit die einzig angemessene Haltung. Ich weiß nicht nur, was ich nicht weiß. Ich weiß auch, dass ich nicht weiß, was ich nicht weiß.

Im Kapitel 10 legten wir unsere Vermutung dar, dass unser menschliches Wirken im engen Zusammenspiel mit viel größeren evolutionären Kräften verstanden werden muss. Wo hört unser freier Wille auf, wo fängt die schöpferische Führung an? Viele der Ansätze in Wirtschaft, Politik und Kultur, die uns inspirieren, haben eine spirituelle Sensibilität und bemühen sich um eine dynamische, lebendige und wache Kultur, die sich existenziellen Fragen nach Leben, Liebe, Leid und Tod stellt, statt diese zu verdrängen. Sie erkennen an, dass wir Teil des kosmischen Schöpfungsprozesses sind und eine Aufgabe in eben diesem haben. Statt bedeutungslos und zufällig zu sein, hat unsere Existenz ein moralisches Gewicht. Die Beziehung zwischen Schöpfung und Welt ist untrennbar verwoben und zeichnet sich nicht durch Trennung und Andersartigkeit aus, sondern durch Inklusion, Verbundenheit und Respekt vor der Zerbrechlichkeit des Lebens.

Und schließlich gehört zum neuen Paradigma auch ein bewusster Umgang mit Vergeblichkeit. Statt die vielen Verluste zu verdrängen, vom Artensterben über die Ausrottung indigener Lebensformen bis zu dem eigenen Tod, wenden wir uns dem zu, was unwiederbringlich vorbei ist. Zeichen für menschliche Reifung ist es auch, anzuerkennen, was wir alles nicht verändern können. Der Philosoph Thomas Metzinger sagt voraus, dass wir in den nächsten Dekaden unser Bild von uns selbst drastisch verändern müssen: nicht als vernunftbegabt und scheinbar allmächtig, sondern als leidensfähige und gescheiterte Wesen (2013, S. 2).

Zugleich sind wir als potenzialorientierte Menschen davon überzeugt, dass ein Paradigmenwechsel, so wie wir ihn hier umrissen haben, nicht nur möglich ist, sondern dass ihn neue Formen der Führung und Zusammenarbeit beschleunigen können. Indem wir uns der Matrix bewusst werden und erkennen, dass das funktionale Leistungsparadigma, welches wir in den letzten 100 Jahren verinnerlicht haben, nur eine mögliche – und mittlerweile ausgebrannte – Orientierung für Unternehmertum, Wertschöpfung, Identität und Sinn bietet, sind wir frei, unsere Welt neu zu gestalten. Kompetenzen, die Millionen von Menschen in entfalteten Organisationen erlernen, können dann auf ganz andere Lebensbereiche übertragen werden und diese inklusiver, verbundener, zukunftsfähiger machen.

Danksagung

Dieses Buch basiert auf den vielen Erfahrungen, die wir mit unterschiedlichen Unternehmen und Organisationen machen durften. Eine Handvoll Kolleg:innen, darunter Anjet Sekkat und Jana Schmitz, schärften unser Verständnis der inneren Kompetenzen. Ebenso bereicherten uns die Teilnehmer:innen unsere Onlinekurse, Vorträge und Webinare mit ihren Fragen und eigenen Erfahrungen. Bettina dankt zudem den verschiedenen Organisationen und Unternehmen, die ihr im Laufe der Jahre ihr Vertrauen geschenkt haben, die sie in ihren Entwicklungen begleiten und dabei von ihnen lernen durfte.

Ein ganz besonderer Dank geht an Thomas Hübl, in dessen Gruppen wir Fundamentales über die conditio humana, Purpose und Schöpfung lernen und erfahren. Seine Anleitung und Begleitung empfinden und wertschätzen wir als essentiellen Teil unserer eigenen Entwicklung, immer mehr von der Welt in uns auftauchen zu lassen und uns immer tiefer auf uns selbst und sie zu beziehen. Seine Teachings bilden den Hintergrund für viele der in diesem Buch beschriebenen Prinzipien und Haltungen.

Wir sind allen Menschen, die aktiv an der Produktion dieses Buches beteiligt waren, sehr dankbar: insbesondere unserer Lektorin Cosima Jastrow und dem Designer Michael Heimann von Heimann + Schwantes. Sehr verbunden sind wir auch Thomas Ammon, Cheflektor des Vahlen Verlags, der sich seit Jahren für unser Thema einsetzt und auch dieses Buch wohlwollend unterstützt hat. Ein großes Hurra gilt unseren Crowdfunder:innen, die es uns ermöglichten, das Buch nach unseren speziellen Wünschen zu gestalten.

Unseren Familien und Partner:innen sind wir unendlich dankbar für die Unterstützung und den ständigen Tanz zwischen Zugehörigkeit und Freiraum, den sie mit uns tanzen. Wir wissen es tief zu schätzen, mit euch verbunden, unseren eigenen Bewegungen folgen zu können.

Und zu guter Letzt bedankt sich Joana bei Bettina und Bettina bei Joana. Wir genießen unsere fruchtbare und inspirierende Freundschaft und kompetenzbasierte berufliche Partnerschaft sehr.

Literatur

Teil 1
Die entfaltete Organisation

Appadurai, A. (2004): *The Capacity to Aspire: Culture and the Terms of Recognition.* In V. Rao & M. Walton (Ed.), *Culture and Public Action* (59–84). Stanford University Press.

Bauer, J. (2019). *Wie wir werden, wer wir sind: Die Entstehung des menschlichen Selbst durch Resonanz.* Blessing.

Beck, D. E. & Cowan, C. C. (1996). *Spiral Dynamics: Mastering Values, Leadership, and Change.* Blackwell Publishing.

Beck, K., Beedle, M. et al. (2001), Manifesto for Agile Software Development. http://agilemanifesto.org.

Berenson, B., zitiert in I. McGilchrist (2021), *The Matter With Things: Our Brains, Our Delusions, and the Unmaking of the World.* Band 1. Perspectiva.

Breidenbach, J. & Rollow, B. (2019). *New Work needs Inner Work: Ein Handbuch für Unternehmen auf dem Weg zur Selbstorganisation* (2. Aufl.). Verlag Franz Vahlen.

Cascio, J. (2020). Facing the Age of Chaos. *Medium*, 29.04.2020, https://medium.com/@cascio/facing-the-age-of-chaos-b00687b1f51d.

Einhorn: *Die Landkarte der sozialen und inneren Kompetenzen*: https://einhorn.my/tag/kompetenzen/.

Fromm, E. (1960), *Zen Buddhism and Psychoanalysis.* Harper and Brothers.

Graeber, D. & Wengrow, D. (2021). *The Dawn of Everything: A New History of Humanity.* Macmillan USA.

Gramsci, A. (1929–1935). *Gefängnishefte.* Freie Übersetzung von S. Žižek. In S. Žižek (2010). A Permanent Economic Emergency. *New Left Review*, 64.

Harari, Y. N. (2015). *Sapiens: A Brief History of Humankind.* Harper.

Harari, Y. N. (2017). *Homo Deus: A Brief History of Tomorrow.* Harper.

Heifetz, R. A. & Linsky, M. (2009). *Practice of Adaptive Leadership: Tools and Tactics for Changing Your Organization and the World.* Harvard Business Review Press.

Kegan, R. (1982). *The Evolving Self.* Harvard University Press.

Laloux, F. (2014). *Reinventing Organizations: A Guide to Creating Organizations Inspired by the Next Stage of Human Consciousness.* Nelson Parker.

McGilchrist, I. (2021), *The Matter With Things: Our Brains, Our Delusions, and the Unmaking of the World.* Band 1 und 2. Perspectiva.

Ord, T. (2020). *The Precipe: Existential Risk and the Future of Humanity.* Hachette Books.

Rosenberg, M. B. (2016). *Gewaltfreie Kommunikation: Eine Sprache des Lebens* (12. Aufl.). Junfermann Verlag.

Rosner, S. (2007). *Systemaufstellung als Aktionsforschung. Grundlagen, Anwendungsfelder, Perspektiven* (2. aktual. u. erw. Aufl.), Band 1. Nomos.

Scharmer, O. (2017). *Von der Zukunft her führen: Von der Egosystem- zur Ökosystem-Wirtschaft. Theorie U in der Praxis.* Carl-Auer-Verlag.

Scharmer, O. (2020) *Theorie U – Von der Zukunft her führen: Presencing als soziale Technik* (5., völlig überarb. u. erw. Aufl.), Carl-Auer Verlag.

Snowden, D. J. & Boone, M. E. (2007). A Leader's Framework for Decision Making. *Harvard Business Review*, 85 (11), 69–76.

Snowden, D. J., & Kurtz, C. (2003) The new dynamics of strategy: Sense-making in a complex and complicated world, *IBM Systems Journal*, 42 (3), 462–483.

Stacey, R. (2002). *Strategic management and organisational dynamics: the challenge of complexity.* (3. Aufl.) Prentice Hall.

Tett, G. (2021). *Anthro-Vision: How Anthropology Can Explain Business and Life.* Random House Business.

Watts, A. (2019). *Philosophy of Nature – Pt. 1*, 07.08.2019, https://alanwatts.org/1-5-3-philosophy-of-nature-pt-1/.

Wilber, K. (2001). *Ganzheitlich handeln – eine integrale Vision für Wirtschaft, Politik, Wissenschaft und Spiritualität.* Arbor Verlag.

Winnicott, D. W. (1971). *Playing and Reality.* Tavistock Publications.

Teil 2
Die entfaltete Gesellschaft

Bergson, H. (1907). *L'évolution creatrice*. Felix Alcan.

Berners-Lee, M. (2019). *There Is No Planet B: A Handbook for the Make or Break Years*. Cambridge University Press.

Breidenbach, J. & Nyiri, P. (2009). *Seeing Culture Everywhere: From Genocide to Consumer Habits*. University of Washington Press.

Cottam, H. (2018). *Radical Help: How We Can Remake the Relationships Between Us and Revolutionise the Welfare State*. Virago.

Cottingham, J. (2009). What is Humane Philosophy and Why is it At Risk? In A. O'Hare (ed.), *Conceptions of Philosophy*, Royal Institute of Philosophy, 65(2009), 1–20.

Crenshaw, K. (1989) Demarginalizing the Intersection of Race and Sex: A Black Feminist Critique of Antidiscrimination Doctrine, Feminist Theory and Antiracist Politics. *The University of Chicago Legal Forum* 140, 139–167.

Csíkszentmihályi, M. (1990). *Flow: The Psychology of Optimal Experience*. Harper and Row.

DiAngelo, R. (2011). White Fragility. *International Journal of Critical Pedagogy*, 3(3), 54–70.

DiAngelo, R. (2018). *White Fragility: Why It's So Hard for White People to Talk About Racism*. Beacon Press.

Eddo-Lodge, R. (2017). *Why I'm No Longer Talking to White People About Race*. Bloomsbury Circus.

Elias, N. (1939). *Über den Prozess der Zivilisation*. Verlag Haus zum Falken.

Foucault, M. (1977). *Discipline and Punish. The Birth of the Prison*. Pantheon Books.

Freinacht, H. (2019). *Nordic Ideology: A Metamodern Guide to Politics*, Book Two (Metamodern Guides 2). Metamoderna ApS.

Han, B.-C. (2016). *Müdigkeitsgesellschaft Burnoutgesellschaft Hoch-Zeit*. Matthes & Seitz.

Haraway, D. (2016). *Staying with the Trouble. Making Kin in the Chthulucene*. Duke University Press.

Lawrence, D. H. (1929). We Are Transmitters. In D. H. Lawrence, *Pansies (Poems)*. Martin Secker.

Levine, P. (2015) *Trauma and Memory: Brain and Body in a Search for the Living Past: A Practical Guide for Understanding and Working with Traumatic Memory*. North Atlantic Books.

Krauthausen, R. & Schwarz, B. (2021). *Wie kann ich was bewegen? Die Kraft des konstruktiven Aktivismus*. Edition Körber.

Maté, G. (2021). *The Wisdom of Trauma*, Film, Maurizio and Zaya Benazzo (Produzenten).

McGilchrist, I. (2009). *The Master and His Emissary: The Divided Brain and the Making of the Western World*. Yale University Press.

McGilchrist, I. (2021), *The Matter With Things: Our Brains, Our Delusions, and the Unmaking of the World*. Band 1 und 2. Perspectiva.

Metzinger, T. (2013). *Spiritualität und intellektuelle Redlichkeit. Ein Versuch*. https://www.philosophie.fb05.uni-mainz.de/files/2014/04/TheorPhil_Metzinger_SIR_2013.pdf.

Mulgan, G. (2019). *Social Innovation: How Societies Find the Power to Change*. Policy Press.

Ogete, T. (2017). *exit RACISM: rassismuskritisch denken lernen*. Unrast Verlag.

Rilke, R. M. (1929), *Briefe an einen jungen Dichter*. Insel Verlag.

Roig, E. (2021). *Why we Matter: Das Ende der Unterdrückung*. Aufbau Verlag.

Stilger, B. (2017). *Two Loops: Berkana's Explorations: How does change happen in living systems? Excerpted from B. Stilger, AfterNow: When We Cannot See the Future, Where Do We Begin*. MCP Books.

The Wellbeing Project: https://wellbeing-project.org.

Wilber, K. (1996). *Eros, Kosmos, Logos: Eine Jahrtausend-Vision*. Krüger.

Williams, R. (1961). *The Long Revolution. Chatto & Windus*. Er erwähnte das Konzept der „structure of feeling" erstmalig in diesem Buch, hat es aber im Laufe seines Lebens immer wieder aufgegriffen und verfeinert.

Stichwortverzeichnis

4-Sync-Praxis 97 ff., 114, 125, 151

agile Organisation 73, 285 f.
Airbnb 18, 250
Alan Watts 87
Alfred North Whitehead 254
Antonio Gramsci 4, 239
Arjun Appadurai 145
Autoritäre Organisation 60 f., 276 f.

BANI 12, 29, 130
Basecamp 20
Ben & Jerry's 71
Berkana Institute 241 f.
Bernard Berenson 98
betterplace lab 19 f., 97, 127, 148, 213, 245
betterplace.org 143 f., 244
Beziehungsfähigkeit 27, 106, 283 ff.
Beziehungskompetenzen 106 ff., 190, 213
Beziehungsraum 107 ff., 168 f.
Bürokratie 34, 46, 68 f., 87, 172
Buurtzorg 230, 250
Byung-Chul Han 234

Circles of Intimacy 246 f.
Clear the Air Meeting 128, 186
Co-Kreativität 76, 128 f., 152 f.
Common Ground 249
Community of Practice 243
Crypto Communities 243
Cynefin-Modell 57 f.

DAO 249
David Graeber 81
David J. Snowden 57 f.
David Wengrow 81
Denken-Fühlen 118 ff., 255
Dialog mit der Zukunft 151 f., 264
Donna Haraway 255

Ecosia 71, 248
Einhorn 123, 248
Eisbergübung 100, 268
Emergenz 140 ff., 234, 255
Emilia Roig 200
Empathie 111 ff., 135 f., 201, 258, 275 ff.
Energiewächter:in 126
Entfaltete Organisation 156 ff., 171 ff.
- Entwicklungsschritte 79 ff., 166 ff., 190 f.
- Bausteine einer Transformation 156 ff., 172 ff., 191
- Führungsfunktionen 171 ff. Rolle von Fremd- und Selbstführung 187 f.
- Umgang mit Diskriminierung 212 f.
- Leitfragen 273 ff.

Entwicklung
- horizontale Entwicklung 78 ff., 190 ff.
- vertikale Entwicklung 78 ff., 190 ff., 202, 206, 212
- lineare Entwicklung 81

Erich Fromm 90
Exklusion 94 f., 113, 137 f., 201, 209

Facilitator:in 141 f., 213
Feedbackformate 122 ff.
Feedbackkultur 116 ff.
Feldkompetenzen 133 ff., 146 ff.
Feldwahrnehmung 142
Frederic Laloux 76, 216, 229
Fremdführung 43 ff., 66 ff., 85 ff.
Übergang von Fremdführung zu Selbstführung 85 ff.
Führung
- Führung und Komplexität 57 ff.
- Purpose-orientierte Führung 229 ff.
- Sinn-orientierte Führung 229 ff.

Führungsformen
- Fremdführung 43 ff., 66 ff., 85 ff.
- Selbstführung 43 ff., 85 ff., 187 ff.
- Mitarbeiter:innenführung 43 ff., 187 f.

Führungsfunktionen 45 ff., 50 ff.
Führungsmodelle 54 ff.
funktionale Organisation 69 ff., 80 f.

Gabor Maté 225
Ganzheitliche Transformation
- Ablauf 164 f.
- Prozessbeschreibung 166 ff.

Ganzheitliches Sprechen 114
Geoff Mulgan 238
Gesetz von Conway 63
Gestalt 87
Gewaltfreie Kommunikation 113, 272, 283
Gilian Tett 139
Gitcoin 249
Great Resignation 13, 215

Haltung 63 ff., 79 f., 152
Henri Bergson 218
Hilary Cottam 238

Iain McGilchrist 139 f., 253
Individuelle Kompetenzen
- New Work 89 ff.
- Selbstkontakt 89 ff., 97 ff., 166 ff., 182
- Selbstreflexion 93 ff., 166 ff., 201
- Empathie 111 ff., 135 f., 201, 258, 275 ff.

individuelle Mindsets 158 f., 167 ff.
Inklusion 170, 201 ff., 209
Innen und Außen 64, 127 f., 157 ff.
Innere Kritiker:in 111
Inner-Work-Kompetenzen: Übersicht 182
Innovationsprozess 143 ff.
Intersektionalität 195 ff.
iteratec 248

Jamais Cascio 12
Joachim Bauer 152
John Cottingham 255

Ken Wilber 20, 202, 235
Kollaboration 74, 128 ff., 191, 249
Kolorismus 197
Kompetenzbasierte Zusammenarbeit 75 f., 287 f.
Kompetenzlandkarte 123 f.
Kooperation 128 f.

Looping 115

Machtdynamik 120, 138
Machthierarchien 138, 278
Male Fragility 210
Marshall B. Rosenberg 113, 272
McMindfulness 240
McNewWork 240
Metareflexion 148 f, 237, 269 ff.
- das Balkon-Gleichnis 138 ff.

Michel Foucault 219, 234
Mike Berners-Lee 238, 246

Multiperspektivität 134 ff., 137, 146 ff.

NeuroAffective Relational Model 87
New Work
· Definition 25
· Prinzipien & Missverständnisse 33 ff.
· individuelle Kompetenzen 89 ff.
Norbert Elias 219

OKR: Objectives and Key Results 85, 178 ff.
Organisationsmodelle 65 ff.
· autoritäre Strukturen und Prozesse 66 f., 276 f.
· bürokratische Strukturen und Prozesse 68 f., 279 f.
· funktionale Hierarchie 69 ff., 80 f.
· partizipative Zusammenarbeit 71 ff., 283 f.
· agile Zusammenarbeit 73 ff., 285 f.
· kompetenzbasierte Zusammenarbeit 75 ff., 287 f.
Otto Scharmer 135, 153, 222, 229

Paradigmenwechsel 237 ff.
partizipative Zusammenarbeitsmodelle 71 ff., 282 f.
Perspektivwechsel 135 ff., 149 ff.
Peter Levine 225
Potenzialität 143 ff.
Prägung 109 ff., 167, 195 ff.
Presencing 153
Proof of Humanity 249
Psychodynamik 87
Purpose
· Purpose und Emergenz 215 ff.
· Purpose in Unternehmen 232 f.
· Schatten von Purpose 234 f.
· Purpose und Träume 222
· Purpose vs. Sinn 29, 216 ff.
· Purpose-orientierte Führung 229 ff.
Purpose Foundation 248
Purposing 228, 255
Push- und Pull-Faktoren 189 ff.

RACI-Matrix 160 f.
Rainer Maria Rilke 222
Raul Krauthausen 200
Raymond Williams 245
Reni Eddo-Lodge 200
Retroflexion 148, 186, 270
Retrospektive 51, 148 f., 265
Roadmap Meeting 178, 187
Robert Kegan 80
Robin DiAngelo 209, 211
Ronald Heifetz 138, 148

Savings United 132
Scrum Master:in 75, 159
Selbstführung 43 ff., 187 ff.
· Übergang von Fremdführung zu Selbstführung 85 ff.
Selbstkontakt 89 ff., 97 ff., 166 ff., 182
Selbstkontakt und Beziehungsraum 110
Selbstmotivation 89
Selbstreflexion 93 ff., 166 ff., 201
Sensing 151 ff.
Siegfried Rosner 152
Sigmund Freud 87
Sinn-orientierte Führung 229 ff.
Somatic Experiencing 87
Soulbottles 71, 128, 248
Spannung, konstruktiv/destruktiv 164
Spiral Dynamics 81, 166, 235
Stacey-Matrix 57 f.
Standortbestimmung des Status quo 166 ff.
Strukturelle Diskriminierung 141, 195 f., 205 ff.,
Subtile Wahrnehmung 150 ff.
System Thinking 228

Themenzentrierte Interaktion (TZI) 128
Theory U 153, 222
Thomas Hübl 86, 97 f., 108 f., 201, 226
Thomas Metzinger 257
Tiefes Zuhören 113 ff.
Tikun 227
Tinder 146
Toby Ord 12
Transferenz 88
Trauma 223
Tupoka Ogete 200, 211
Two-Loops-Modell 241 f.

Uber 145
Upwork 146

verbundenes Sprechen 113 ff.
Vertrauensraum 103, 129, 191
Vier-Quadranten-Modell 20 f., 86, 163
VUCA 12

Wahrnehmungskompetenzen 146, 151
Weisheitstraditionen 227 f.
Wellbeing 19, 169, 252, 272, 282
Wellbeing Project 249
White Fragility 208 ff.
Wikipedia 146
William Wordsworth 254
WordPress 20

Yuval Noah Harari 81

Zappos 71
Zustimmungswahl 251

Format: Retrospektive

Auch wenn es verschiedene Formate für Retrospektiven gibt, folgen sie alle grob diesen vier Schritten:

1. **Check-in: Set the stage** Die Teilnehmer:innen checken ein und fassen die Intention bzw. Fragestellung des Meetings zusammen. Das Team überprüft, ob der gemeinsame Raum ausreichend psychologisch sicher ist, oder ob es z. B. Spannungen und Störungen gibt, die zuerst angesprochen werden müssen.
2. **Daten einsammeln: Gather data** Das Team trägt aus der Metaperspektive alle relevanten Daten und Informationen in Bezug auf die Fragestellung zusammen. Dabei achtet jede Einzelne darauf, geerdet und präsent, neugierig und offen zu sein und emergent zu sprechen und aktiv zuzuhören.
3. **Einsichten gewinnen: Generate Insights** Das Team beginnt – ebenfalls multiperspektivisch – Arbeitshypothesen zu entwickeln, was ursächlich hinter den im vorherigen Schritt identifizierten Dynamiken und Informationen liegen könnte.
4. **Maßnahmen beschließen: Decide what to do** Das Team entwickelt – ebenfalls auf Basis von Multiperspektivität – Maßnahmen, um die Ursachen zu adressieren.

Übung: Dialog mit der Zukunft

Für den Dialog mit der Zukunft teilt sich das Team in Zweier- oder Dreiergruppen auf. Jede Teilnehmer:in nimmt sich ein Blatt Papier als Platzhalter für die eigene Zukunft, zukünftige Haltungen, Kompetenzen, Errungenschaften und schreibt darauf ein Wort auf, welches diese Zukunft repräsentiert. Das kann ein Symbol, z. B. ein Fragezeichen, der eigene Name mit einer Jahreszahl oder irgendetwas anderes sein, auf das die Person sich beziehen kann. Zu Beginn der Übung legt die Gruppe fest, wer Person A, B und C ist. A startet, B und C verfolgen den Prozess aufmerksam. Am Ende der Übung können sie A ihre eigenen Wahrnehmungen in Form von Resonanzen und Impulsen mitteilen.
Alle Anweisungen werden von einer Übungsleiter:in gegeben, die die Teilnehmenden durch den Gesamtprozess begleitet, sodass diese sich ganz auf die jeweilige Aufgabe konzentrieren können.

Im Überblick durchläuft die Übung die folgenden Schritte:

1. Selbstkontakt Check-in (5 min)
2. Person A platziert den Platzhalter für ihre Zukunft im Raum
3. Person A-Sharing: Mein Blick aus der Gegenwart auf meine Zukunft (min. 5 min)

4. Person A-Sharing: Mein Blick aus der Zukunft auf meine Gegenwart (min. 7 min)
5. Person A-Sharing: Was will ich mir aus der Zukunft mitgeben? (min. 5 min)
6. Person A-Sharing: Wie fühle ich mich jetzt in der Gegenwart? (min. 3 min)
7. Person B und C: Feedback und Wahrnehmungen zum Prozess (min. 5 min)
8. Wechsel zu Person B und weiter ab Schritt 2

Zu Beginn der ersten Runde nehmen sich alle Teilnehmer:innen einen Moment Zeit, um sich bewusst mit sich selbst zu verbinden. Sie checken innerlich ein und fragen sich: Wie geht es mir gerade körperlich, emotional und mental? Von dieser Statusbestimmung richten sie ihre Aufmerksamkeit auf ihren inspirativen Raum – viele Menschen verorten diesen etwas oberhalb der Kopfkrone und fokussieren ihre Wahrnehmung dort. Wenn Person A sich ausreichend gut mit sich verbunden fühlt, platziert sie das Blatt Papier in einem Abstand, der sich stimmig anfühlt, auf dem Boden vor sich. Dann nimmt sie sich wieder einen Moment Zeit und beschreibt, wie es sich anfühlt, von dem eigenen Standpunkt, der Gegenwart, auf die eigene Zukunft zu blicken. Vielleicht sagt Person A etwas wie „erwartungsvoll", „gestresst", „Angst davor, etwas zu verpassen oder mein Potenzial nicht einzulösen". Alle Wahrnehmungen und Befürchtungen haben ihren Platz. Insgesamt dauert dieser Prozess mindestens 5 Minuten. Nach einigen weiteren Minuten, in der sich Person A auf ihre Innenwahrnehmung fokussiert und ihre Beobachtungen laut ausspricht, tritt sie auf das Blatt Papier, welches die Zukunft repräsentiert. Hier nimmt sie sich wieder einen Moment, um sich zu sammeln, gerne mit geschlossenen Augen. Wie fühlt sich dieser Ort an? Welche Qualitäten, Gefühle, Impulse steigen in ihr hoch? Person A beginnt wieder zu beschreiben, was sie am Platz ihres zukünftigen Ichs in sich wahrnimmt. Hier geht es nicht darum, eine logische und kohärente Geschichte zu erzählen, sondern die Fragmente des inneren Prozesses auszudrücken. Dazu können auch längere Pausen gehören. Nach einem verabredeten Zeitraum (die Mindestdauer beträgt 7 Minuten) wendet sich Person A wieder ihrem Gegenwarts-Ich zu, also dem Platz, auf dem die Übung startete und stellt sich die Frage: „Was will ich meinem heutigen Ich aus der Zukunft mitgeben?" Für die Beantwortung dieser Frage nimmt sich Person A wieder etwa 5 Minuten Zeit. Nachdem die Sequenz beendet ist, geht Person A wieder zu ihrem Ausgangspunkt zurück und beschreibt ein letztes Mal (innerhalb von ca. 3 Minuten), wie es sich für sie jetzt anfühlt, auf diesem Platz zu stehen. Danach hebt Person A ihr Zukunftspapier auf und setzt sich mit Person B und C zusammen, die jetzt ihrerseits ihre Wahrnehmungen des Prozesses teilen (mindestens 5 Minuten).

Kompetenzen und Formate

In dieser Übersicht beschreiben wir exemplarisch, welche inneren Kompetenzen eine entfaltete Organisation von ihren Teilnehmer:innen benötigt und in welchen Formaten und wie oft diese eingeübt werden können.

Intention / Kompetenz	Format	Beschreibung	Wie oft?
Orientierung zum Zusammenspiel Innen & Außen im Team	Inner Work Check-in	Warum machen wir Inner Work? Wofür brauchen wir Inner Work? Was macht Inner Work bei uns möglich? Was würde ohne Inner Work nicht gehen? Welche Mehrwerte entstehen im Außen, weil wir Inner Work machen? Welche Inner-Work-Kompetenzen brauchen wir in welchem Reifegrad?	Mind. 1 Mal im Jahr
Beziehungs-aufbau im Team Vertrauen	Buchclub	Teammitglieder lesen gemeinsam ein für die Zusammenarbeit relevantes Buch und diskutieren die Inhalte.	Punktuell oder fortlaufend
Beziehungs-aufbau im Team Empathie & Feedback Vertrauen	Superpowers	Runde 1: Jedes Teammitglied identifiziert für sich max. 3 Superpowers und stellt diese dem Team vor. Runde 2: Die Teammitglieder schlagen sich gegenseitig Superpowers vor und tauschen sich in Einzelgesprächen zu den Vorschlägen aus. Runde 3: Die Gruppe erstellt eine gemeinsame Übersicht zu den Superpowers im Team.	1 Mal im Jahr

		Runde 4: Jedes Teammitglied reflektiert seine eigenen Herausforderungen und stellt diese vor. Das Team tauscht sich zum Zusammenspiel zwischen Superpower und Herausforderung aus.	
Beziehungs-aufbau im Team Vertrauen	Motivation & Inspiration	Die Teammitglieder tauschen sich gemeinsam zu den Fragen aus: Was motiviert mich hier zu arbeiten? Was inspiriert mich? Was will ich hier beitragen bzw. lernen?	1 Mal im Jahr
Selbstreflexion Konfliktfähigkeit Vertrauen	Eisbergübung	Den Eisberg als Tool einführen und für die gemeinsame Orientierung und Konfliktklärung nutzen. Eisbergübung in *New Work needs Inner Work* (2019) oder auf innerwork.online.	Fortlaufend
Empathie & Feedback Vertrauen	Kollegiales Feedback	Kollegiales Feedback als fortlaufenden Prozess einführen. Für Details siehe den Feedbackprozess, → **S. 122**.	Fortlaufend
Selbstreflexion Empathie	Check-in	Alle größeren Meetings starten mit einem kurzen Check-in: Wie bin ich hier? Was müsst ihr über mich wissen, um mein Verhalten im Meeting gut einschätzen zu können?	Am Anfang jedes (größeren) Meetings

Selbstreflexion Empathie & Feedback	Check-out	Am Ende jedes größeren Meetings schließen wir mit: Wie gehe ich aus diesem Meeting raus? Was nehme ich mit bzw. was bleibt für mich offen?	Am Ende jedes (größeren) Meetings
Selbstreflexion Empathie & Feedback	Mini-Retro	Gemeinsam feststellen, wie gut oder schlecht das Meeting an sich gelaufen ist und wie wir es beim nächsten Mal besser machen können. Ablauf: 1. Runde in der Gruppe zu den Fragen: Wie war das Meeting? Was wollen wir beim nächsten Mal anders/besser machen? Was trage ich dazu bei? 2. Danach gemeinsame Reflexion: Wenn wir uns gegenseitig zuhören, was für ein Fazit können wir ziehen? Worum wollen wir uns kümmern?	Am Ende jedes (größeren) Meetings
Empathie & Feedback Multi-perspektivität & Metareflexion	Delegierter Moderations-prozess	4 Meeting-Rollen werden verteilt: Moderation (führt den Prozess inhaltlich), Timekeeper (setzt den Zeitplan empathisch durch), Protokollant:in (führt das Protokoll), Energy-Officer (verfolgt Atmosphäre und Stimmung).	In jedem Meeting

Selbstreflexion Empathie & Feedback Multi-perspektivität & Metareflexion	Energy-Officer	Beobachtet die Atmosphäre und das Energieniveau im Meeting und unterstützt die Gruppe darin, Anpassungen vorzunehmen. Die Person ist NICHT dafür verantwortlich, dass die Atmosphäre oder Energie gut ist. Beschreibung in *New Work needs Inner Work* (2019) oder auf innerwork.online.	In jedem Meeting
Selbstreflexion Empathie & Feedback Multi-perspektivität & Metareflexion	Große Retroflexion	Retroflexion zur Metareflexion von abgeschlossenen Projekten und Prozessschritten, aber auch regelmäßig zur gemeinsamen Zusammenarbeit. Details zum Ablauf findet Ihr auf → **S. 265**.	Fortlaufend
Selbstkontakt Intuition	Perspektivwechsel	Im Rahmen von strategischen oder konzeptionellen Meetings einen leeren Stuhl für die Organisation aufstellen. Ab und zu können sich Teammitglieder draufsetzen und sich fragen: Wie geht es der Organisation mit dieser Diskussion bzw. dem Thema? Was will sie? Was braucht sie?	Punktuell

Selbstreflexion Empathie & Feedback Multi-perspektivität & Metareflexion	Strategie-Retro	Gemeinsam Entscheidungen/Aktionen in die Strategie einordnen. Dadurch üben wir gemeinsam, uns immer mehr in der Strategie zu orientieren und zu tracken bzw. zu beurteilen, inwieweit wir on oder off track sind. Ablauf: 1. Runde in der Gruppe zu den Fragen: Ordne in Deinen eigenen Worten die großen Entscheidungen/Aktionen aus dieser Runde in die Strategie ein. Was siehst Du? Was ist Dein Fazit? 2. Danach gemeinsame Reflexion: Wenn wir uns gegenseitig zuhören, was für ein Fazit können wir gemeinsam ziehen? Worum müssen wir uns kümmern?	1 Mal im Monat
Selbstreflexion Empathie & Feedback Multi-perspektivität & Metareflexion	Werte-Retro	Gemeinsam sein eigenes Verhalten und/oder die Entscheidungen/Aktionen in das Werteleitbild einordnen. Dadurch werden die Werte erlebbarer und wir können immer wieder gemeinsam verorten, inwieweit wir sie wirklich verkörpern und sie unser Handeln anleiten. Ablauf: 1. Runde in der Gruppe zu den Fragen: Nenne 2 Beispiele, wo Du unsere Werte in den letzten X Wochen aktiv gelebt hast. Und/Oder: Nenne 2 Entscheidungen oder Aktionen der vergangenen X Wochen und wie sie unsere Werte reflektieren. 2. Danach gemeinsame Reflexion: Wenn wir uns gegenseitig zuhören, was für ein Fazit können wir ziehen?	1 Mal im Monat

Selbstreflexion Empathie & Feedback Multi-perspektivität & Metareflexion	Wellbeing Check-in	Regelmäßiger Check-in des gesamten Teams zu der Frage: Wie geht es mir gerade (auf einer Skala von 1–10)? Ab einem Wert von weniger als 6 sind Teammitglieder eingeladen mitzuteilen, was sie brauchen, um ihr Wellbeing zu steigern. Wenn Sie nicht benennen können, was sie brauchen, können sie beschreiben, was gerade negativ auf sie einwirkt.	1 Mal im Monat
Selbstreflexion Konfliktfähigkeit Empathie & Feedback Multi-perspektivität & Metareflexion	Clear the Air Meetings (Nach Georg Tarne, *Soulbottles*)	Ein auf Gewaltfreier Kommunikation (GFK) nach M. Rosenberg basierendes Meeting-Format, in dem sich Teammitglieder zu Konflikten, ihren eigenen Wahrnehmungen und Bedürfnissen austauschen und ggfs. Lösungen finden. Das Format ist moderiert und setzt ein Grundverständnis in GFK voraus.	Wenn notwendig

Die entfaltete Organisation – Leitfragen

Purpose / Vision (Warum)

- Gibt es einen explizit formulierten Purpose oder eine Vision?
- Wie wird der Purpose oder die Vision verstanden und interpretiert?
- Wie wird damit weitergearbeitet und wer ist daran beteiligt?
- Wie wird zum Purpose/zur Vision kommuniziert?
- Haben die Menschen in der Organisation den Purpose / die Vision verstanden?
- Können sie damit arbeiten? Dient er/sie ihnen als Orientierung?
- Welche Anteile des Purpose / der Vision werden übers Außen (Strukturen, Prozesse, Dokumentation) und welche übers Innen (Haltung, Kultur, Kommunikation) kommuniziert?

Strategie (Wie)

- Gibt es eine explizit formulierte Strategie? Wenn ja, für welche Bereiche?
- Wie sieht der strategische Prozess aus?
- Wer ist für welche Aspekte der Strategie zuständig und verantwortlich?
- Dient die Strategie bereits für das gesamte Team als Rahmen?
- Wie wird sie dokumentiert und kommuniziert?
- Wie werden die Umsetzung und der Erfolg nachverfolgt?
- Zu welchen Anteilen erfolgt die strategische Orientierung über äußere Maßnahmen (Strukturen, Prozesse, Dokumentation) oder innere Faktoren (Haltung, Kultur, Kommunikation)?

Ziele & Aufgaben (Was)

- Gibt es explizit formulierte und dokumentierte Ziele und Aufgaben?
- Wie sieht der dazugehörige Prozess aus?
- Wer ist für die Herleitung von Zielen und Aufgaben zuständig?
- Wer wird zu den gesetzten Zielen und Aufgaben nur informiert?
- Wie wird deren Umsetzung und Erfolg nachverfolgt und dokumentiert?
- Zu welchem Grad werden Ziele und Aufgaben den Mitarbeiter:innen über äußere Maßnahmen (Strukturen, Prozesse, Dokumentation) bzw. über innere Faktoren (Haltung, Kultur, Kommunikation) vermittelt?

Strukturen, Prozesse & Rollen

- Sind Rollen, Strukturen und Prozesse explizit vereinbart?
- Wie sind sie dokumentiert?
- Wer ist für welche Elemente zuständig?
- Werden die drei Elemente regelmäßig reflektiert und angepasst? Wenn ja, durch wen und wie?
- Können sich die Menschen in der Organisation gut anhand der Strukturen, Prozesse und Rollen orientieren und damit arbeiten?
- Zu welchem Grad werden den Mitarbeiter:innen Rollen, Strukturen, Prozesse über äußere Maßnahmen (Strukturen, Prozesse, Dokumentation) bzw. über innere Faktoren (Haltung, Kultur, Kommunikation) vermittelt?

Kompetenzen & Fähigkeiten

- Ist explizit vereinbart und beschrieben, welche Kompetenzen und Fähigkeiten für die jeweiligen Rollen relevant sind?
- Gibt es eine explizite Definition von Kompetenzen und Fähigkeiten für Führung und Zusammenarbeit in der Organisation?
- Wer ist für die Definition der jeweiligen Kompetenzen und Fähigkeiten zuständig?
- Wie werden sie entwickelt und weiterentwickelt?
- Wie werden Feedback und Mitarbeiterentwicklung gestaltet?
- Zu welchem Grad wird den Mitarbeiter:innen das nötige Wissen zu Kompetenzen und Fähigkeiten über äußere Maßnahmen (Strukturen, Prozesse, Dokumentation) bzw. über innere Faktoren (Haltung, Kultur, Kommunikation) vermittelt?

Entscheidungs- & Umsetzungsprozess

- Wie ist der Entscheidungs- und Umsetzungsprozess gestaltet?
- Wie wird der Prozess Entscheidung – Umsetzung – Reflexion – Anpassung – Entscheidung in der Organisation umgesetzt?
- Zu welchem Grad gestalten Mitarbeiter:innen Entscheidungs- und Umsetzungsprozesse über das Außen (Strukturen, Prozesse, Dokumentation) bzw. über innere Faktoren (Haltung, Kultur, Kommunikation)?

Selbstkontakt & Selbstreflexion

- Welchen Grad an Selbstkontakt und Selbstreflexion brauchen Mitarbeiter:innen, um die aktuellen Entscheidungs- und Umsetzungsprozesse gut ausführen zu können?
- Wie ist der aktuelle Stand? Zu welchem Grad reflektieren Mitarbeiter:innen anhand äußerer Prozesse und Instrumente (Reflexionsleitfaden, Eisberg etc.) bzw. anhand innerer Kompetenzen (Selbstkontakt, Selbstreflexionskompetenz)?

Empathie & Feedback

- Welchen Grad an Empathie und Feedback brauchen Mitarbeiter:innen, um die aktuellen Entscheidungs- und Umsetzungsprozesse gut ausführen zu können?
- Wie ist der aktuelle Stand? Zu welchem Grad leben Mitarbeiter:innen Empathie und Feedback anhand äußerer Prozesse und Instrumente (Feedbackleitfaden, Mitarbeitergespräche etc.) bzw. anhand innerer Kompetenzen (Empathiefähigkeit, Beziehungsfähigkeit, Kommunikationsreife)?

Konfliktfähigkeit

- Welchen Grad an Konfliktfähigkeit brauchen Mitarbeiter:innen, um die aktuellen Entscheidungs- und Umsetzungsprozesse gut ausführen zu können?
- Wie ist der aktuelle Stand? Zu welchem Grad bearbeiten Mitarbeiter:innen Konflikte anhand äußerer Prozesse und Instrumente (Eskalationsprozesse, Abmahnungen etc.) bzw. anhand innerer Kompetenzen (Spannung halten können, Konfliktfähigkeit)?

Multiperspektivität & Metareflexion

- Welchen Grad an Multiperspektivität und Metareflexion brauchen Mitarbeiter:innen, um die aktuellen Entscheidungs- und Umsetzungsprozesse gut ausführen zu können?
- Wie ist der aktuelle Stand? Zu welchem Grad setzen Mitarbeiter:innen Multiperspektivität und Metareflexion über äußere Maßnahmen (Retroperspektiven etc.) bzw. über innere Kompetenzen (co-kreativer Dialog etc.) um?

Schutz & Vertrauen

- Welches Level an Vertrauen brauchen Mitarbeiter:innen, um die aktuellen Entscheidungs- und Umsetzungsprozesse gut ausführen zu können?
- Wie ist der aktuelle Stand? Was brauchen die Mitarbeiter:innen, um sich sicher zu fühlen? Was unterstützt sie, um Vertrauen zu entwickeln? Wo entsteht Vertrauen über das Außen (Verlässlichkeit von Prozessen etc.) und wo über das Innen (Transparenz im Dialog)?

Organisationsformen und Führungsfunktionen

Autoritäre Strukturen & Prozesse

→ Orientierung

Vision, Strategie & Ziele

- Wird von den mächtigsten Personen innerhalb der Hierarchie vorgegeben bzw. verordnet
- Keine Selbstbestimmung oder Mitgestaltung innerhalb der Organisation ohne Erlaubnis von „oben“
- Von den Mitarbeitern wird Umsetzung der Entscheidungen von „oben“ erwartet
- Erfolg misst sich an Loyalität bzw. Stärke

Rollen, Prozesse & Strukturen

- Sind explizit-formell oder implizit-informell durch die Hierarchie vorgegeben und ohne Mandat von „oben“ nicht veränderbar
- Wenn durch die Hierarchie erkannt, können Veränderungen schnell umgesetzt werden
- Stabilität ist nur bedingt gegeben, da die mächtigsten Personen auch immer jenseits der Vereinbarungen agieren können

Kompetenzen & Fähigkeiten

- Oft keine gemeinsam abgestimmten Rollenprofile und kein vereinbarter Reflexionsprozess
- Kompetenz definiert sich über Stärke und Durchsetzungsvermögen bzw. über Macht

→ Entscheidung

Entscheiden – Umsetzen – Reflektieren – Anpassen

- Entscheidungen werden primär im oberen Teil der Hierarchie getroffen
- Von den Mitarbeitern wird Umsetzung erwartet
- Reflexion und Anpassung (wenn umgesetzt) liegt primär bei den Entscheidern; meist wenig Austausch über Hierarchieebenen hinweg

→ Reflexion & Feedback

Selbstkontakt, Selbstreflexion, Empathie, Feedback, Multiperspektivität, Metareflexion

- Wird nicht eingefordert bzw. ist kulturell nicht erwünscht
- Lernen innerhalb der Organisation findet implizit statt bzw. wird top down verordnet

- Bottom-up Feedback und Lernen finden kaum statt und werden als unsicher/gefährlich wahrgenommen

→ Konflikt & Konsequenz

Empathie, Feedback, Multiperspektivität, Metareflexion, Konfliktfähigkeit

---

- Konflikte werden über die Hierarchie bzw. über Macht gelöst; Konsequenzen werden von Entscheidern gezogen
- Konflikte mit den Entscheidern sind oft nicht lösbar, es gibt keinen vereinbarten Prozess, um Konsequenzen in Bezug auf Entscheider zu ziehen
- Veränderung wird zur „Machtfrage“

→ Schutz & Sicherheit

Transparenz, Verlässlichkeit, Vertrauen

- Schutz und Sicherheit entsteht durch Loyalität zu den mächtigsten Personen
- Vertrauen entsteht durch Verlässlichkeit von Stärke und Durchsetzungsvermögen

- Transparenz ist oft nicht stabil gegeben; es kommt zu Ad-hoc-Veränderungen, die nur bedingt nachvollziehbar sind

→ Führungsverständnis

Balance Selbst- und Fremdführung

- Betonung liegt auf Fremdführung
- Selbstführung wird im Rahmen der Umsetzung von Vorgaben erwartet

→ Innen & Außen

Balance Innen und Außen

- Jenseits der definierten Machthierarchie gibt es oft wenig explizit abgestimmte Strukturen und Prozesse (Außen)
- Innen wird wenig explizit eingefordert, gleichzeitig brauchen Mitglieder autoritärer Organisationen ein gutes „Fingerspitzengefühl“, um Machtdynamiken erfolgreich zu navigieren
- Inner Work ist kein notwendiger Teil der Organisationskultur

Bürokratische Strukturen & Prozesse

→ Orientierung

Vision, Strategie & Ziele

- Vision, Strategie und Ziele werden durch klar definierte Rollen innerhalb der Hierarchie vorgegeben
- Jeder muss seine Aufgaben und Verantwortung kennen und präzise umsetzen
- Mitgestaltung der Prozesse ist an bestimmte Rollen gebunden
- Erfolg misst sich an Pflichterfüllung, Loyalität und Präzision

Rollen, Prozesse & Strukturen

- Sind explizit und differenziert ausgearbeitet und vorgegeben
- Detailgetreue Umsetzung anhand der vorgegebenen Prozesse und Regeln wird erwartet
- Hohe Stabilität des Systems aufgrund der Strukturstärke
- Schwäche im Erkennen und Umsetzen von Veränderungen – Tendenz, den Status quo zu bewahren

Kompetenzen & Fähigkeiten

- Rollen sind auf Fachebene mit Kompetenzen verknüpft
- Kompetenz bezieht sich primär auf Fachkompetenz
- Mitarbeiter:innenentwicklung wird primär fachlich betrieben

→ Entscheidung

Entscheiden – Umsetzen – Reflektieren – Anpassen

- Klar definierte Entscheidungsprozesse, in denen unterschiedliche Rollen, Verantwortung und Entscheidungsmandat zugeteilt werden
- Präzise Umsetzung wird von allen im Rahmen ihrer Aufgaben erwartet
- Reflexion und Anpassung sind nur bedingt vorgesehen; Schwerpunkt liegt auf Entscheidung und Ausführung im Rahmen bestehender Prozesse

→ Reflexion & Feedback

Selbstkontakt, Selbstreflexion, Empathie, Feedback, Multiperspektivität, Metareflexion

- Wird im Rahmen der Erfüllung der eigenen Rolle und primär auf fachlicher Ebene eingefordert
- Lernen innerhalb der Organisation findet primär im Rahmen des Status quo statt

→ Konflikt & Konsequenz

Empathie, Feedback, Multiperspektivität, Metareflexion, Konfliktfähigkeit

---

- Konflikte werden über die Hierarchie bzw. definierte Prozesse gelöst
- Tendenz, Konflikte auf der Beziehungsebene nicht zu adressieren
- Kritisches Feedback an vorgesetzte Hierarchiestufen ist nur möglich, wenn explizit vereinbart
- Veränderungsbedarf erzeugt Spannung

→ Schutz & Sicherheit

Transparenz, Verlässlichkeit, Vertrauen

- Sicherheit und Schutz entsteht durch Transparenz und Verlässlichkeit der Strukturen, Prozesse und Regeln und der Fähigkeit, „es richtig zu machen“
- Vertrauen basiert darauf, dass sich alle gemeinsam an Regeln und Strukturen halten

→ Führungsverständnis

Balance Selbst- und Fremdführung

- Betonung liegt auf Fremdführung
- Selbstführung wird im Rahmen der Umsetzung von der Rolle erwartet

→ Innen & Außen

Balance Innen und Außen

- Betonung liegt auf Außen – theoretisch ist die Zusammenarbeit unabhängig von Innen umsetzbar
- Wenn Innen eine Rolle spielt, dann auf Ebene der Fachkompetenzen
- Inner Work auf der Beziehungsebene ist kein notwendiger Teil der Organisationskultur

Funktionale Hierarchie

→ Orientierung

Vision, Strategie & Ziele

- Vision, Strategie und Ziele werden innerhalb eines Prozesses und unter Mitarbeit verschiedener funktionaler Rollen erarbeitet
- Betonung liegt dabei auf „Rahmensetzung“ innerhalb dessen die verschiedenen Rollen frei gestalten können
- Die Steuerung der Prozesse erfolgt primär über Ziele und über die Nachverfolgung von deren Umsetzung
- Erfolg misst sich an Leistung, materiellem Erfolg, Optimierung und Wettbewerb

Rollen, Prozesse & Strukturen

- Sind explizit und differenziert ausgearbeitet; Fokus liegt auf der funktionalen Prozessebene und deren kontinuierlicher Optimierung
- Selbstverantwortliches Handeln und Entscheiden wird von der Mehrheit der Rollen erwartet
- System ist effizient und anpassungsfähig
- Leistungsoptimierung geht zu Lasten ganzheitlicher Betrachtung und Entscheidung (Kollateralschäden)

Kompetenzen & Fähigkeiten

- Rollen sind mit Kompetenzen verknüpft
- Kompetenzen sind leistungsorientiert definiert und beinhalten sowohl Fachkompetenz sowie Soft Skills wie Führungskompetenzen etc.
- Reflexion findet anhand von Leistungsmaßstäben statt, Entwicklung wird gezielt betrieben
- Metareflexion findet im Rahmen von Lessons Learned statt

→ Entscheidung

Entscheiden – Umsetzen – Reflektieren – Anpassen

- Entscheidungen werden anhand von funktionalen Prozessen getroffen
- Umsetzung erfolgt zielorientiert
- Reflexion und Anpassung sind im Sinne von Optimierung und Innovation wichtiger Teil des Prozesses

→ Reflexion & Feedback

Selbstkontakt, Selbstreflexion, Empathie, Feedback, Multiperspektivität, Metareflexion

- Wird im Rahmen der Leistungsoptimierung eingefordert und akzeptiert

- Die Beziehungsebene und auch das Wellbeing dienen als Mittel der Leistungsoptimierung

→ Konflikt & Konsequenz

Empathie, Feedback, Multiperspektivität, Metareflexion, Konfliktfähigkeit

---

- Spannung wird als produktiver Teil des Optimierungsprozesses verstanden
- Konflikte sind Lernmöglichkeiten
- Es gibt Prozesse, um Spannungen produktiv zu bearbeiten
- Konsequenzen werden im Rahmen dieser Prozesse leistungsorientiert gezogen

→ Schutz & Sicherheit

Transparenz, Verlässlichkeit, Vertrauen

- Sicherheit und Schutz entsteht durch Transparenz und Verlässlichkeit der Prozesse und die Fähigkeit – auch aus Fehlern – zu lernen
- Vertrauen entsteht durch die gemeinsame Zielorientierung und dem eigenen Selbstvertrauen „Ich weiß, was ich kann. Ich will das Richtige tun!“

→ Führungsverständnis

Balance Selbst- und Fremdführung

- Selbst- und Fremdführung halten sich die Waage
- Führungskräfte sind angehalten, das Potenzial ihrer Mitarbeiter:innen zu entfalten
- Selbstführung wird im Rahmen von Selbstverantwortung, Mut und Risikobereitschaft eingefordert
- Fremdführung wird zum Teil kollaborativ umgesetzt

→ Innen & Außen

Balance Innen und Außen

- Innen und Außen halten sich die Waage
- Der höhere Anteil an selbstverantwortlichem Handeln braucht eine dazu passende Inner-Work-Kultur
- Die Organisation braucht ein eigenes Verständnis, wieviel Inner Work notwendig ist, um die Zusammenarbeit zu realisieren (und dazu passende Rollen, um dies umzusetzen)

Partizipative Zusammenarbeit

→ Orientierung

Vision, Strategie & Ziele

- Vision, Strategie und Ziele werden mittels partizipativer Prozesse gemeinsam festgelegt
- Jeder ist gleichberechtigt und erhält Mitspracherecht
- Es werden unterschiedliche Formate genutzt, um die Gruppenprozesse umzusetzen (z. B. Konsens, Konsent)
- Auswahl der Formate obliegt der gesamten Gruppe
- Erfolg misst sich am Grad der Partizipation und der Ergebnisqualität

Rollen, Prozesse & Strukturen

- Prozesse und Strukturen sind explizit abgestimmt
- Rollen gibt es primär dort, wo Fachexpertise benötigt wird, bzw. wenn das partizipative Format sie vorgibt (z. B. Holokratie)
- Partizipation wird von jedem erwartet
- Erfolg wird als Mischung zwischen Authentizität, Beziehungsqualität in der Gruppe, Sinnhaftigkeit und Qualität der Ergebnisse begriffen

Kompetenzen & Fähigkeiten

- Kompetenzen sind primär an das Gruppenmitglied als Mensch gebunden – oft eher implizit als explizit vereinbart
- Kompetenz bezieht sich primär auf Selbstkontakt, Beziehungs-, Kommunikations- und Gruppenkompetenzen
- Reflexion findet im Rahmen von Gruppenprozessen statt

→ Entscheidung

Entscheiden – Umsetzen – Reflektieren – Anpassen

- Entscheidungen werden primär als Gruppenprozesse in unterschiedlichen Formaten getroffen
- Tendenziell werden Umsetzung bzw. Anpassung zugunsten von Diskussion bzw. Reflexion hinten angestellt

→ Reflexion & Feedback

Selbstkontakt, Selbstreflexion, Empathie, Feedback, Multiperspektivität, Metareflexion

- Wird – wenn – im Rahmen des Gruppenprozesses eingefordert: die Unterscheidung zwischen der eigenen Perspektive und der der Gruppe

- Je mehr Gruppenmitglieder sich reflektiert einbringen, umso klarer die Gruppe und umso erfolgreicher der Gruppenprozess

→ **Konflikt & Konsequenz**

Empathie, Feedback, Multiperspektivität, Metareflexion, Konfliktfähigkeit

---

- Konflikte werden in der Gruppe gelöst bzw. Konsequenzen von der Gruppe gezogen
- Mögliches Risiko: Harmonie wird in der Gruppe groß geschrieben und Spannungen wird aus dem Weg gegangen
- Lernen hängt von der Fähigkeit der Gruppe ab, mit Spannung umzugehen

→ **Schutz & Sicherheit**

Transparenz, Verlässlichkeit, Vertrauen

- Sicherheit und Schutz entsteht durch Transparenz und Verlässlichkeit innerhalb des Beziehungsraumes der Gruppe: Bedürfnisorientierte und gewaltfreie Kommunikation, Pflege der Beziehungsebene, selbstverantwortliche Partizipation

- Vertrauen entsteht durch ein gemeinsames Ziel oder Intention und dadurch, dass alle Menschen als gleichberechtigt angesehen werden: „Gemeinsam sind wir stark“

→ **Führungsverständnis**

Balance Selbst- und Fremdführung

- Betonung liegt auf Selbstführung und kollegialer Fremdführung im Rahmen von partizipativen Gruppenprozessen
- Selbstführung im Rahmen von Selbstverantwortung (vor allem für das eigene Erleben), Respekt, Toleranz, Kommunikations- und Beziehungsfähigkeit

→ **Innen & Außen**

Balance Innen und Außen

- Betonung liegt auf Innen – Es gibt ein paar Grundvereinbarungen im Außen, aber die Zusammenarbeit lebt primär von der Reife der Kommunikations- und Beziehungsfähigkeit der Beteiligten
- Inner Work ist integraler Bestandteil des Zusammenarbeitsmodells

Agile Zusammenarbeit

→ Orientierung

Vision, Strategie & Ziele

- Vision, Strategie und Ziele werden mittels agiler Prozesse mit verschiedenen beteiligten Teams definiert und umgesetzt
- Dabei liegt die Betonung auf einem inkrementellen Vorgehen innerhalb eines Rahmens und anhand eines Zielhorizonts
- Erfolg misst sich an Ergebnisqualität, Innovation und Anpassungsfähigkeit

Rollen, Prozesse & Strukturen

- Richten sich nach dem jeweiligen agilen Formaten, die genutzt werden (z. B. SCRUM, Kanban, Extreme Programming)
- Folgen alle den Leitprinzipien:
  - Freiwilligkeit des Einzelnen
  - Klares Ziel und Intention
  - Iteratives Vorgehen in kurzen Zeitintervallen
  - Kundenorientierung
  - Kleine und selbstorganisierte Teams
  - Hohe Werteorientierung

Kompetenzen & Fähigkeiten

- Die wenigen vordefinierten Rollen sind mit spezifischen Kompetenzen verknüpft
- Weitere Kompetenzen richten sich nach Bedarf des Projektes
- Teammitglieder sind eingeladen sich selbstreflektiert und selbstverantwortlich anhand ihrer Motivation, Interessen und Kompetenzen einzubringen
- Reflexion findet automatisch im Rahmen des iterativen Vorgehens statt
- Metareflexion wird durch Retroperspektiven abgedeckt

→ Entscheidung

Entscheiden – Umsetzen – Reflektieren – Anpassen

- Entscheidungsprozesse werden iterativ in kleinen Zeitintervallen nach dem Prinzip Entscheiden – Umsetzen – Reflektieren – Anpassen umgesetzt

→ Reflexion & Feedback

Selbstkontakt, Selbstreflexion, Empathie, Feedback, Multiperspektivität, Metareflexion

- Um in kleinen selbstorganisierten Teams zu iterativen Prozessen selbstverantwortlich und proaktiv beitragen zu können, braucht es reflektierte, beziehungs- und kommunikationsstarke Teammitglieder

→ Konflikt & Konsequenz

Empathie, Feedback, Multiperspektivität, Metareflexion, Konfliktfähigkeit

---

- Alle Teammitglieder sollten einen ausreichend guten Umgang mit Spannung und Konflikt sowie die Fähigkeit mitbringen, Konsequenzen ziehen zu können

→ Schutz & Sicherheit

Transparenz, Verlässlichkeit, Vertrauen

- Sicherheit und Schutz entsteht durch das Engagement und die Verlässlichkeit der Teammitglieder im Rahmen der agilen Zusammenarbeit
- Vertrauen entsteht durch die gemeinsame Ziel- und Werteorientierung, das hohe Kommunikations- und Reflexionsniveau im Rahmen der agilen Zusammenarbeit: „Ich weiß, was ich kann und will und ich weiß, was ich nicht kann und nicht will. Ich kann meine individuelle Perspektive mit dem großen Ganzen abgleichen und dementsprechend zu Entscheidung und Umsetzung beitragen"

→ Führungsverständnis

Balance Selbst- und Fremdführung

- Betonung liegt auf Selbstführung und kollegialer Fremdführung im Rahmen von agiler Zusammenarbeit
- Selbstführung im Rahmen von Selbstverantwortung (vor allem für das eigene Erleben), Kompetenzbewusstsein und Vertrauen, Kommunikations- und Beziehungsfähigkeit, Metareflexion

→ Innen & Außen

Balance Innen und Außen

- Betonung liegt auf Innen – Es gibt ein paar agile Grundvereinbarungen und Prozesse im Außen, aber die Zusammenarbeit lebt primär von der Reife der Kommunikations- und Beziehungsfähigkeit der Beteiligten
- Inner Work ist ein integraler Bestandteil des Zusammenarbeitsmodells

Kompetenzbasierte Zusammenarbeit

→ Orientierung

Vision, Strategie & Ziele

- Vision, Strategie und Ziele werden mittels kompetenzbasierter Prozesse mit verschiedenen beteiligten Teams definiert und umgesetzt
- Erfolg misst sich an Ergebnisqualität, holistischer Betrachtungsweise und Potenzialentfaltung

Rollen, Prozesse & Strukturen

- Richten sich nach den jeweiligen kompetenzbasierten Formaten nach dem Leitprinzip: „Entscheidung wird dort getroffen, wo Kompetenz und Information liegt“

Kompetenzen & Fähigkeiten

- Die wenigen vordefinierten Rollen sind mit spezifischen Kompetenzen verknüpft
- Weitere Kompetenzen richten sich nach dem Bedarf
- Kompetenz umfasst ein Spektrum von Fachkompetenz, Führungskompetenz, Kommunikationskompetenz, Beziehungskompetenz, emotionale Reife etc.
- Teammitglieder sind eingeladen, sich selbstreflektiert und selbstverantwortlich anhand ihrer Motivation, Interessen und Kompetenzen einzubringen
- Reflexion findet designiert im Rahmen der kompetenzbasierten Zusammenarbeit statt
- Metareflexion wird durch regelmäßige Retroperspektiven abgedeckt

→ Entscheidung

Entscheiden – Umsetzen – Reflektieren – Anpassen

- Entscheidungsprozesse werden iterativ und kompetenzbasiert nach dem Prinzip Entscheiden – Umsetzen – Reflektieren – Anpassen umgesetzt

→ Reflexion & Feedback

Selbstkontakt, Selbstreflexion, Empathie, Feedback, Multiperspektivität, Metareflexion

- Um kompetenzbasiert, selbstverantwortlich und proaktiv beitragen zu können, braucht es reflektierte, beziehungs- und kommunikationsstarke Teammitglieder

→ Konflikt & Konsequenz

Empathie, Feedback, Multiperspektivität, Metareflexion, Konfliktfähigkeit

---

- Alle Teammitglieder sollten einen ausreichend guten Umgang mit Spannung und Konflikt sowie die Fähigkeit mitbringen, Konsequenzen ziehen zu können

→ Schutz & Sicherheit

Transparenz, Verlässlichkeit, Vertrauen

- Sicherheit und Schutz entsteht durch das Engagement und die Verlässlichkeit der Teammitglieder im Rahmen der kompetenzbasierten Zusammenarbeit
- Vertrauen entsteht durch die gemeinsamen Ziel- und Werteorientierung, das hohe Kommunikations- und Reflexionsniveau im Rahmen der kompetenzbasierten Zusammenarbeit: „Ich weiß, was ich kann und will und ich weiß, was ich nicht kann und nicht will. Ich kann meine individuelle Perspektive mit dem großen Ganzen abgleichen und dementsprechend zu Entscheidung und Umsetzung beitragen“

→ Führungsverständnis

Balance Selbst- und Fremdführung

- Betonung liegt auf Selbstführung und kollegialer Fremd- und Mitarbeiter:innenführung
- Selbstführung im Rahmen von Selbstverantwortung (vor allem für das eigene Erleben), Kompetenzbewusstsein und Vertrauen, Kommunikations- und Beziehungsfähigkeit, Metareflexion

→ Innen & Außen

Balance Innen und Außen

- Betonung liegt auf Innen – Es gibt ein paar kompetenzbasierte Grundvereinbarungen und Prozesse im Außen, aber die Zusammenarbeit lebt primär von der Reife der Kommunikations- und Beziehungsfähigkeit der Beteiligten
- Inner Work ist ein integraler Bestandteil des Zusammenarbeitsmodells